高职高专电子信息类系列教材

模拟电子技术与应用

主　编　张少华　陈　洁
副主编　石　蓝　戴志强

西安电子科技大学出版社

内 容 简 介

本书通过实际的电子产品项目介绍模拟电子技术的原理及应用，所选项目涵盖了模拟电子技术的基本知识点。全书包含六个项目：光控小夜灯电路、扩音器放大电路、直流稳压电源、电阻应变式称重计、简易照明线路探测仪和简易金属探测器。

每个项目都以项目导学引入，基本知识内容系统、精练，讲解深入浅出，在讲清电路基本原理的同时，结合仿真任务和实训任务，理论联系实际，进一步介绍基本原理和电路分析方法；每个项目都设置了知识拓展，目的是开阔学生的眼界。

本书可作为高职高专院校电子、自控、机电、信息类专业"模拟电子技术"课程的教材，也可作为从事电子技术工作的技术人员的参考书。

图书在版编目(CIP)数据

模拟电子技术与应用/张少华，陈洁主编. —西安：西安电子科技大学出版社，2022.8(2023.1重印)
ISBN 978 - 7 - 5606 - 6358 - 6

Ⅰ. ①模…　Ⅱ. ①张…　②陈…　Ⅲ. ①模拟电路—电子技术—高等职业教育—教材　Ⅳ. ①TN710.4

中国版本图书馆 CIP 数据核字(2022)第 045966 号

策　　划　高　樱
责任编辑　高　樱
出版发行　西安电子科技大学出版社(西安市太白南路 2 号)
电　　话　(029)88202421　88201467　　　邮　　编　710071
网　　址　www.xduph.com　　　　　电子邮箱　xdupfxb001@163.com
经　　销　新华书店
印刷单位　咸阳华盛印务有限责任公司
版　　次　2022 年 8 月第 1 版　2023 年 1 月第 2 次印刷
开　　本　787 毫米×1092 毫米　1/16　印张 17.5
字　　数　414 千字
印　　数　1001～2000 册
定　　价　51.00 元
ISBN 978 - 7 - 5606 - 6358 - 6/TN

XDUP 6660001 - 2

前　　言

　　本书根据高职教育的人才培养特色，坚持以职业需求为基础，以技能培训为主线，选取市场常见的电子产品，引入相关模拟电子技术，介绍其原理及应用，重点突出了科学性、实用性、操作性和趣味性。

　　本书在处理理论内容与实践能力的关系时，强调以能力为中心，理论以够用为出发点，按照高职高专人才培养目标，坚持"实际、实用、实践"的原则，结合模拟电子技术的典型应用设计，设置项目导学及仿真任务与实训任务，突出理论知识的实用性、实效性。

　　本书的编排以应用为目的，要求学生具备一定的电子装接基本技能，先完成电路装接，然后在知识点讲解时，由老师根据调试要求引导学生进行探究和思考。本书将理论与实践训练相结合，采用任务驱动（项目导学）的模块化教学方法，将理论知识、仿真模拟和实验验证三者相结合，并对知识点、工作任务、技能训练、问题与练习等进行优化组合，这有利于对学生进行启发引导，激发他们的学习积极性，加强其应用能力的培养。本书依据"以工作过程为导向"的教学指导思想，通过实际电路设计，使学生在完成工作任务的过程中掌握所学的知识。

　　本书由张少华、陈洁任主编，石蓝、戴志强任副主编。项目1由戴志强编写，项目2由戴志强和石蓝共同编写，项目3由石蓝编写，项目4、项目5、项目6由张少华和陈洁共同编写。

　　本书在编写过程中得到了刘恩华教授的大力支持，也参考了其他院校专家的研究成果，在这里向他们表示衷心的感谢。

　　由于水平有限，书中不妥之处在所难免，诚请广大读者给予批评指正，帮助我们不断改进。

编　者

2022 年 3 月

目　　录

项目 1　光控小夜灯电路 ……………………………………………………………… 1

【项目导学】光控小夜灯电路 ……………………………………………………… 1

1.1　常用电子元器件 ……………………………………………………………… 4

1.1.1　电池 ……………………………………………………………………… 4

1.1.2　电阻器 …………………………………………………………………… 4

1.1.3　光敏电阻 ………………………………………………………………… 7

1.1.4　开关 ……………………………………………………………………… 8

1.1.5　电容器 …………………………………………………………………… 8

1.2　半导体二极管 ………………………………………………………………… 10

1.2.1　半导体的基础知识 ……………………………………………………… 10

1.2.2　半导体二极管 …………………………………………………………… 13

1.2.3　特殊二极管 ……………………………………………………………… 17

【实训任务 1】二极管的使用知识与技能训练 …………………………………… 20

1.3　三极管 ………………………………………………………………………… 22

1.3.1　三极管的基础知识 ……………………………………………………… 22

1.3.2　三极管的电流放大原理 ………………………………………………… 23

1.3.3　三极管的特性曲线 ……………………………………………………… 25

1.3.4　三极管开关电路 ………………………………………………………… 28

1.3.5　三极管的主要参数及温度特性 ………………………………………… 30

1.4　场效应管 ……………………………………………………………………… 32

1.4.1　结型场效应管 …………………………………………………………… 33

1.4.2　绝缘栅场效应管 ………………………………………………………… 35

【仿真任务 1】三极管电流分配关系的仿真测试 ………………………………… 39

【实训任务 2】三极管的识别与测试 ……………………………………………… 40

【实训任务 3】光控小夜灯电路的测试 …………………………………………… 42

【知识拓展】了解其他晶体管 ……………………………………………………… 43

习题 1 ………………………………………………………………………………… 44

项目 2　扩音器放大电路 ……………………………………………………………… 47

【项目导学】扩音器放大电路 ……………………………………………………… 47

2.1　小信号放大电路 ……………………………………………………………… 51

2.1.1　小信号放大电路的结构 ………………………………………………… 51

　　2.1.2　小信号放大电路的主要技术指标 ……………………………………… 52

　　2.1.3　共发射极基本放大电路 …………………………………………………… 53

　　2.1.4　分压式偏置电路 …………………………………………………………… 58

　　2.1.5　共集电极放大电路 ………………………………………………………… 62

　　2.1.6　共基极放大电路 …………………………………………………………… 64

　　2.1.7　场效应管放大电路 ………………………………………………………… 65

【仿真任务2】三组态放大电路的仿真测试 ……………………………………… 69

【实训任务4】单管放大电路的测试 ……………………………………………… 71

2.2　多级放大电路 …………………………………………………………………… 74

　　2.2.1　级间耦合方式及特点 ……………………………………………………… 74

　　2.2.2　多级放大电路的分析 ……………………………………………………… 76

2.3　负反馈放大器 …………………………………………………………………… 78

　　2.3.1　反馈的概念 ………………………………………………………………… 78

　　2.3.2　反馈的分类与判别 ………………………………………………………… 79

　　2.3.3　负反馈放大器的一般表达式 ……………………………………………… 82

　　2.3.4　负反馈对放大器性能的影响 ……………………………………………… 85

　　2.3.5　负反馈放大电路的稳定与引入负反馈的一般原则 ……………………… 87

【仿真任务3】负反馈对放大器性能影响的仿真测试 …………………………… 89

2.4　功率放大器 ……………………………………………………………………… 91

　　2.4.1　功率放大器的概述 ………………………………………………………… 91

　　2.4.2　OCL功率放大电路 ………………………………………………………… 93

　　2.4.3　OTL功率放大电路 ………………………………………………………… 97

　　2.4.4　集成功率放大器 …………………………………………………………… 98

【仿真任务4】OCL功率放大电路的仿真测试 …………………………………… 102

【实训任务5】扩音器电路的连接与测试 ………………………………………… 104

2.5　差分放大电路 …………………………………………………………………… 106

　　2.5.1　基本差分放大电路 ………………………………………………………… 106

　　2.5.2　长尾式差分放大电路 ……………………………………………………… 108

　　2.5.3　恒流源式差分放大电路 …………………………………………………… 110

【知识拓展】了解各类功放 ………………………………………………………… 111

习题2 ………………………………………………………………………………… 112

项目3　直流稳压电源 ……………………………………………………………… 120

【项目导学】直流稳压电源的制作 ………………………………………………… 120

3.1　直流稳压电源的基本组成 ……………………………………………………… 123

3.2　二极管整流电路 ………………………………………………………………… 124

　　3.2.1　半波整流电路 ……………………………………………………………… 124

　　3.2.2　全波桥式整流电路 ………………………………………………………… 125

3.3　电容滤波电路 …………………………………………………………………… 127

【仿真任务 5】 整流滤波电路的仿真测试 ……………………………………… 129

3.4　稳压电路 …………………………………………………………………… 130

　3.4.1　反馈串联型稳压电路 …………………………………………………… 130

　3.4.2　集成稳压电路 …………………………………………………………… 131

【实训任务 6】 串联稳压电源电路的测试 ………………………………………… 134

【知识拓展】 开关电源 …………………………………………………………… 136

习题 3 ……………………………………………………………………………… 141

项目 4　电阻应变式称重计 ……………………………………………………… 144

【项目导学】电阻应变式称重计 ………………………………………………… 144

4.1　集成运算放大器概述 ………………………………………………………… 148

　4.1.1　集成运算放大器的基础知识 …………………………………………… 148

　4.1.2　理想集成运算放大器 …………………………………………………… 157

　4.1.3　集成运算放大器应用技巧须知 ………………………………………… 158

4.2　集成运算放大器的基本运算电路 …………………………………………… 162

　4.2.1　比例运算电路 …………………………………………………………… 162

　4.2.2　加法和减法运算电路 …………………………………………………… 166

　4.2.3　积分和微分运算电路 …………………………………………………… 169

　4.2.4　仪表放大器 ……………………………………………………………… 171

【仿真任务 6】 积分运算电路的仿真测试 ……………………………………… 173

【实训任务 7】 反相比例运算电路的设计与测试 ……………………………… 175

【实训任务 8】 电阻应变式称重计的测试 ……………………………………… 177

【知识拓展】 集成运放的单电源供电 …………………………………………… 179

习题 4 ……………………………………………………………………………… 183

项目 5　简易照明线路探测仪 …………………………………………………… 187

【项目导学】简易照明线路探测仪 ……………………………………………… 187

5.1　有源滤波器 …………………………………………………………………… 191

　5.1.1　滤波器概述 ……………………………………………………………… 192

　5.1.2　有源低通滤波器 ………………………………………………………… 194

　5.1.3　有源高通滤波器 ………………………………………………………… 197

　5.1.4　有源带通滤波器 ………………………………………………………… 198

　5.1.5　有源带阻滤波器 ………………………………………………………… 199

【仿真任务 7】 有源滤波器的仿真测试 ………………………………………… 199

【实训任务 9】 线路探测仪前级放大电路的装配与测试 ……………………… 201

5.2　利用集成运放实现的信号转换电路 ………………………………………… 204

　5.2.1　精密整流电路 …………………………………………………………… 204

　5.2.2　电压-电流转换电路 …………………………………………………… 206

【实训任务 10】 简易照明线路探测仪中间级精密整流电路的装配与调试 ………… 208

5.3 集成运算放大器的非线性应用——电压比较器 ············ 209
　　5.3.1 电压比较器概述 ············ 209
　　5.3.2 简单电压比较器 ············ 210
　　5.3.3 迟滞电压比较器 ············ 211
　　5.3.4 窗口比较器 ············ 213
　【实训任务 11】线路探测仪末级电压比较器的装配与调试 ············ 214
　【知识拓展】了解信号处理电路 ············ 215
　习题 5 ············ 217

项目 6　简易金属探测器 ············ 220
　【项目导学】简易金属探测器 ············ 220
　6.1 正弦波振荡电路 ············ 223
　　6.1.1 正弦波振荡电路的基本概念 ············ 223
　　6.1.2 RC 正弦波振荡电路 ············ 225
　　6.1.3 LC 正弦波振荡电路 ············ 227
　【实训任务 12】RC 正弦波振荡电路的连接与测试 ············ 231
　6.2 非正弦信号发生器 ············ 233
　　6.2.1 方波发生器 ············ 233
　　6.2.2 三角波发生器 ············ 234
　【实训任务 13】简易金属探测器的连接与测试 ············ 236
　【知识拓展】简易无线话筒 ············ 238
　习题 6 ············ 239

附录 A　标准 EIA 电阻阻值表 ············ 242
附录 B　Multisim 10.0 软件的使用 ············ 245
附录 C　半导体器件型号命名方法 ············ 254
附录 D　常用半导体二极管参数表 ············ 258
附录 E　常用半导体三极管参数表 ············ 262
附录 F　常用半导体场效应管参数表 ············ 266
附录 G　部分集成运放主要参数表 ············ 268
附录 H　常用集成稳压器的主要参数表 ············ 270

参考文献 ············ 272

项目1 光控小夜灯电路

我们将用一个简单而实用的实例——光控小夜灯(图1-1),带领大家走进模拟电子技术的世界,并通过对这个实例的初步分析,介绍蕴藏其中的知识点和实用的设计及测试技能。本项目主要介绍常用电子元器件、半导体二极管、半导体晶体管(三极管)、场效应管,重点介绍半导体二极管及三极管的结构、工作原理、特性曲线、主要参数、识别方法与测试方法。

图1-1 光控小夜灯

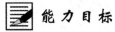 **能力目标**

- 具备常用电子仪器仪表的操作能力;
- 具备电子元器件的识别和检测能力;
- 具备一定的读图、识图能力;
- 能完成光控小夜灯的制作与调试。

 知识目标

- 了解常用电子元器件;
- 理解半导体二极管、三极管的工作原理;
- 掌握半导体二极管、三极管的特性曲线。

【项目导学】 光控小夜灯电路

1. 实训内容

设计与制作一个光控小夜灯电路,如图1-2所示,当照射到光敏电阻R上的光线变暗至一定程度时,发光二极管VD_1点亮,从而达到检测光线强度并适时开灯的目的。

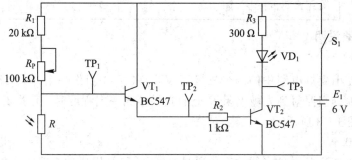

图1-2 光控小夜灯电路

2. 工作任务单

（1）小组制订工作计划，小组成员按任务开展工作。

（2）识别原理图，明确元器件连接和电路连线。

（3）完成电路所需元件的检测。

（4）根据原理图，采用万能板焊接、制作电路。

（5）自主完成电路功能检测和故障排除。

（6）小组讨论完成电路的详细分析及项目实训报告的编写。

3. 实训目标

（1）增强专业知识，培养良好的职业道德和职业习惯。

（2）了解光控小夜灯的电路组成与工作原理。

（3）熟练使用电子焊接工具，完成光控小夜灯电路的装接。

（4）熟练使用电子仪器仪表，完成光控小夜灯电路的调试。

（5）能分析及排除电路故障。

4. 实训设备与器件

实训设备：万用表 1 台，焊接工具 1 套。

实训器件：电路所需元器件名称、规格型号等见表 1-1。

表 1-1　光控小夜灯电路的元器件清单

元器件名称	数量	代号
20 kΩ 电阻	1	R_1
1 kΩ 电阻	1	R_2
300 Ω 电阻	1	R_3
100 kΩ 电位器	1	R_P
光敏电阻 LXD5516	1	R
高亮发光二极管	1	VD_1
三极管 BC547	2	VT_1、VT_2
开关 KCD1-101	1	S_1
1.5 V 电池	4	E_1
4 节 5 号电池盒	1	

5. 实训电路说明

1）电路说明

可以将光控小夜灯电路中的两个三极管 VT_1 和 VT_2 当作一个开关，这个开关受到光敏电阻 R 的控制，当照射到光敏电阻 R 上的光线暗到一定程度时，开关闭合，发光二极管 VD_1 点亮，如图 1-3 所示。

2）电路原理

照射到光敏电阻 R 上的光线的变化通过 R_1、R_P 和 R 组成的电路转换成了电压的变化，

此电压连接到 VT_1 基极，当电压达到或超过 1.4 V 时，VT_1 导通，VT_1 上的电流通过 R_2 流向 VT_2，在 VT_2 基极出现的偏置电压达到导通所要求的 0.7 V 时，VT_2 处于饱和状态，此时蜂鸣器上得到足够大的电流和电压，发光二极管 VD_1 点亮。

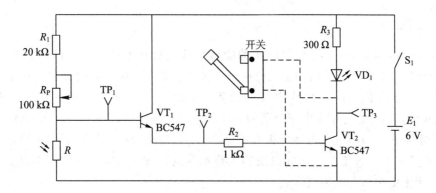

图 1 - 3　光控小夜灯电路说明

6. 光控小夜灯电路的安装与调试

(1) 识别与检测元件。

(2) 元件插装与电路焊接。

(3) 电路的检测与测试。

(4) 整机电路的调试。

7. 分析与报告

完成电路的详细分析并编写项目实训报告。

8. 实训考核

表 1 - 2 为光控小夜灯的安装与测试的考核表。

表 1 - 2　光控小夜灯的安装与测试的考核表

项　目	内　容	配分	考核要求	扣分标准	得　分
安全操作规范	1. 安全用电(3分) 2. 环境整洁(3分) 3. 操作规范(4分)	10	积极参与，遵守安全操作规程和劳动纪律，有良好的职业道德和敬业精神	安全用电和 7S 管理	
电路安装工艺	1. 元件的识别 2. 电路的安装	10	电路安装正确且符合工艺规范	焊接工艺	
任务与功能验证	1. 功能验证 2. 测试结果记录	70	1. 熟悉各电路功能 2. 正确测试、验证各部分电路 3. 正确记录测试结果	依照测试报告分配分值	
团队分数	团队协作	10	团队分工合作情况及完成答辩情况良好	团队合作与职业岗位要求	
合　计		100			
注：各项配分扣完为止					

1.1　常用电子元器件

1.1.1　电池

电源(power supply)是将其他形式的能转换成电能的装置,用于给电路供电。电池(battery)是指盛有电解质溶液和金属电极以产生电流的杯、槽或其他容器,或复合容器的部分空间,是能将化学能转化成电能的装置。电池是一种常用的直流电源,碱性电池(alkaline battery)普遍应用于电子产品中,最常见的是额定电压为 1.5 V 的电池,其外观及电路符号如图 1-4 所示。电池电极有正负之分,电路符号中长线端表示正极,短线端表示负极。图 1-2 所示光控小夜灯电路的工作电压为 6 V,一般可以使用电池盒(battery case)把多级电池串联起来实现。

还有一种常用于计算器、电子表、电子词典等小功率电子产品的纽扣电池(button battery),如图 1-5(a)所示,其额定电压一般有 1.5 V 和 3 V 两种。纽扣电池容量小,不适合给功率较大的电路供电。现在市场上还有一些额定电压较大的碱性电池,也被称为集成电池,如图 1-5(b)所示,其额定电压一般有 6 V、9 V、15 V 等几种类型,适合用于需要较大功率的电子产品。

(a) 纽扣电池　　　　　　　　(b) 集成电池

图 1-4　碱性电池外观及电路符号　　　　　图 1-5　纽扣电池和集成电池

以上介绍的几种电池都可以用来给图 1-2 所示的光控小夜灯电路供电,只要单个电池或者多个电池串联后电压达到 6 V 就可以。

1.1.2　电阻器

电阻器(resistor)简称电阻,是一种两端电子器件,当电流流过时,其两端的电压与电流成正比。电阻器一般利用有一定电阻率的材料(碳或镍铬合金等)制成,在电路中的主要用途是稳定和调节电路中的电流和电压,还作为分流、限流、分压、偏置、消耗电能的负载等,是电子产品中使用最多的元器件之一。电阻器按阻值能否调节可以分为固定电阻器和可变电阻器。其中,固定电阻器的文字符号为 R,可变电阻器又称电位器,其文字符号为 R_P 或 R_W。它们的电路符号如图 1-6 所示。

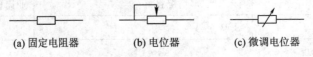

(a) 固定电阻器　　　　　(b) 电位器　　　　　(c) 微调电位器

图 1-6　电阻器的电路符号

电阻器的基本单位是欧姆（Ω），另外还有 kΩ、MΩ、GΩ、TΩ 等。其关系如下：

$$1 \text{ T}\Omega = 10^3 \text{ G}\Omega = 10^6 \text{ M}\Omega = 10^9 \text{ k}\Omega = 10^{12} \text{ }\Omega$$

电阻器的类型很多，适用于不同的电路场合，其外形、价格、性能差异很大。在数字和模拟电路中使用最多的是碳膜电阻、金属膜电阻、线绕电阻、贴片电阻等类型。

1. 电阻器的阻值

电阻器的阻值（标称值与允许误差）要标注在电阻器上，以供识别。标注电阻器的阻值可以采用直标法、色标法、数码法、编码法 4 种重要的信息标注方法。这里主要介绍色标法。

色标法是指用不同颜色表示元件不同阻值的方法。在电阻器上，不同的颜色代表不同的标称值和误差，色标法中各颜色的含义见表 1 - 3。色标法可以分为色环法和色点法。其中，最常用的是色环法。

根据色环的环数多少，色环法又分为四色环法和五色环法。

1）四色环电阻的读数

用四条色环表示标称阻值和允许误差时，前三条色环表示此电阻的标称阻值，最后一条色环表示它的允许误差。

表 1 - 3　色标法中各颜色的含义

色环颜色	第一色环 第二色环 （有效数字）	第三色环		第四色环		第五色环
		四色环法 （倍乘数）	五色环法 （有效数字）	四色环法 （允许误差）	五色环法 （倍乘数）	五色环法 （允许误差）
黑	0	$\times 10^0$	0	—	$\times 10^0$	—
棕	1	$\times 10^1$	1	—	$\times 10^1$	$\pm 1\%$（F）
红	2	$\times 10^2$	2	—	$\times 10^2$	$\pm 2\%$（G）
橙	3	$\times 10^3$	3	—	$\times 10^3$	—
黄	4	$\times 10^4$	4	—	$\times 10^4$	—
绿	5	$\times 10^5$	5	—	$\times 10^5$	$\pm 0.5\%$（D）
蓝	6	$\times 10^6$	6	—	$\times 10^6$	$\pm 0.25\%$（C）
紫	7	$\times 10^7$	7	—	$\times 10^7$	$\pm 0.1\%$（B）
灰	8	$\times 10^8$	8	—	$\times 10^8$	$\pm 0.05\%$（A）
白	9	$\times 10^9$	9	—	$\times 10^9$	—
金	—	$\times 10^{-1}$	—	$\pm 5\%$（J）	$\times 10^{-1}$	—
银	—	$\times 10^{-2}$	—	$\pm 10\%$（K）	$\times 10^{-2}$	—
无色	—	—	—	$\pm 20\%$（M）	—	—

2）五色环电阻的读数

精密电阻器是用五条色环表示标称阻值和允许误差的，通常五色环电阻的读数方法与四色环电阻的读数方法一样，只是比四色环电阻器多一位有效数字。前四条色环表示电阻的阻值，最后一条色环表示允许误差。

2. 电阻器的主要参数

1）标称阻值

标称阻值（简称标称值）是电阻器的关键参数。选择电阻时应注意电阻的阻值不是随意的，比如标称值为 122 Ω 的电阻就不存在。这是因为大部分电路并不要求极其精确的电阻值，于是为了便于工业上大量生产和使用者在一定范围内选用，EIA（美国电子工业联盟）规定了若干系列的阻值取值标准，有 E3、E6、E12、E24、E96、E192 基准，其中以 E12 基准和 E24 基准最为常用。

如 E12 基准中电阻阻值为 1.0，1.2，1.5，1.8，2.2，2.7，3.3，3.9，4.7，5.6，6.8，8.2 乘以 10，100，1000，… 所得到的数值。

E24 基准中的电阻阻值可以满足一般电路设计对阻值的要求，如果某些电路（如滤波器电路）对电阻阻值要求非常精确，则可以参照附录 A 中的其他基准取值，E 后数字越大，电阻值越精确，当然价格也就越高。

2）误差范围

电阻会有误差（偏差），误差是以％为单位表示的电阻值（标称值）与实际值之间的最差保证值，普通精度电阻器的允许误差为 ±20％、±10％、±5％，而精密电阻的允许误差则缩小至 ±1％、±0.5％、±0.01％。例如，标称电阻值为 10 kΩ、误差为 ±1％ 的电阻，只要是用指定条件测定，全部产品的电阻值都应该在 9.9～10.1 kΩ 的范围内。

3）功率

电阻长时间工作时允许消耗的最大功率叫作额定功率。电阻消耗的功率可以由电功率公式 $P=I\times U=I^2\times R=U^2/R$ 计算，P 表示电阻消耗的功率，U 是电阻两端的电压，I 是通过电阻的电流，R 是电阻的阻值。当电流通过电阻的时候，电阻由于消耗功率而发热。如果电阻发热的功率大于它能承受的功率，电阻就会烧坏，表现为电阻焦黑、发臭，严重时甚至起火、爆炸。由于电阻在烧毁时已经被超限的热量袭击过，其阻值几乎不可能保证在原来正常的范围内，所以如果电阻出现烧毁的情况，一般都需要更换，有时甚至需要更换临近的器件。之所以出现烧毁电阻的情况，一般有两种可能：一是电阻选择不合理，其额定功率小于实际功率；二是电路突然出现故障，导致通过电阻的电流激增而被烧毁。

电阻的额定功率也有标称值，常用的有 $\frac{1}{16}$ W、$\frac{1}{8}$ W、$\frac{1}{4}$ W、$\frac{1}{2}$ W、1 W、2 W、3 W、5 W、10 W、20 W 等。在电路图中，常用如图 1-7 所示的符号来表示电阻的额定功率。选用电阻的时候，要留一定的余量，选额定功率比实际消耗的功率大一些的电阻。比如，实际负荷 $\frac{1}{4}$ W，可以选用额定功率 $\frac{1}{2}$ W 的电阻；实际负荷 3 W，可以选用额定功率 5 W 的电阻。一般来说，电阻的功率越大，体积也就越大，价格也就越高。

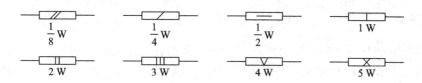

图 1-7　电阻器的电路符号

3. 电阻器的选型

1）选择电阻器的阻值参数及精度等级

所选取的电阻器的电阻标称值应最接近理论技术结果，尽量从常用的 E24 基准中选取，不要片面追求高精度、非标产品；可采用多只电阻串联或并联方式实现特殊阻值要求；可通过调节电位器达到理论计算结果。

2）选择电阻器的额定功率

所选取的电阻器的额定功率应达到理论计算得到的耗散功率的 150%～200%，无需选择额定功率远大于实际功率的电阻(可考虑给大功率电阻配备散热设施)。

3）选择电阻器的品种及材料

在要求不高的小功率电子电路中，碳膜电阻、金属膜电阻是首选；微小电荷检测方面采用玻璃电阻；大功率电阻优先选择直插式线绕电阻或金属膜电阻、金属片电阻；高压电路中优先选用实心电阻或金属氧化膜电阻。

1.1.3　光敏电阻

光敏电阻(photoresistor or light-dependent resistor)是敏感电阻的一种，其电路符号和外观如图 1-8 所示。光敏电阻的阻值与照射到其表面的光强成反比：光线越强其阻值越小，反之亦然。常用的光敏电阻制作材料为硫化镉，另外还有硒、硫化铝、硫化铅和硫化铋等材料。这些材料具有在特定波长的光照射下阻值迅速减小的特性。

图 1-8　光敏电阻的电路符号和外观

如图 1-2 所示的光控小夜灯电路中，光敏电阻 R 可谓一个关键元器件，正是因为光敏电阻 R 对光线强度的检测，实现了小夜灯的自动控制。将图 1-2 电路中的 VT_1 和 VT_2 去掉，按下电源开关键，则 TP_1 点的电压为

$$V_{TP_1} = \frac{R}{R_1 + R + R_P} \times 6 = \frac{6R}{20 + R + R_P}$$

我们采用的是 LXD5516 型号的光敏电阻，在黑暗中阻值可达 0.5 MΩ，在强光下阻值仅为 5～10 kΩ。一旦电位器的阻值 R_P 确定，影响 TP_1 点电压的就只有光敏电阻了，这样光敏电阻上光线的变化就转换成了电压的变化。

1.1.4　开关

开关(switch)是一种用来接通和断开电路的元器件。开关应用在各种电子设备、家用电器中。开关是我们非常熟悉的电子元器件之一，随处可见，例如，我们每天打开电灯时会接触到开关，打开电视也会接触到开关，就连开关电冰箱的门时都会"碰"到开关。开关的种类很多，图 1-9 是常见的几种开关。

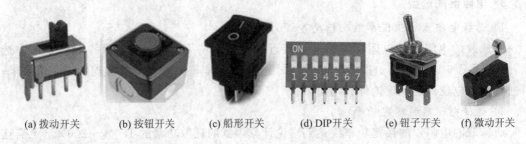

(a) 拨动开关　　(b) 按钮开关　　(c) 船形开关　　(d) DIP开关　　(e) 钮子开关　　(f) 微动开关

图 1-9　常见的几种开关

1.1.5　电容器

电容器(capacitor)(简称电容)是储存电量和电能的元器件。两个相互靠近的导体，中间夹一层不导电的绝缘介质，就构成了电容器。电容在电路中用 C 表示，电容的电容量的单位有法拉(F)、微法(μF)、纳法(nF)、皮法(pF)，它们的关系如下：$1F = 10^6\ \mu F = 10^9\ nF = 10^{12}\ pF$。

电容是电子设备中最基础也是最重要的元器件之一，基本上所有的电子设备中都可以见到它的身影。电容在调谐、旁路、耦合、滤波、谐振等电路中起着重要的作用。晶体管收音机的调谐电路要用到它，彩色电视机的耦合电路、旁路电路等也要用到它。

电容的种类很多，按结构形式来分，有固定电容、半可变电容、可变电容。电容的电路符号如图 1-10 所示。

固定电容　　　　电解电容　　　　可变电容　　　　半可变电容

图 1-10　电容的电路符号

常用电容按介质分为纸介电容、油浸纸介电容、金属化纸介电容、云母电容、薄膜电容、陶瓷电容、电解电容等。常用电容的外形如图 1-11 所示。

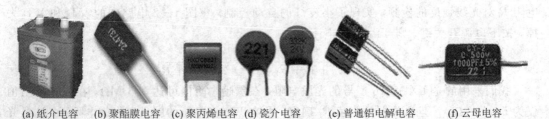

(a) 纸介电容　(b) 聚酯膜电容　(c) 聚丙烯电容　(d) 瓷介电容　(e) 普通铝电解电容　(f) 云母电容

图 1-11　常用电容的外形

1. 容量误差

通用电容误差为±5％～±20％。用作旁路电容等的高介电常数系列陶瓷电容的误差为−20％～+80％。常见电容的容量误差如表 1-4 和表 1-5 所示。

表 1-4　电容容量误差(10 pF 以下)

符号	颜色	误差/pF
C	灰色	±0.25
D	绿色	±0.5
F	白色	±1
G	黑色	±2

表 1-5　电容容量误差(10 pF 以上)

符号	颜色	误差/％
F	茶色	±1
G	红色	±2
J	绿色	±5
K	白色	±10
M	黑色	±20
Z	灰色	+80～−20
P	蓝色	+100～−0

2. 额定电压

电容的额定电压指可对电容施加的最大电压，有直流(DC)和交流(AC)两种。直流表示是按照通用小型电容和极性电容规定的，一般为两个电极之间的最大峰值电压。因此，在平滑电路和连接有电容的电路中，直流部分加交流部分的峰值电压不得超过额定电压值。交流表示是像"250 V AC"那样表示电容的耐压规格，这种规格是以在电机相位电容等交流中使用为前提的。交流额定电压的数值为电压正弦波的有效值，若要换算成直流额定工作电压，乘以$\sqrt{2}$ 即可。额定电压的 AC 表示和 DC 表示见表 1-6。

表 1-6　额定电压的 AC 表示和 DC 表示

DC 额定电压/V	AC 额定电压/V
16	12
25	20
50	40
100	75
200	100
250	150
400	200
630(600)	250
1000	400
2000	500

1.2　半导体二极管

1.2.1　半导体的基础知识

　　各种电子设备的主要组成部分是电子线路，而电子线路的核心组成部分是半导体器件，如半导体二极管（简称二极管）、半导体三极管（简称三极管）、场效应管（FET）和集成电路（IC）。半导体器件是现代电子技术的重要组成部分，它由于具有体积小、质量轻、使用寿命长、输入功率小和功率转换效率高等优点而得到广泛应用。

半导体的
基础知识

1. 半导体

　　半导体（semiconductor）是指常温下导电性能介于导体（conductor）与绝缘体（insulator）之间的电材料物质。常用的半导体材料有元素半导体材料，如硅（Si）、锗（Ge）等；化合物半导体材料，如砷化镓（GaAs）等；以及掺杂或制成其他化合物的半导体材料，如硼（B）、磷（P）、铟（In）和锑（SB）等。其中，硅和锗是目前最常用的半导体材料。半导体具有不同于其他物质的独特性质，主要有以下两点：

　　（1）当半导体受到外界光或热的激发时，其导电能力将发生显著变化（即光敏与热敏特性）。

　　（2）在纯净的半导体中加入微量的杂质，其导电能力也会有显著的增加（即掺杂特性）。

　　1）本征半导体

　　本征半导体（intrinsic semiconductor）是一种完全纯净、结构完整的半导体晶体。室温下，本征半导体的导电能力很弱。

　　2）杂质半导体

　　半导体之所以能广泛应用在电子学科领域，究其原因就是它能在它的晶格中植入杂质改变其电性，这个过程称为掺杂（doping）。在本征半导体中掺入微量的杂质，就会使半导体的导电性能发生显著改变。而掺杂过的本征半导体称为杂质半导体（extrinsic semiconductor）。按照掺杂杂质的类型，杂质半导体分为 N 型半导体和 P 型半导体。

　　（1）N 型半导体。在四价元素的硅（或锗）晶体中，掺入微量的五价元素磷（或砷、锑等）后，杂质原子五个价电子中有四个与周围的硅（或锗）原子形成共价键后多余出一个电子，并游离于共价键之外，这个电子几乎不受束缚，很容易被激发而成为自由电子，产生施主能级。施主能级上的电子跃迁到导带所需能量比从价带激发所需能量小得多，因此，游离状态电子很容易被激发到导带成为载流子，能提供电子载流子的杂质称为施主杂质（donor impurity），相应能级称为施主能级，位于禁带上方靠近导带底附近。导电载流子主要是被激发到导带中的电子，因此,杂质半导体的自由电子浓度较本征半导体大大增加。将这种掺入施主杂质而导致导电的电子浓度远远超过空穴浓度的半导体称为 N 型半导体（N-type semiconductor），也称电子型（negative）半导体。N 型半导体结构示意图如图 1 - 12（a）所示，图 1 - 12（b）是其简化形式。

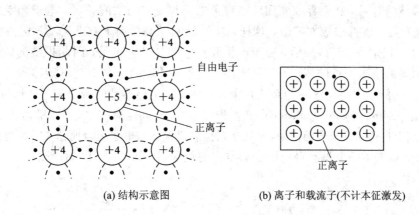

(a) 结构示意图　　　　　　　　　　(b) 离子和载流子(不计本征激发)

图 1 - 12　N 型半导体

　　N 型半导体中自由电子浓度远大于空穴浓度,所以称电子为多数载流子(简称多子),空穴为少数载流子(简称少子)。

　　(2) P 型半导体。在硅(或锗)的晶体中掺入微量的三价元素硼(或铝、铟等)后,构成的半导体称为 P 型半导体(P-type semiconductor)。杂质原子的三个价电子与相邻的四个硅(或锗)原子形成共价键时,有一个键因缺少一个电子形成一个空穴。掺入多少个杂质原子就能产生多少个空穴。这种掺入三价元素使空穴浓度大大增加,导电主要靠空穴的半导体也称为空穴型(positive)半导体。其结构示意图如图 1 - 13(a)所示,它的空穴和负离子总是成对地出现。P 型半导体的结构可画成如图 1 - 13(b)所示的简化形式。相应地,能提供空穴载流子的杂质称为受主杂质(acceptor impurity),相应能级称为受主能级,位于禁带下方靠近价带顶附近。

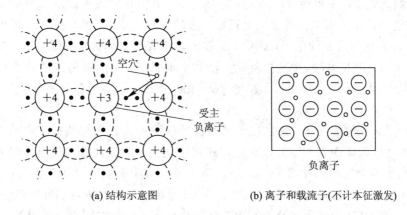

(a) 结构示意图　　　　　　　　　　(b) 离子和载流子(不计本征激发)

图 1 - 13　P 型半导体

　　P 型半导体中空穴浓度远大于自由电子浓度,所以称空穴为多数载流子(简称多子),电子为少数载流子(简称少子)。

2. PN 结的单向导电性

1) PN 结的形成

通过半导体制作工艺将两种杂质半导体制作在同一片(硅或锗)基片上,当 P 型半导体与 N 型半导体结合后，在交界处两侧就出现了电子和空穴的浓度差异，电子和空穴都要从浓度高的地方向浓度低的地方扩散，这样，N 区的电子必然向 P 区扩散，P 区的空穴也要向 N 区扩散，如图 1-14(a) 所示，由于电子和空穴都是带电粒子，因此扩散的结果是使 P 区和 N 区原来的电中性被破坏，于是在交界处附近，N 区的一侧出现不能移动的杂质正离子区，P 区的一侧出现不能移动的杂质负离子区，这些不能移动的带电离子区称为空间电荷区，即 PN 结(positive-negative junction)。扩散作用越强，空间电荷区越宽。扩散运动的结果：N 区电子扩散到 P 区与空穴复合而消失，P 区空穴扩散到 N 区与电子复合而消失。因而在两种半导体接触面上形成了一个没有自由电子和空穴的耗尽层，如图 1-14(b) 所示。

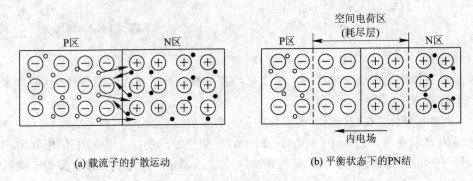

(a) 载流子的扩散运动　　　　　　　　　　(b) 平衡状态下的PN结

图 1-14　PN结的形成

　　空间电荷区形成以后，由于正负电荷之间的相互作用，在空间电荷区中就产生了一个由 N 区指向 P 区的电场，称为内电场。显然，内电场阻止多子的扩散，即对多子的扩散起着类似堡垒的阻挡作用，因此空间电荷区又称为势垒区或阻挡层。但另一方面，内电场却使少子在电场力的作用下产生漂移运动。漂移运动的方向正好与扩散运动相反。从 N 区漂移到 P 区的空穴补充了原来交界面上 P 区所失去的空穴，从 P 区漂移到 N 区的电子补充了原来交界面上 N 区所失去的电子，因此，漂移运动的结果使空间电荷区变窄。当漂移运动达到和扩散运动速度相等时，PN 结就处于动态平衡状态，空间电荷区的宽度基本保持不变。扩散电流与漂移电流大小相等、方向相反，因此流过 PN 结的总电流为零。

　　2) PN 结的单向导电性原理

　　PN 结的 P 区接电源正极、N 区接电源负极的接法称为正向接法或正向偏置，简称正偏；PN 结的 P 区接电源负极、N 区接电源正极的接法称为反向接法或反向偏置，简称反偏。正偏和反偏的接法分别如图 1-15(a) 和(b) 所示，其中的电阻 R 为限流电阻。

　　如图 1-15(a) 所示，在正向电压作用下，由于外电场方向与内电场方向相反，PN 结的平衡状态被打破。P 区的多数载流子空穴在外电场作用下，与空间电荷区 P 区一侧的负离子复合；同理，N 区的多数载流子电子在外电场的作用下，与空间电荷区 N 区一侧的正离子复合，从而使得空间电荷区变窄，内电场被削弱，多数载流子的扩散运动增强，形成较大的扩散电流 I。由于正偏时正向电流较大，PN 结对外电路呈现较小的电阻，这种状态称为 PN 结的导通。外电场越强，扩散电流越大。

　　如图 1-15(b) 所示，在反向电压作用下，由于外电场方向与内电场方向一致，同样打破了原来扩散运动与漂移运动的平衡。外电场使 P 区的多数载流子空穴和 N 区的多数载流子电子离开空间电荷区两侧,空间电荷区变宽,内电场增强,阻挡层电阻增大,两区中的多数载流子很难越过空间电荷区,因此无扩散电流通过。P 区的少数载流子电子和 N 区的少数载流子空穴在内外电场的共同作用下,形成反向电流 I_R,由于少数载流子数量很少,因此反向电流很小。又由于少数载流子是由本征激发形成的,其数量取决于温度(包括光照)而与外加电压基本无关(外加电压过大,超过 PN 结承受限额,则另当别论)。在一定的温度下,反向电流基本不变,因此也称反向饱和电流。PN 结对外电路呈现较高的电阻,这种状态称为 PN 结的截止。

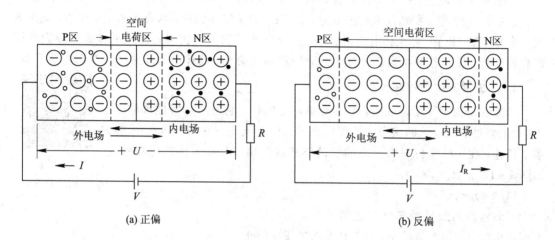

(a) 正偏　　　　　　　　　　　　　(b) 反偏

图 1-15　外加电压时的 PN 结

总之,PN 结正向导通、反向截止,这就是 PN 结的单向导电性。

1.2.2　半导体二极管

1. 二极管的结构和类型

各种普通二极管(区别于发光、光电、稳压等特殊二极管)的外形图及封装形式如图1-16所示。

二极管的结构与类型

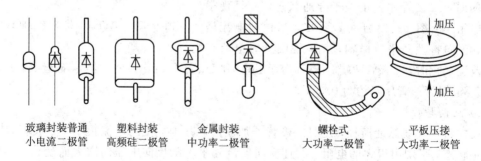

玻璃封装普通　　塑料封装　　　金属封装　　　　螺栓式　　　　平板压接
小电流二极管　高频硅二极管　中功率二极管　大功率二极管　大功率二极管

图 1-16　各种普通二极管的外形图及封装形式

二极管的结构示意图如图 1-17(a)所示。将 PN 结用管壳封装并引出电极引线,就成为一个二极管。二极管的电路符号如图 1-17(b)所示,其箭头方向表示正向电流的方向,即由阳极(anode)指向阴极(kathode)的方向。

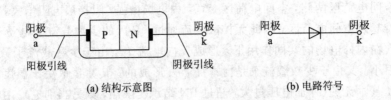

(a) 结构示意图　　　　　　　(b) 电路符号

图 1-17　二极管的结构示意图和电路符号

二极管种类很多，按所用的半导体材料可分为锗管和硅管；按功能可分为开关管、整流管、稳压管、变容管、发光管和光电(敏)管等，其中开关管和整流管统称为普通二极管，其他的则统称为特殊二极管；按工作电流大小可分为小电流管和大电流管；按耐压高低可分为低压管和高压管；按工作频率高低可分为低频管和高频管等。具体型号及选择可查阅有关手册。

2. 二极管的伏安特性

二极管的伏安特性

二极管是由 PN 结构成的，它具有单向导电性，它的所有特性都取决于 PN 结的特性。二极管的伏安特性可用流过它的电流 I 与它两端电压 U 的关系来描述，在 I-U 坐标平面上以曲线的形式描绘出来，称为伏安特性曲线，如图 1-18 所示。

1) 正向特性

正向特性曲线开始部分变化很平缓，说明正向电压较小时，正向电流很小，这是因为加在 PN 结上的外电场太小，还不足以克服内电场的阻碍作用。这时，二极管实际上没有导通，对外呈现很大的电阻，这一部分称为正向特性的"死区"。死区以后的正向特性曲线上升较快，说明正向电压超过某一数值后，电流才显著增大，这个电压值称为门槛电压或死区电压，用 U_{on} 表示。在室温下，硅管 $U_{th} \approx 0.5$ V，锗管 $U_{th} \approx 0.1$ V。因此，只有当 $U > U_{th}$，内电场被大大削弱时，二极管才真正处于导通状态，并呈现很小的电阻。由图 1-18 还可以看出，当正向电流稍大时，正向特性几乎与横轴垂直，说明这时电流在

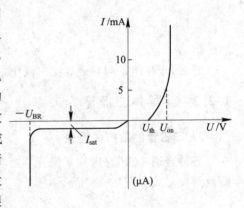

图 1-18　二极管的伏安特性曲线

较大范围变化时，二极管两端电压(称为管压降，用 U_{on} 表示)变化很小。通常，硅管的管压降约为 0.7 V，锗管的管压降约为 0.3 V。

2) 反向特性

反向特性曲线靠近横轴，说明二极管外加反向电压时，反向电流很小，二极管处于反向截止状态，呈现出很大的电阻，而且反向电流几乎不随反向电压的增大而变化。小功率硅管的反向电流一般小于 0.1 μA，而锗管通常为几微安。

图 1-18 中反向电流随电压急剧变化的区域称为反向击穿区。

实验表明，当二极管两端所加的反向电压在某一范围内变动时，流过二极管的电流是很小的反向饱和电流 I_{sat}，但是当反向电压增大到某一数值 U_{BR} 后，反向电流会急剧增加，

这种现象称为二极管的反向击穿，反向击穿特性如图 1-18 中左边反向电流急剧增加部分所示。反向电流开始明显增大时所对应的反向电压 U_{BR} 称为反向击穿电压。上述的击穿是由于所加的反向电压太大引起的，所以属于电击穿。

需要特别指出的是，普通二极管的反向击穿电压较高，一般在几十伏到几百伏以上（高反压管可达几千伏）。普通二极管在实际应用中不允许工作在反向击穿区。

3. 二极管的温度特性

二极管对温度也有一定的敏感性。当温度升高时，扩散运动加强，正向电流增大，因此正向特性向左移动；此时，本征激发的少子数目迅速增加，因此反向电流剧增，反向特性向下移动。温度对二极管特性影响的规律是：在室温附近，温度每升高 1℃，正向压降减小 2～2.5 mV；温度每升高 10℃，反向电流约增大一倍。显然，二极管的反向特性受温度的影响较大。在实际应用中，温度对二极管的影响是不可避免的。

4. 二极管的主要参数

二极管的特性还可以用它的参数来表示。参数是用来定量描述器件性能的指标，是正确使用和合理选择器件的依据。

常见器件的主要参数可以通过查找其技术手册获得。将器件的型号输入到搜索引擎（如 www.baidu.com）中，例如输入"1N4001 PDF"，一般可在搜索列表中得到该器件的技术手册链接，单击链接就可以打开 1N4001 的技术手册了。图 1-19 为 1N4001 技术手册中的主要参数。

二极管的主要参数

MAXIMUM RATINGS AND ELECTRICAL CHARACTERISTICS

Ratings at 25℃ ambient temperature unless otherwise specified.
Single phase half-wave 60Hz,resistive or inductive load,for capacitive load current derate by 20%.

	SYMBOLS	1N 4001	1N 4002	1N 4003	1N 4004	1N 4005	1N 4006	1N 4007	UNITS
Maximum repetitive peak reverse voltage	V_{RRM}	50	100	200	400	600	800	1000	VOLTS
Maximum RMS voltage	V_{RMS}	35	70	140	280	420	560	700	VOLTS
Maximum DC blocking voltage	V_{DC}	50	100	200	400	600	800	1000	VOLTS
Maximum average forward rectified current 0.375" (9.5mm) lead length at T_A=75℃	$I_{(AV)}$	1.0							Amp
Peak forward surge current 8.3ms single half sine-wave superimposed on rated load (JEDEC Method)	I_{FSM}	30.0							Amps
Maximum instantaneous forward voltage at 1.0A	V_F	1.1							Volts
Maximum DC reverse current　　T_A=25℃ at rated DC blocking voltage　　T_A=100℃	I_R	5.0 50.0							μA
Typical junction capacitance (NOTE 1)	C_J	15.0							pF
Typical thermal resistance (NOTE 2)	$R_{\theta JA}$	50.0							℃/W
Operating junction and storage temperature range	T_J, T_{STG}	-65 to +175							℃

图 1-19　1N4001 技术手册中的主要参数

二极管的主要参数如下。

1）最大正向平均电流 I_F

I_F 是指二极管正常工作时允许通过的最大正向平均电流，它与 PN 结的材料、结面积和散热条件有关。因为电流流过 PN 结要引起二极管发热，如果在实际应用中流过二极管的平均电流超过 I_F，则管子将过热而烧坏。因此，二极管的平均电流不能超过 I_F，并要满足散热条件。

2）最大反向工作电压 U_R

U_R 是指二极管在使用时所允许加的最大反向电压。为了确保二极管安全工作，通常取二极管反向击穿电压 U_{BR} 的一半为 U_R。例如，二极管 1N4001 的 U_R 规定为 100 V，而 U_{BR} 实际上大于 200 V。在实际应用中，二极管所承受的最大反向电压不应超过 U_R，否则二极管就有发生反向击穿的危险。

3）反向电流 I_R

I_R 是指二极管未击穿时的反向电流。I_R 越小，二极管的单向导电性越好。由于温度升高时 I_R 将增大，使用时要注意温度的影响。

4）最高工作频率 f_M

最高工作频率是由 PN 结的结电容大小决定的参数。当工作频率 f 超过 f_M 时，结电容的容抗减小到可以与反向交流电阻相比拟时，二极管将逐渐失去它的单向导电性。

上述参数中的 I_F、U_R 和 f_M 为二极管的极限参数，在实际使用中不能超过。应当指出，由于制造工艺的限制，即使是同一型号的二极管，参数的分散性也很大，一般技术手册上给出的往往是参数的范围。另外，技术手册上的参数是在一定的测试条件下测得的，使用时要注意这些条件，若条件改变，则相应的参数值也会发生变化。

5. 二极管的选择

无论是电路设计，还是电子设备维修，都会面临如何选择二极管的问题，选择二极管必须注意以下两点：

（1）设计电路时，根据电路对二极管的要求查阅相关技术手册，从而确定选用的二极管型号。确定选用的二极管型号时，选用的二极管的极限参数 I_F、U_R 和 f_M 应分别大于二极管实际工作时的最大正向平均电流、最大反向工作电压和最高工作频率。应该注意，要求导通电压低时选锗管，要求反向电流小时选硅管，要求击穿电压高时选硅管，要求工作频率高时选点接触型高频管，要求工作环境温度高时选硅管。

（2）在修理电子设备时，如果发现二极管损坏，要用同型号的二极管来替换。改用其他型号的二极管来替代时，替代二极管的极限参数 I_F、U_R 和 f_M 应不低于原二极管，且替代二极管的材料类型（硅管或锗管）一般应与原二极管相同。

二极管的应用电路

6. 二极管电路的线性分析法

二极管是一种非线性器件，这给二极管应用电路的分析带来了一定的困难。线性分析法是将二极管的正向 U-I 特性等效为能够应用电路理论进行分析的模型后再进行分析的方法。常见的二极管模型有三种，即理想模型、恒压降模型、折线模型。

1）理想模型

理想情况下正偏导通，电压降为零，相当于开关闭合；反偏截止，电流为零，相当于开关断开。对应的物理模型为：二极管导通时等效电路模型为短路，二极管截止时等效电路模型为开路。此模型通常用于电源电压远比二极管的管压降大的情况。将二极管的伏安特性曲线用两段直线来逼近，称为二极管特性曲线折线近似。对应的等效电路模型如图 1-20

(a)所示。

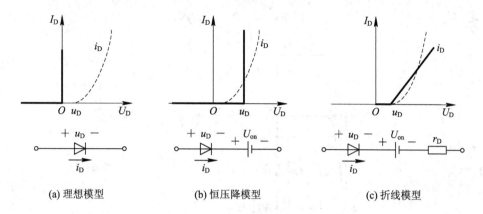

(a) 理想模型   (b) 恒压降模型   (c) 折线模型

图 1-20 二极管伏安特性曲线的折线近似及等效电路模型

2) 恒压降模型

二极管导通后，其管压降是恒定的，而且不随电流的变化而变化。二极管导通时的管压降，通常硅管约为 0.7 V，锗管约为 0.3 V。二极管截止时反向电流为零。忽略二极管的导通电阻后对应的物理模型为：正偏电压 $U_D > U_{on}$ 时导通，等效为电压源 U_{on}；否则截止，相当于二极管支路断开。对应的等效电路模型如图 1-20(b)所示。

3) 折线模型

外加电压远大于二极管的导通电压 U_{on} 时，忽略 U_{on} 的影响，将二极管的特性曲线用从坐标原点出发的两段折线逼近，称为二极管的折线模型。此时，二极管的管压降随着通过二极管的电流增加而增加，电流 i_D 与电压 u_D 呈线性关系，直线的斜率为 $1/r_D$。二极管截止时反向电流为零。对应的物理模型为：二极管导通时等效电路模型为电压源 U_{on} 和电阻 r_D 串联，二极管截止时等效电路模型为开路。对应的等效电路模型如图 1-20(c)所示。

1.2.3 特殊二极管

1. 稳压二极管

稳压二极管（Zener diode）又叫齐纳二极管，是一种能稳定电压的二极管，一般用在稳压电源中作为基准电压源，或用在过电压保护电路中作为保护二极管。稳压管的伏安特性及电路符号如图 1-21 所示。稳压二极管的主要参数有：

稳压二极管

1) 稳定电压 U_Z

稳定电压 U_Z 即反向击穿电压。

2) 稳定电流 I_Z

稳定电流 I_Z 是指稳压二极管工作至稳压状态时流过的电流。当稳压二极管稳定电流小于最小稳定电流 I_{Zmin} 时，没有稳定作用；大于最大稳定电流 I_{Zmax} 时，会因过流而损坏。

3) 最大耗散功率 P_M

P_M 为稳压二极管所允许的最大功率，有 $P_M = U_Z I_{Zmax}$。稳压二极管的功耗超过此值时，会因结温过高而损坏。

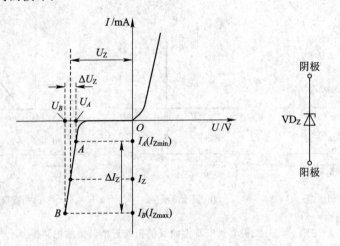

图 1 - 21　稳压二极管的伏安特性及电路符号

4）动态电阻 r_Z

动态电阻指稳压范围内电压变化量与相应的电流变化量之比，即 $r_Z = \Delta U_Z/\Delta I_Z$。$r_Z$ 值很小，约几欧到几十欧。r_Z 越小，即反相击穿特性曲线越陡，稳压二极管稳压性能就越好。

5）电压温度系数 C_{TV}

电压温度系数指温度每升高 1℃ 时稳定电压的变化量，即 $C_{TV} = \dfrac{\Delta U_Z/U_Z}{\Delta T} \times 100\%$。

2. 稳压二极管稳压电路

稳压二极管稳压电路如图 1 - 22 所示，其中 U_i 为输入电压，R 为限流电阻，R_L 为负载电阻，U_o 为输出电压。电阻 R 的作用是限制电路的工作电流及进行电压调节。

输入电压 U_i 和负载电阻 R_L 会使输出电压发生变化，但通过稳压管的稳压特性和限流电阻的电压调节作用相互配合可实现稳压功能。在工作中，当 U_i 和 R_L 变化时，为了保证稳压二极管正常稳压，必须保证稳压二极管电流 I_Z 在 $I_{Zmin} \sim I_{Zmax}$ 范围内，因此，必须合理选择限流电阻值。

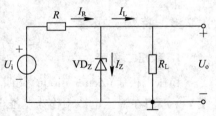

图 1 - 22　稳压二极管稳压电路

【**例 1 - 1**】　在图 1 - 22 所示稳压二极管稳压电路中，已知稳压管的稳定电压 $U_Z = 5$ V，最小稳定电流 $I_{Zmin} = 5$ mA，最大耗散功率 $P_M = 150$ mW，输入直流电压 U_i 变化范围为 $12 \sim 15$ V，负载电阻 R_L 为 1 kΩ。试正确选取限流电阻 R 的值，并要求 R_L 断开时不会烧坏稳压二极管。

解　为保证稳压二极管正常稳压，必须保证稳压二极管电流 I_Z 在 $I_{Zmin} \sim I_{Zmax}$ 范围内，所以需要求解 I_{Zmax}。

$$I_{Zmax} = \frac{P_M}{U_Z} = 30 \text{ mA}$$

同时此时 $I_L = \dfrac{U_Z}{R_L} = 5$ mA。

根据 KCL 方程 $I_R = I_Z + I_L$，得 I_R 取值范围为 10～35 mA。

同时根据 KVL 方程可得限流电阻 R 两端电压为 $U_R = U_I - U_Z$。

U_i 最小时；I_R 最小；U_i 最大时，I_R 最大。则当 $U_i = 12$ V 时，

$$I_R \geqslant 10 \text{ mA} = \frac{(12 - 5)\text{V}}{R}$$

有 $R \leqslant 700$ Ω；当 $U_i = 15$ V 时，

$$I_R \leqslant 35 \text{ mA} = \frac{(15 - 5)\text{V}}{R}$$

有 $R \geqslant 286$ Ω。求得 $286 \text{ Ω} \leqslant R \leqslant 700 \text{ Ω}$。

3. 发光二极管

发光二极管(light emitting diode，LED)是由磷、砷、镓等半导体化合物(如磷化镓、砷化镓、磷砷化镓等)制成的，它是一种能把电能转化为光能的器件，其特性正好和光电二极管相反。发光二极管也属于光电子器件，其电路符号与基本应用电路如图 1-23 所示。显然，发光二极管应工作在正偏状态，且当正向电流达到一定值时才能发出光。

发光二极管

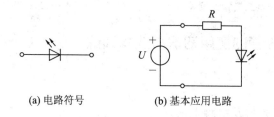

(a) 电路符号　　　　　(b) 基本应用电路

图 1-23　发光二极管的电路符号与基本应用电路

发光二极管的伏安特性与普通二极管相似，不过它的正向导通电压较大，通常在 1.7～3.5 V 范围内，同时发光的亮度随着通过的正向电流增大而增强，工作电流从几微安到几十毫安(超高亮发光二极管几微安电流就可以点亮)。使用时请查看对应手册，根据电流范围确定限流电阻 R 的值。

发光二极管主要用作显示器件，可单个使用，如用作电源指示灯、测控电路中的工作状态指示灯等；也常做成条状发光器件，制成七段或八段数码管，用以显示数字或字符；还可以作为显示像素，组成矩阵式显示器件，用以显示图像、文字等，在电子广告、影视传媒、交通管理等方面得到广泛应用。

4. 光电二极管

光电二极管(photo-diode)的 PN 结与普通二极管不同，其 P 区比 N 区薄得多，为了获得光照，在其管壳上设有一个玻璃窗口。光电二极管实物及电路符号如图 1-24 所示。

图 1-24　光电二极管实物及电路符号

光电二极管在反向偏置状态下工作，无光照时，在反向电压作用下通过光电二极管的电流很小；受到光照时，PN 结将产生大量的载流子，反向电流明显增大。这种由于光照射而产生的电流称为光电流，它的大小与光照度有关。光电二极管照度特性如图 1-25 所示。

在科学研究和工业应用中，光电二极管常常被用来精确测量光强，因为它比其他光导材料具有更良好的线性。在医疗设备中，光电二极管也有着广泛的应用，例如 X 射线计算机断层成像以及脉搏探测器。此外，可将发光二极管和光电二极管组合起来构成光电耦合器，图 1-26 所示为 TLP521 光电耦合器（简称光耦）。

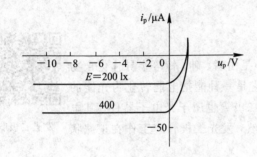

图 1-25 光电二极管照度特性

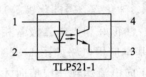

TLP521-1

图 1-26 TLP521 光电耦合器

【实训任务 1】 二极管的使用知识与技能训练

1. 目的

(1) 熟悉二极管的外形及引脚识别方法。

(2) 练习查阅半导体器件手册。

(3) 掌握用数字万用表判别二极管好坏的方法。

(4) 熟悉稳压二极管和发光二极管的性能和使用方法。

(5) 学习电子电路的焊装方法，提高实训综合应用能力。

二极管的
识别与检测

2. 仪器及元器件

直流稳压电源 1 台，万用表 1 只，6 V 稳压二极管和绿色发光二极管各 1 只，270 Ω、750 Ω、1.2 kΩ 电阻各 1 只，通用印制电路板 1 块。

3. 内容及要求

用数字万用表检查二极管的好坏，并且根据图 1-27 所示电路完成电路的测试。

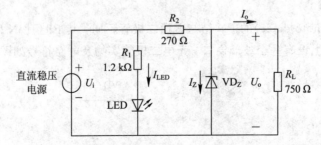

图 1-27 稳压和发光二极管应用电路

数字万用表在电阻测量挡内设置了"二极管、蜂鸣器"挡位,该挡具有两个功能:第一个功能是测量二极管的极性正向压降,方法是将红、黑表笔分别接二极管的两个引脚,若显示值在 1 V 以下,说明二极管处于正向导通状态,显示器显示出二极管正向压降的值(单位 mV),红表笔接的是二极管的正极,黑表笔接的是二极管的负极;交换表笔若显示溢出符号"1",说明二极管处于反向截止状态,黑表笔接的是二极管的正极,红表笔接的是二极管的负极。由此可判断二极管的极性和好坏,并可根据正向压降的大小进一步区分其材料是硅材料还是锗材料。第二个功能是检查电路的通断,在确定电路不带电的情况下,用两个表笔分别检测两点,蜂鸣器有声响表明电路是通的,否则表示电路不通。

4. 步骤

(1) 根据稳压二极管和发光二极管的型号,查找半导体器件手册,记录其主要参数。

(2) 用数字万用表检测二极管并记录。

(3) 按图 1 - 27 所示电路在面包板上完成电路搭建(将元器件按电路就近安放,尽量不绕行,元器件排列整齐、疏密得当,便于检测和修理,切忌斜排、交叉、重叠)。

(4) 搭建完毕后,按图 1 - 27 所示电路对电路进行检查,特别注意二极管的极性不要接反。

(5) 将直流稳压电源电压调整到 12 V,然后接入电路的输入端。

(6) 观察发光二极管,应发出绿光,用数字万用表测量输出电压 $U_o = 6$ V,则说明电路安装无误,否则应断开输入电压 U_i,对电路重新进行检查,查出故障并将之消除后方可再接入直流电压。

(7) 用数字万用表测量输入电压 U_i、LED 两端电压 U_{LED} 以及输出电压 U_o,并记录于表 1 - 7 中,然后求出 I_{LED}、I_Z、I_o,也记录于表 1 - 7 中。

表 1 - 7 稳压二极管和发光二极管应用电路测量

稳压二极管型号:_____ 稳压值 U_Z = _____ V 电流值 I_Z = _____ mA

负载 R_L /Ω	U_i /V	U_{LED} /V	U_o /V	I_{LED} /mA	I_Z /mA	I_o /mA
	10.5					
750	12					
	13.5					
∞	12					

(8) 将 U_i 调节为 10.5 V 和 13.5 V,分别测出 U_i、U_{LED}、U_o,求出 I_{LED}、I_Z、I_o,均记录于表 1 - 7 中。

(9) 将负载电阻 R_L 断开,调节 $U_i = 12$ V,分别测出 U_i、U_{LED}、U_o,求出 I_{LED}、I_Z、I_o,均记录于表 1 - 7 中。

5. 问题

(1) 对比数据,说明输入电压 U_i 变化时输出电压 U_o 与 U_Z 的关系。

(2) 对测量数据进行整理,总结稳压二极管和发光二极管应用电路的工作特点。

1.3　三　极　管

　　半导体晶体管是放大电路的最基本器件之一，有两大类型：双极型晶体管（简称三极管）、场效应型晶体管（简称场效应管）。双极型晶体管是由两种载流子参与导电的半导体器件，它由两个 PN 结组合而成，是一种电流控制电流型器件；场效应型晶体管仅由一种载流子参与导电，是一种电压控制电流型器件。

1.3.1　三极管的基础知识

1. 三极管的结构与电路符号

　　三极管按结构可分为 NPN 型和 PNP 型两类。各种常见的三极管的外形图如图 1-28 所示。

晶体管的
结构与符号

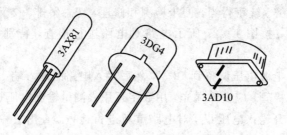

图 1-28　各种常见的三极管的外形图

　　NPN 型三极管的结构如图 1-29(a)所示，中间的一层称为基区，另外两层分别称为发射区和集电区，从这三个区引出的电极分别称为基极(base)b、发射极(emitter)e 和集电极(collector)c，也可用大写字母 B、E、C 表示。发射区和基区之间的 PN 结称为发射结，基区和集电区之间的 PN 结称为集电结。虽然发射区和集电区都是 N 型半导体，但发射区的掺杂浓度比集电区的高；而在几何尺寸上，则是集电区的面积比发射区的大，因此它们并不是对称的。图 1-29(b)和图 1-30(b)中箭头方向表示发射结正偏时发射极电流的实际方向。NPN 型三极管的结构和电路符号如图 1-29 所示。PNP 型三极管的结构和电路符号如图 1-30 所示。

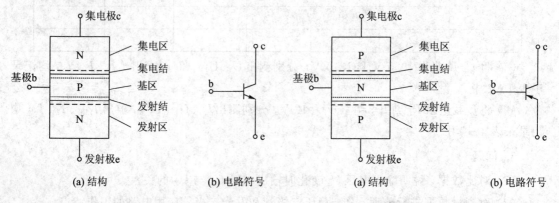

(a) 结构　　　　　(b) 电路符号　　　　　(a) 结构　　　　　(b) 电路符号

图 1-29　NPN 型三极管的结构和电路符号　　　图 1-30　PNP 型三极管的结构和电路符号

三极管有三个电极,通常用其中的两个分别作为输入、输出端,而第三个电极作为公共端,这样就构成输入和输出两个回路。如图 1-31 所示,三极管在电路中有三种基本连接方式:共发射极接法、共集电极接法和共基极接法。其中,最常用的是共发射极接法。

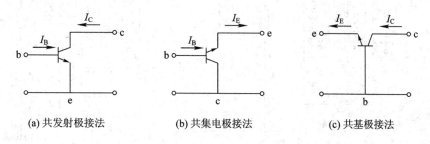

(a) 共发射极接法　　　　　(b) 共集电极接法　　　　　(c) 共基极接法

图 1-31　三极管在电路中的三种基本连接方式

2. 三极管的分类

(1) 按管芯所用的半导体材料,三极管分为硅管和锗管。硅管受环境温度影响小,工作较稳定。

(2) 按三极管内部结构,三极管分为 NPN 型和 PNP 型。我国生产的硅管多为 NPN 型,锗管多为 PNP 型。

(3) 按使用功率,三极管分为大功率管($P_c > 1$ W)、中功率管(P_c 为 $0.5 \sim 1$ W)和小功率管($P_c < 0.5$ W)。

(4) 按照工作频率,三极管分为低频管($f_T \leqslant 3$ MHz)和高频管($f_T \geqslant 3$ MHz)。

(5) 按用途,三极管分为普通放大管、开关管、功率管等。

1.3.2　三极管的电流放大原理

三极管是放大电路中最常用的一种半导体器件,它是通过一定的工艺将两个 PN 结结合在一起得到的,由于 PN 结之间的相互影响,三极管表现出了不同于二极管单个 PN 结的特性,从而具有了电流放大作用。

晶体管的电流
放大原理

1. 三极管具有电流放大作用的条件

1) 三极管具有电流放大作用的外部条件

为使三极管具有电流放大作用,必须使发射区发射载流子,集电区收集发射区发射过来的载流子,因此,必须使发射结正偏(导通)、集电结反偏(截止)。

对 NPN 型三极管来说,需满足: $U_{BE} > 0$ 且 $U_{BC} < 0$,即 $U_C > U_B > U_E$。

对 PNP 型三极管来说,需满足: $U_{BE} < 0$ 且 $U_{BC} > 0$,即 $U_C < U_B < U_E$。

2) 三极管具有电流放大作用的内部条件

为使三极管具有电流放大作用,应满足:发射区的掺杂浓度大;集电区的掺杂浓度低,且集电区面积大;基区做得很薄,通常只有几微米到几十微米,而且掺杂较少。

2. 三极管的电流放大作用

NPN 型与 PNP 型三极管的工作原理类似,下面主要以 NPN 型硅管为例讲述三极管共发射极接法的工作原理。三极管内部载流子的运动如图 1-32 所示。

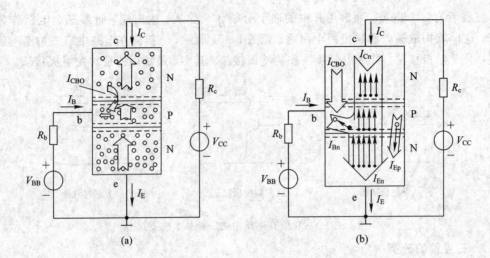

图 1-32 三极管内部载流子的运动

（1）发射结正向偏置，发射区电子的扩散运动形成发射极电流 I_E。由于发射结正向偏置，因此有利于发射结两侧多子的扩散运动，此时发射区的多子电子源源不断地越过发射结到达基区，形成发射极电子电流 I_{En}。由于电子带负电，所以电流的方向与电子运动的方向相反。与此同时，基区的多子空穴也向发射区做扩散运动，形成发射极空穴电流 I_{Ep}。由于发射区的掺杂浓度高，而基区很薄且掺杂浓度低，发射极空穴电流 I_{Ep} 要远远小于发射极电子电流 I_{En}，因此近似分析时可以忽略不计。所以，发射极电流主要是由发射区的电子电流所产生的，其方向与电子运动的方向相反。

（2）扩散到基区的自由电子与空穴的复合运动形成基极电流 I_B。从发射区扩散到基区的电子和基区的空穴产生复合，从而形成基极电子电流 I_{Bn}，基区中与电子复合的空穴由基极电源提供。由于基区很薄且掺杂浓度低，所以扩散到基区的电子中只有极少部分与空穴复合，其余部分均作为基区的非平衡少子扩散到集电结边缘。因此，基极电流 I_B 要比发射极电流 I_E 小得多。

（3）集电结反向偏置，扩散到集电极电子的漂移运动形成集电极电流 I_C。由于集电结反向偏置，因此有利于少子的漂移运动，此时外电场的方向将阻止集电区中的多子电子向基区运动，而使扩散到基区中的电子在该电场作用下漂移到集电区，形成集电极电子电流 I_{Cn}。此外，集电区与基区的少子也在集电结反向电压的作用下参与漂移运动，形成反向饱和电流 I_{CBO}，但它的数值很小，近似分析中可忽略不计。在集电极电源 V_{CC} 作用下，漂移运动形成集电极电流 I_C。

由上面的分析可知，三极管三个电极与内部载流子运动形成的电流之间的关系为

$$I_E = I_{En} + I_{Ep} = I_{Cn} + I_{Bn} + I_{Ep} \qquad (1-1)$$

$$I_B = I_{Bn} - I_{CBO} + I_{Ep} \qquad (1-2)$$

$$I_C = I_{Cn} + I_{CBO} \qquad (1-3)$$

式（1-1）至式（1-3）表明，三极管在发射结正向偏置、集电结反向偏置的条件下，三个电极上的电流并不是孤立存在的，它们能够反映非平衡少子在基区扩散与复合的比例关系，这

个比例关系在三极管制成之后就基本确定了。

　　通常，将扩散到集电区的电流 I_{Cn} 与基区复合电流（$I_{Bn}+I_{Ep}$）之比定义为共发射极直流电流放大系数，再将式（1-2）、式（1-3）代入，可得

$$\bar{\beta}=\frac{I_{Cn}}{I_{Bn}+I_{Ep}}=\frac{I_C-I_{CBO}}{I_C+I_{CBO}} \qquad (1-4)$$

式中，$\bar{\beta}$ 称为直流电流放大系数，$\bar{\beta}$ 的值一般在 20～200 范围内，在其值确定之后，可将式（1-4）变换为

$$I_C=\bar{\beta}I_B+(1+\bar{\beta})I_{CBO}=\bar{\beta}I_B+I_{CEO} \qquad (1-5)$$

式中

$$I_{CEO}=(1+\bar{\beta})I_{CBO} \qquad (1-6)$$

I_{CEO} 称为穿透电流，其数值很小，将其忽略不计，由式（1-5）有

$$I_C\approx\bar{\beta}I_B \qquad (1-7)$$

将式（1-2）、式（1-4）代入式（1-1）可得

$$I_E=(1+\bar{\beta})I_B+(1+\bar{\beta})I_{CBO}=(1+\bar{\beta})I_B+I_{CEO} \qquad (1-8)$$

$$I_E\approx(1+\bar{\beta})I_B \qquad (1-9)$$

将式（1-2）、式（1-3）相加，并结合式（1-3）可得

$$I_E=I_B+I_C \qquad (1-10)$$

　　三极管在制成后，三个区的厚薄及掺杂浓度便已确定，因此发射区所发射的电子在基区复合的比例和到达集电极的比例大体是确定的，即 I_C 与 I_B 存在固定的比例关系。如果基极电流 I_B 增大，集电极电流 I_C 也按比例相应增大；反之，I_B 减小时，I_C 也按比例相应减小。通常基极电流 I_B 为几十微安，而集电极电流为毫安级。

　　由以上分析可知，利用基极回路的小电流 I_B 能实现控制 I_C（I_E），这就是三极管的"以弱控强"的电流放大作用。

1.3.3　三极管的特性曲线

　　三极管的特性曲线是描述三极管各极电流与电压之间关系的曲线，包括输入特性曲线和输出特性曲线。三极管是放大电路中的核心器件，且为非线性器件，它的特性曲线呈非线性。下面以 NPN 型三极管共发射极接法为例，介绍三极管的特性曲线。

　　三极管共射特性曲线的测试电路如图 1-33 所示。由于三极管是一个三端器件，作为两端口网络，它的输入端和输出端均有两个变量。

　　要在平面坐标系上表示三极管的特性曲线，必须先固定一个参变量。输入特性曲线是以输出电压为参变量，描述输入电流与输入电压之间关系的特性曲线。输出特性曲线是以输入电流为参变量，描述输出电流与输出电压之间关系的特性曲线。参变量不同，对应的输入、输出特性曲线也不同，所以三极管的输入、输出特性曲线都是曲线族。

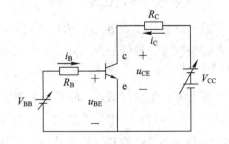

图 1-33　三极管共射特性曲线的测试电路

1. 共射输入特性曲线

当三极管的输出电压 u_{CE} 为常数时，输入电流 i_B 与输入电压 u_{BE} 之间的关系曲线称为三极管的共射输入特性曲线，即

$$i_B = f(u_{BE}) \big|_{u_{CE}=常数}$$

对于每一个给定的 u_{CE}，都有一个相应的 i_B 与 u_{BE} 之间的关系曲线与之对应。因此，可将 u_{CE} 作为参变量，从而得到有若干条（理论上为无穷条）曲线的 i_B 与 u_{BE} 之间的共射输入特性曲线簇。

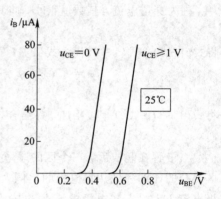

晶体管输入特性

图 1-34 所示为某小功率 NPN 型硅管的共射输入特性曲线，可以看出这簇曲线有下面几个特点：

（1）$u_{CE} = 0$ 的一条曲线与二极管的正向特性相似。这是因为 $u_{CE} = 0$ 时，集电极与发射极短路，相当于两个二极管并联，这样 i_B 与 u_{CE} 的关系就成了两个并联二极管的伏安特性。

（2）u_{CE} 由零开始逐渐增大时共射输入特性曲线右移，而且当 u_{CE} 的数值增至较大时（如 $u_{CE} > 1$ V），各曲线几乎重合。这是因为 u_{CE} 由零逐渐增大时，集电结宽度逐渐增大，基区宽度相应地减小，使存贮于基区的注入载流子的数量减少，复合减少，因而 i_B 减小。如保持 i_B 为定值，就必须加大 u_{BE}，故使曲线右移。当 u_{CE} 较大时（如 $u_{CE} > 1$ V），集电结所加反向电压足以把注入基区的绝大部分非平衡载流子都拉向集电极去，以致 u_{CE} 再增大，i_B 也不再明显地减小，就形成了各曲线几乎重合的现象。

图 1-34 某小功率 NPN 型硅管的共射输入特性曲线

（3）和二极管一样，三极管也有一个导通电压 U_{on}，通常硅管的导通电压 U_{on} 为 0.6～0.8 V，锗管的导通电压 U_{on} 为 0.2～0.3 V。正常工作时，硅管的导通电压 U_{on} 为 0.7 V，锗管的导通电压 U_{on} 为 0.3 V。

2. 共射输出特性曲线

当三极管的输入电流 i_B 为常数时，输出电流 i_C 与输出电压 u_{CE} 之间的关系曲线称为三极管的共射输出特性曲线，即

$$i_C = f(u_{CE}) \big|_{i_B=常数}$$

对于每一个给定的 i_B，都有一个相应的 i_C 与 u_{CE} 之间的关系曲线与之

晶体管输出特性

对应。因此，可将 i_B 作为参变量，从而得到有若干条（理论上为无穷条）曲线的 i_C 与 u_{CE} 之间的共射输出特性曲线簇。三极管共射输出特性曲线如图 1-35所示。

可将图 1-35 所示的共射输出特性曲线分为三个区域：截止区、放大区和饱和区。

1）截止区

图 1-35 所示曲线中，一般将 $i_B = 0$（此时 $i_C = i_E = I_{CEO}$）所对应的曲线以下的区域称为截止区。截止区满足发射结和集电结均反偏的条件，即 $u_{BE} < U_{on}$ 和 $u_{BC} < 0$（对于 PNP 型三极管，应为 $u_{BE} > U_{on}$ 和 $u_{BC} > 0$）。此时，三极管失去放大作用且呈高阻状态，e、b、c 极之间可近似看成开路。

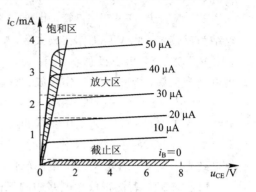

图 1-35　共射输出特性曲线

2）放大区

图 1-35 所示曲线中，$i_B > 0$ 以上的所有曲线的平坦部分称为放大区。放大区满足发射结正偏和集电结反偏的条件，即 $u_{BE} > 0$ 和 $u_{BC} < 0$（对于 PNP 型三极管，应为 $u_{BE} < 0$ 和 $u_{BC} > 0$）。

在放大区，i_C 与 u_{CE} 基本无关，且有 $i_C \approx \beta i_B$，i_C 随 i_B 的变化而变化，即 i_C 受控于 i_B（受控特性）；相邻曲线间的间隔大小反映出 β 的大小，即三极管的电流放大能力。

3）饱和区

图 1-35 所示曲线中，u_{CE} 较小（小于 1 V 或更小），确切地说，$u_{CE} < u_{BE}$ 以下的所有曲线的陡峭变化部分称为饱和区。饱和区满足发射结和集电结均正偏的条件，即 $u_{BE} > 0$ 和 $u_{BC} > 0$（对于 PNP 型三极管，应为 $u_{BE} < 0$ 和 $u_{BC} < 0$）。

在饱和区，i_C 随 u_{CE} 的变化而变化，却几乎不受 i_B 控制，即三极管失去放大作用，$i_C = \beta i_B$ 不再成立。另外，三极管饱和时，各极之间电压很小，而电流却较大，呈现低阻状态，各极之间可近似看成短路。

$u_{CE} = u_{BE}$（即 $u_{BC} = 0$，集电结零偏）时的状态称临界饱和状态，如图 1-35 中的直线所示，该线称临界饱和线。临界饱和线是饱和区和放大区的分界线。临界饱和时的 u_{CE} 称为饱和压降，用 $U_{CE(sat)}$ 表示。$U_{CE(sat)}$ 很小，小功率硅管 $|U_{CE(sat)}| \approx 0.3$ V，小功率锗管 $|U_{CE(sat)}| \approx 0.1$ V，大功率硅管 $|U_{CE(sat)}| > 1$ V。

对于 PNP 型三极管来说，由于电源电压极性和电流方向的不同，其输出特性曲线是"倒置"的。在实际工作中，可利用测量 u_{CE} 电压来判断它的工作状态是处于放大区、饱和区还是截止区。根据三个工作区的特点总结如下：

（1）当 u_{CE} 很小时，三极管接近饱和区。

（2）当 u_{CE} 很大时，三极管接近截止区。

（3）当 u_{CE} 的值在 $\frac{1}{2} V_{CC}$ 左右时，能得到最大不失真输出电压。

【例 1-2】　测得图 1-36 所示电路中几个三极管各极对地的电压，试判断它们各工作在什么工作区（放大区、饱和区或截止区）。

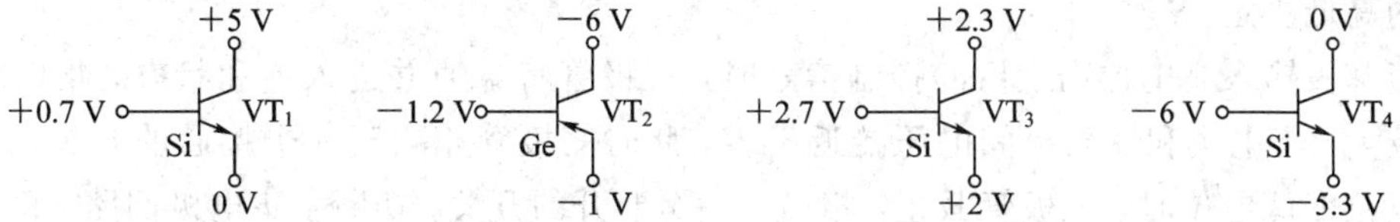

$$+5\ \text{V}\qquad\qquad -6\ \text{V}\qquad\qquad +2.3\ \text{V}\qquad\qquad 0\ \text{V}$$

$$+0.7\ \text{V}\ \text{VT}_1\qquad -1.2\ \text{V}\ \text{VT}_2\qquad +2.7\ \text{V}\ \text{VT}_3\qquad -6\ \text{V}\ \text{VT}_4$$

$$\text{Si}\qquad\qquad \text{Ge}\qquad\qquad \text{Si}\qquad\qquad \text{Si}$$

$$0\ \text{V}\qquad\qquad -1\ \text{V}\qquad\qquad +2\ \text{V}\qquad\qquad -5.3\ \text{V}$$

图 1-36　例 1-2 图

解　VT_1 为 NPN 型三极管，由于 $u_{BE} = 0.7\ V > 0$，发射结为正偏，而 $u_{BC} = -4.3\ V < 0$，集电结为反偏，因此 VT_1 工作在放大区。

VT_2 为 PNP 型三极管，由于 $u_{BE} = -0.2\ V < 0$，发射结为正偏，而 $u_{BC} = 4.8\ V > 0$，集电结为反偏，因此 VT_2 工作在放大区。

VT_3 为 NPN 型三极管，由于 $u_{BE} = 0.7\ V > 0$，发射结为正偏，而 $u_{BC} = 0.4\ V > 0$，集电结也为正偏，因此 VT_3 工作在饱和区。

VT_4 为 NPN 型三极管，由于 $u_{BE} = -0.7\ V < 0$，发射结为反偏，而 $u_{BC} = -6\ V < 0$，集电结也为反偏，因此 VT_4 工作在截止区。

【例 1-3】　若测得放大电路中的三极管的三个引脚对地电位 V_1、V_2、V_3 分别为以下数值，试判断它们是硅管还是锗管，是 NPN 型还是 PNP 型，并确定 e、b、c 极。

① $V_1 = 2.5\ V$　　$V_2 = 6\ V$　　　　$V_3 = 1.8\ V$

② $V_1 = 2.5\ V$　　$V_2 = -6\ V$　　　　$V_3 = 1.8\ V$

③ $V_1 = -6\ V$　　$V_2 = -3\ V$　　　　$V_3 = -2.8\ V$

④ $V_1 = -4.8V$　　$V_2 = -5V$　　　　$V_3 = 0\ V$

解　① 由于 1、3 引脚间的电位差 $|U_{13}| = |2.5 - 1.8| = 0.7\ V$，而 1、3 引脚与另一引脚 $V_2 = 6\ V$ 的电位差较大，因此 1、3 引脚间为发射结，2 引脚则为 c 极，该管为硅管。又 $V_2 > V_1 > V_3$，因此该管为 NPN 型，且 1 引脚为 b 极，3 引脚为 e 极。

② 判断过程基本同①，但由于 $V_2 < V_3 < V_1$ 与①不同，因此该管为 PNP 型硅管，且 3 引脚为 b 极，1 引脚为 e 极，2 引脚则仍为 c 极。

③ 由于 $|U_{23}| = 0.2\ V$，而 2、3 引脚与另一引脚 $U_1 = -6\ V$ 的电位差较大，因此 2、3 引脚间为发射结，1 引脚为 c 极，该管为锗管。又 $V_1 < V_2 < V_3$，因此该管为 PNP 型，且 2 引脚为 b 极，3 引脚为 e 极。

④ 由于 $|U_{12}| = 0.2\ V$，而 1、2 引脚与另一引脚 $V_3 = 0\ V$ 的电位差较大，因此 1、2 引脚间为发射结，3 引脚为 c 极，该管为锗管。又 $V_3 > V_1 > V_2$，因此该管为 NPN 型锗管，2 引脚为 e 极，1 引脚为 b 极。

1.3.4　三极管开关电路

三极管主要有两个作用：放大和开关。开关作用即三极管在饱和区和截止区交替工作，在饱和区时为开关的接通，在截止区时为开关的断开。饱和的条件：发射结、集电结均正偏。截止的条件：发射结零偏或反偏，集电结反偏。在三极管开关电路中，三极管相当于由基极信号所控制的无触点开关，时断时通，三极管的工作状态也时而从饱和转为截止，时而又从截止转为饱和。三极管开关电路通常采用共发射极接法，开关的开或关最终由基极电位的高低决定。

晶体管
开关电路

当基极输入高电位（正脉冲）控制信号时，三极管将导通并进入饱和状态，集电极回路电流较大，集电集和发射极间电压接近于零，此时三极管相当于一个接通的开关；当基极由高电位变低电位时，三极管截止，相当于一个断开的开关，切断了集电极回路。只要基极输入相应的控制信号，就可使三极管起到开关作用。图 1-37 中，三极管的作用相当于开关,通过控制输入信号的高低电平就可以控制三极管的通断。

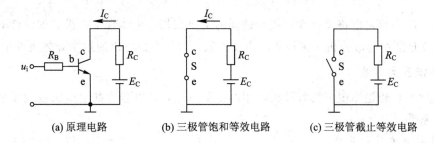

(a) 原理电路   (b) 三极管饱和等效电路   (c) 三极管截止等效电路

图 1-37 三极管开关电路

在数字电路里,三极管经常被用作开关。三极管作为开关使用时,要用 NPN 型三极管来控制接地的引线,用 PNP 型三极管来控制接 V_{CC} 的引线,如图 1-38 所示。

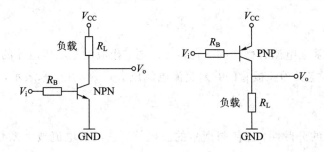

图 1-38 不同开关电路三极管的接法

图 1-39 为三极管控制继电器电路。当 P17 为低电平时,光耦(9、10 引脚有电流)工作,三极管基极上有电流,使三极管处于饱和状态,则三极管集电极为低电平,继电器吸合,使继电器工作;反之,P17 为高电平时,继电器不工作。

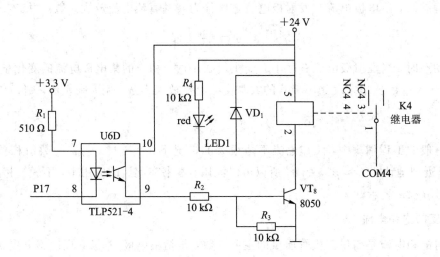

图 1-39 三极管控制继电器电路

1.3.5　三极管的主要参数及温度特性

三极管的参数是电路设计和三极管选择的主要依据，它体现了三极管的性能和适用范围。本小节介绍在近似分析中三极管的主要参数，这些参数可以通过半导体器件手册查到。

1. 电流放大系数

电流放大系数是体现三极管放大作用的主要参数，可以分为共射电流放大系数与共基电流放大系数。

1）共射电流放大系数

三极管在接成共发射极电路时的电流放大系数称共射电流放大系数。根据工作状态不同，共射电流放大系数可分为共射直流电流放大系数 $\bar{\beta}$ 和共射交流电流放大系数 β。

在静态时，集电极电流与基极电流之比称为共射直流电流放大系数，用 $\bar{\beta}$ 来表示。

$$\bar{\beta} = \frac{I_C}{I_B} \qquad (1-11)$$

在动态时，当基极电流有微小的变化量 Δi_B 时，相应的集电极电流的变化量为 Δi_C。将 Δi_C 与 Δi_B 的比值定义为三极管的共射交流电流放大系数，用 β 来表示，则

$$\beta = \frac{\Delta i_C}{\Delta i_B} \qquad (1-12)$$

由于制作工艺的分散性，即使同型号的三极管，它们的电流放大系数也有差别，常用的 β 在 20～200 范围内，而一般放大电路选用 $\beta=30\sim80$ 的三极管比较合适。

2）共基电流放大系数

三极管在接成共基极电路时的电流放大系数称共基电流放大系数。根据工作状态不同，共基电流放大系数可分为共基直流电流放大系数 $\bar{\alpha}$ 和共基交流电流放大系数 α。

在静态时，集电极电流与发射极电流之比称为共基直流电流放大系数，用 $\bar{\alpha}$ 来表示。

$$\bar{\alpha} = \frac{I_C}{I_E} \qquad (1-13)$$

在动态时，当发射极电流有微小的变化量 Δi_E 时，相应的集电极电流的变化量为 Δi_C。将 Δi_C 与 Δi_E 的比值定义为三极管的共基交流电流放大系数，用 α 来表示，则

$$\alpha = \frac{\Delta i_C}{\Delta i_E} \qquad (1-14)$$

在一般的工程估算中，工作电流不是很大的情况下，$\bar{\beta}$ 与 β、$\bar{\alpha}$ 与 α 的数值相差不是很大，可以近似地认为 $\bar{\beta} \approx \beta$、$\bar{\alpha} \approx \alpha$，所以可以混用，本书在此后的应用中，不做严格的区分，都用符号 β 和 α 表示。

2. 反向饱和电流

反向饱和电流是衡量三极管质量的主要参数，包括集电极-基极间反向饱和电流、集电极-发射极间反向饱和电流。

1）集电极-基极间反向饱和电流 I_{CBO}

集电极-基极间反向饱和电流是发射极开路时，集电结上加反向电压时的反向电流。它

的实质就是一个 PN 结的反向电流，所以 I_{CBO} 受温度的影响很大。一般情况下，I_{CBO} 的值很小，小功率锗管的 I_{CBO} 为几微安到几十微安，小功率硅管的 I_{CBO} 要小于 1 微安。I_{CBO} 的值越小越好，而硅管的稳定性优于锗管，因此在温度变化较大的场合选用硅管比较合适。

2）集电极-发射极间反向饱和电流 I_{CEO}

集电极-发射极间反向饱和电流是基极开路时，集电极和发射极间加反向电压时的集电极电流。它好像从集电极穿过三极管流至发射极，所以又叫作穿透电流。$I_{CEO} = (1 + \beta) I_{CBO}$，$I_{CEO}$ 要比 I_{CBO} 大得多。通常，小功率硅管的 I_{CEO} 约为几微安，小功率锗管的 I_{CEO} 约为几十微安，I_{CEO} 的值越小越好。

3. 极限参数

三极管的极限参数是指保证三极管安全工作时对三极管的电压、电流和功率损耗的限制。若工作时参数超过极限参数，三极管不能正常工作。

1）最大集电极电流 I_{CM}

晶体三极管的最大集电极电流是指当晶体三极管电流放大系数 β 的值下降到额定值的三分之二时的集电极电流。实际上，当 $I_C > I_{CM}$ 时，晶体三极管不一定损坏，但是电流放大系数 β 明显减小。

2）极间反向击穿电压

极间反向击穿电压是指晶体三极管的三个电极之间所加的最大允许反向电压，若超过此值，管子会发生击穿现象。

$U_{(BR)CBO}$ 是发射极开路时集电极-基极之间的反向击穿电压，这是集电结所允许加的最高反向电压，其数值较高。

$U_{(BR)CEO}$ 是基极开路时集电极-发射极之间的反向击穿电压，此时集电结承受反向电压。这个电压值与 I_{CEO} 有关，当晶体三极管的 U_{CE} 大于 $U_{(BR)CEO}$ 时，I_{CEO} 会大幅度地增大，此时晶体三极管被击穿。

$U_{(BR)EBO}$ 是集电极开路时发射极-基极之间的反向击穿电压。当晶体三极管工作在放大区时，发射结是正向偏置的，在某些场合下，如用作开关电路时，发射结就要加反向电压，$U_{(BR)EBO}$ 是反射结所允许加的最高反向电压。

3）最大集电极耗散功率 P_{CM}

晶体三极管工作在放大区时，集电结承受反向电压，并有集电极电流流过，所以集电结上会消耗一定的功率，这会使集电结温度升高，从而引起晶体三极管参数的变化。晶体三极管集电结上允许消耗功率的最大值称为最大集电极耗散功率。

$$P_{CM} = i_C u_{CE} \tag{1-15}$$

P_{CM} 取决于晶体三极管的温升，当硅管的温度大于 150℃、锗管的温度大于 70℃时，管子的性能变坏，甚至烧毁。对于大功率管，可以采用加散热装置的方法来提高 P_{CM}。

4. 三极管的温度特性

温度对三极管的特性有着不容忽视的影响，特别是三极管 PN 结对温度敏感，由于体电阻的存在，随工作时间的增长，三极管温度上升对性能的影响直接关系到电路能否正常工作。受温度影响较大的参数有 U_{BE}、I_{CBO} 和 β。

1）温度对 U_{BE} 的影响

U_{BE} 随温度变化的规律与 PN 结相同，即温度每升高 1℃，U_{BE} 大约减小 2～2.5 mV。三极管输入特性曲线随温度升高向左移，这样在 I_B 不变时，U_{BE} 将减小。温度对三极管输入特性曲线的影响如图 1-40(a) 所示。

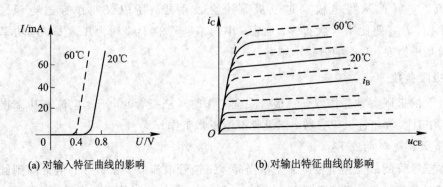

(a) 对输入特征曲线的影响　　　　　　　　　(b) 对输出特征曲线的影响

图 1-40　温度对三极管的影响

2）温度对 I_{CBO} 的影响

I_{CBO} 是晶体三极管集电结的反向饱和电流，它主要取决于少子的浓度。当温度升高时，热运动加剧，会有更多的价电子挣脱共价键的束缚，称为自由电子参与导电，这会使少子浓度明显增大。I_{CBO} 随温度变化的规律是温度每升高 10℃，I_{CBO} 约增大一倍。在数值上，硅管的 I_{CBO} 要比锗管的小，因此硅管比锗管受温度的影响小。

3）温度对 β 的影响

晶体三极管的电流放大系数 β 随温度的升高而增大，这是因为当温度升高时，加快了基区注入载流子的扩散速度，这样在基区中电子和空穴的复合减少，电流放大系数 β 增大。电流放大系数 β 随温度变化的规律是：温度每升高 1℃，β 值增大（0.5～1）%。在输出特性曲线图上，曲线间的距离随温度的升高而增大；温度对 U_{BE}、I_{CBO} 和 β 的影响反映在管子的集电极电流 I_C 上，它们都会使 I_C 随着温度升高而增大。如图 1-40(b) 所示为当晶体三极管温度变化时输出特性曲线变化的示意图。

1.4　场 效 应 管

场效应管（field effect transistor，FET）是一种电压控制型半导体器件，通过改变电场强弱来控制器件的导电能力。它不仅具有一般双极型半导体三极管体积小、质量轻、耗电少、寿命长的特点，而且具有输入阻抗高、噪声低、热稳定性好、抗干扰能力强和制作工艺简单的优点，因此在大规模集成电路中得到广泛的应用。

场效应管只有一种载流子参与导电，因此又被称为单极型晶体管。场效应管根据参与导电的载流子不同，可以分为电子作为载流子的 N 沟道器件和空穴作为载流子的 P 沟道器件；根据结构不同，可以分为结型场效应管 JFET 和绝缘栅场效应管 MOSFET。

1.4.1 结型场效应管

1. 结型场效应管的结构、符号

N 沟道结型场效应管的结构如图 1-41(a) 所示。它是在一块 N 型半导体材料两边扩散高掺杂浓度的 P 型区 (用 P^+ 表示)，形成两个 PN 结 (耗尽层)。两边 P 型区相连后引出一个电极，称为栅极 G。在 N 型半导体两端分别引出的两个电极称为源极 S 和漏极 D。场效应管的栅极 G、源极 S 和漏极 D 分别相当于半导体晶体管的基极 b、发射极 e 和集电极 c。两个 PN 结中间的 N 型区域称为导电沟道，因为导电沟道是 N 型半导体，所以称之为 N 沟道。图 1-41(b) 所示电路符号中箭头的方向表示当栅极与源极之间的 PN 结正向偏置时，PN 结正向电流的方向。另外，若中间半导体改用 P 型材料，两侧是高掺杂浓度的 N 型区 (用 N^+ 表示)，则得到 P 沟道结型场效应管，其电路符号如图 1-41(c) 所示。

N 沟道 JFET 正常工作时，栅极与源极之间应加负电压，即 $u_{GS} < 0$，使栅极、沟道间的 PN 结任何一处都处于反偏状态，因此，栅极电流 $i_G \approx 0$，场效应管可呈现高达 $10^7 \ \Omega$ 以上的输入电阻。而漏极与源极之间则加正电压，即 $u_{DS} > 0$，使 N 沟道中的多数载流子 (电子) 在电场作用下由源极向漏极运动，形成漏极电流 i_D。N 沟道 JFET 的直流偏置电路如图 1-41(d) 所示。

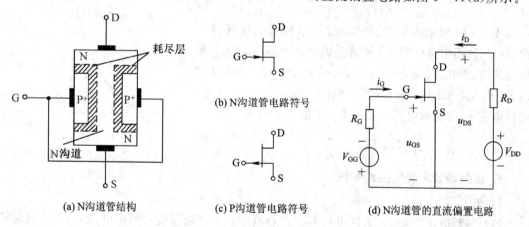

(a) N沟道管结构　　(b) N沟道管电路符号　　(c) P沟道管电路符号　　(d) N沟道管的直流偏置电路

图 1-41 结型场效应管结构、电路符号及其直流偏置电路

2. 结型场效应管的特性曲线

1) 输出特性

漏极特性又称输出特性，是以 u_{GS} 为参变量，描述漏极电流 i_D 和漏源电压 u_{DS} 之间的关系，即

$$i_D = f(u_{DS}) \big|_{u_{GS}=常数} \qquad (1-16)$$

图 1-42 为某 N 沟道结型场效应管的一簇输出特性曲线。

输出特性曲线可分为以下 4 个区。

(1) 可变电阻区。当 u_{DS} 较小时，场效应管的漏极和源极之间相当于一个线性电阻 R_{DS}，因此随着 u_{DS} 从零增大，i 也随之线性增大。由于沟道

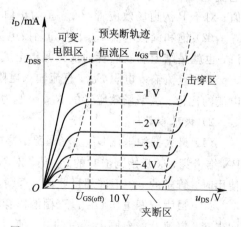

图 1-42 N沟道场效应管的输出特性曲线

电阻的大小随栅源电压 u_{GS} 而变，所以称该区域为可变电阻区。该区域类似于三极管的饱和区。

（2）夹断区。当 $u_{DS} \leqslant U_{GS(off)}$ 时，场效应管的沟道全部夹断，$i_D \approx 0$，场效应管截止。场效应管的夹断区类似于三极管输出特性的截止区。

（3）恒流区（放大区或饱和区）。当 u_{DS} 增加到使 $u_{GD} = u_{GS} - u_{DS} = u_{GS(off)}$（即 $u_{DS} = u_{GS} - u_{GS(off)}$）时，沟道开始预夹断，电流 i_D 不再随 u_{DS} 的增大而增大，i_D 趋向恒定值。在恒流区，i_D 由 u_{GS} 控制，而与 u_{DS} 无关。该区域类似于三极管的放大区。

（4）击穿区。在 u_{DS} 增加到一定数值（即 $U_{(BR)DS}$）后，加到沟道耗尽层的反偏电压太高时，栅极和漏极间的 PN 结发生反向击穿，i_D 迅速上升，管子不能正常工作，甚至很快烧毁，这种情形称为击穿现象。场效应管不允许工作在击穿状态。u_{GS} 的负值越大，出现击穿时 u_{DS} 的值越小。

由此可知，当产生预夹断时，$u_{DS} = u_{GS} - u_{GS(off)}$。若 $u_{DS} > u_{GS} - u_{GS(off)}$，则场效应管工作在恒流区。若 $u_{DS} < u_{GS} - u_{GS(off)}$，则场效应管工作在可变电阻区。

2）转移特性

转移特性以 u_{DS} 为参变量，描述漏极电流 i_D 与栅源电压 u_{GS} 之间的关系，表达式为

$$i_D = f(u_{GS})\big|_{u_{DS}=常数} \qquad (1-17)$$

图 1-43 所示为某 N 沟道结型场效应管的转移特性曲线。从该图中可以看出，随着反偏电压 $|u_{GS}|$ 增大，漏极电流 i_D 变小。当 $u_{GS} = u_{GS(off)}$，i_D 接近于 0 时，漏极电流最大，称为饱和漏极电流。实验表明，在 $u_{GS(off)} \leqslant u_{GS} \leqslant 0$ 时，漏极电流 i_D 与栅源电压 u_{GS} 的关系近似可表示为

$$i_D = I_{DSS}\left(1 - \frac{u_{GS}}{u_{GS(off)}}\right)^2 \qquad (1-18)$$

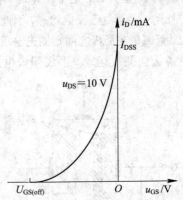

图 1-43　N 沟道结型场效应管的转移特性曲线

3. 结型场效应管的主要参数

1）直流参数

（1）夹断电压 $U_{GS(off)}$。夹断电压 $U_{GS(off)}$ 指在规定的环境温度和漏源电压 u_{DS} 下，当漏极电流 i_D 趋向于零（如 10 μA）时所需的栅源反偏电压 u_{GS}。对于 N 沟道场效应管，$U_{GS(off)}$ 为负值；对于 P 沟道场效应管，$U_{GS(off)}$ 为正值。

（2）饱和漏极电流 I_{DSS}。饱和漏极电流 I_{DSS} 指管子工作在放大区且 $u_{GS} = 0$ 时的漏极电流，也就是结型场效应管的最大漏极电流，它反映了零栅压时沟道的导电能力。

（3）直流输入电阻 R_{GS}。直流输入电阻 R_{GS} 是栅极和源极之间所加直流电压与栅极直流电流的比值。结型场效应管的 R_{GS} 一般为 $10^7 \sim 10^9$ Ω。

2）极限参数

（1）最大漏源电压 $U_{BR(DS)}$（漏源击穿电压）。漏源击穿电压指当 u_{DS} 增加时，致使栅漏间 PN 结击穿，i_D 开始剧增时的 u_{DS} 值。对 N 沟道场效应管，u_{GS} 越负，相应的 $U_{BR(DS)}$ 越小。在使用时，管子的 u_{DS} 不许超过此值，否则会烧坏管子。

（2）最大栅源电压 $U_{BR(GS)}$（栅源击穿电压）。栅源击穿电压指栅极与沟道间的 PN 结反向击穿，电流开始急剧上升时的 u_{GS} 值。

（3）最大耗散功率 P_{DM}。P_{DM} 是决定晶体管温升的参数。在某管的 P_{DM} 确定后，就可以在漏极特性曲线上画出它的临界损耗线，应满足 $u_{DS} i_D < P_{DM}$。

3）交流参数（微变参数）

（1）低频跨导 g_m。低频跨导是在 u_{DS} 为规定值的条件下，漏极电流变化量和引起这个变化的栅源电压变化量之比，即

$$g_m = \frac{\Delta i_D}{\Delta u_{GS}}\bigg|_{u_{GS}=常数} \tag{1-19}$$

低频跨导的单位为西门子（S），有时也用毫西门子（mS）表示。低频跨导 g_m 表示栅源电压对漏极电流的控制能力，g_m 越大，表示 u_{GS} 控制 i_D 的能力越强。

（2）漏极输出电阻 r_{DS}。r_{DS} 大小说明 u_{DS} 对 i_D 的影响程度。在恒流区，r_{DS} 数值很大，一般在几十千欧到几百千欧之间。

（3）极间电容。场效应管的电极之间存在着极间电容，即栅源间极间电容 C_{GS}、栅漏间极间电容 C_{GD} 和漏源间极间电容 C_{DS}，它们是影响场效应管高频性能的交流参数，其值越小越好。C_{DS} 一般为 $0.1\sim1$ pF，C_{GS}、C_{GD} 一般为 $1\sim3$ pF。

场效应管的参数也会受温度的影响，但比三极管要小得多，这主要是因为场效应管靠多子导电。

1.4.2 绝缘栅场效应管

在结型场效应管中，栅源间输入电阻虽然可达 $10^6\sim10^9$ Ω，但栅极与源极之间的 PN 结反偏时仍有反向电流，而且反向电流随温度上升而增大，尤其当栅极、源极加正向电压时，出现栅极电流，使输入电阻迅速下降，这是结型场效应管的不足之处。下面介绍一种栅极与其他电极绝缘的场效应管。这种管子栅、源之间输入阻抗很高，约为 $10^8\sim10^{10}$ Ω。绝缘栅场效应管是由金属、氧化物和半导体制成的，故也被称为金属-氧化物-半导体场效应管，即 MOSFET，简称 MOS 管，按制造工艺和性能可分为增强型与耗尽型两类。

1. 增强型绝缘栅场效应管

1）结构和符号

MOSFET 有 N 沟道和 P 沟道之分，其中每一类又可分成增强型和耗尽型两种。N 沟道增强型 MOS 管的结构如图 1-44(a)所示，电路符号如图 1-44(b)所示。电极 D 称为漏极，相当于三极管的集电极；G 为栅极，相当于三极管的基极；S 为源极，相当于三极管的发射极。其中的箭头方向表示由 P（衬底）指向 N（沟道）。P 沟道增强型 MOS 管的电路符号如图 1-44(c)所示，其箭头方向与 N 沟道增强型 MOS 管相反，表示由 N（衬底）指向 P（沟道）。

增强型
NMOS 管

N 沟道增强型 MOS 管是在一块 P 型硅衬底（低掺杂浓度，电阻率较高）的基础上扩散两个高掺杂浓度的 N^+ 区，在 N^+ 区表面上覆盖一层铝并引出电极，分别作为源极 S 和漏极 D；在 P 型硅表面生成一层很薄的二氧化硅绝缘层，并在绝缘层上面覆盖一层铝并引出电极，作为栅极 G；管子的衬底也引出一个电极 B。由于栅极与源极和漏极均无电接触，栅极绝缘，因此 MOS 管的输入阻抗很高，最高可达 10^{15} Ω。

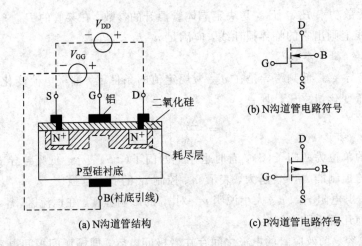

(b) N沟道管电路符号

(c) P沟道管电路符号

(a) N沟道管结构

图 1-44　增强型 MOS 管的结构与电路符号

2）工作原理

（1）栅源电压 u_{GS} 的控制作用。

MOS 管的工作原理是利用 u_{GS} 来控制"感应电荷"的多少，以改变由这些"感应电荷"形成的导电沟道的状况，然后达到控制漏极电流的目的。在制造管子时，利用工艺使绝缘层中出现大量正离子，故在交界面的另一侧能感应出较多的负电荷，这些负电荷把高掺杂浓度的 N 区接通，形成了导电沟道。在外加一定的正向电压 u_{DS} 的情况下，当栅极电压改变时，沟道内被感应的电荷量也改变，导电沟道的宽窄也随之而变，因而漏极电流 i_D 随着栅极电压的变化而变化。从图 1-45(a)中可以看出，当 $u_{GS} < U_{GS(th)}$ 时，u_{DS} 不管多大，$i_D = 0$。图 1-45(b)中，当 $u_{GS} > U_{GS(th)}$（开启电压）时才会出现漏极电流。

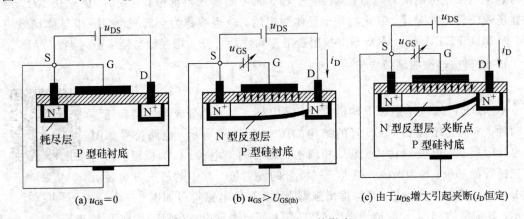

(a) $u_{GS} = 0$　　　　　　(b) $u_{GS} > U_{GS(th)}$　　　　(c) 由于u_{DS}增大引起夹断(i_D恒定)

图 1-45　u_{GS}、u_{DS} 对 i_D 的影响

注意：只有当 $u_{GS} > U_{GS(th)}$（开启电压）时才会出现漏极电流。

（2）u_{DS} 对 i_D 的影响。

图 1-45(b)中，当 $u_{GS} > U_{GS(th)}$，u_{DS} 为零或较小（$u_{DS} < u_{GS} - U_{GS(th)}$）时，沟道呈斜线分布。随着 u_{DS} 的逐渐增大，i_D 随之线性增大。当 u_{DS} 逐渐增大到 $u_{GS} - U_{GS(th)}$ 时，沟道在漏极一侧出现夹断点，且随着 u_{DS} 继续增大，夹断区延长，此时 i_D 不随 u_{DS} 的增大而变化，管子进入恒流区。

3）特性曲线

输出电流 i_D 不仅取决于输出电压 u_{DS}，还与输入电压 u_{GS} 有关，即

$$i_D = f(u_{DS}, u_{GS})$$

把 u_{GS} 或 u_{DS} 作为参变量，从而可以得到输出特性曲线和转移特性曲线。

场效应管的
伏安特性

（1）输出特性曲线。

$$i_D = f(u_{DS})\big|_{u_{GS}=常数}$$

如图 1-46(a)所示为某 N 沟道 MOSFET 的输出特性曲线。其中，管子的工作情况可分为四个区域，即夹断区（截止区）、可变电阻区、恒流区和击穿区。

① 夹断区。当 $u_{GS} < U_{GS(th)}$ 时，场效应管没有导电沟道，$i_D = 0$，在图 1-46(a)所示的输出特性曲线中，$u_{GS} = U_{GS(th)}$ 特性曲线以下的区域为夹断区。

② 可变电阻区。当 $u_{GS} > U_{GS(th)}$ 时，u_{DS} 较小，场效应管没有出现预夹断的情况，i_D 与 u_{DS} 近似呈线性关系，这时漏极与源极之间可以看成一个受 u_{GS} 控制的可变电阻。由特性曲线可知，u_{GS} 越大，曲线越陡，D、S 之间的等效电阻越小。

③ 恒流区。当 $u_{GS} > U_{GS(th)}$，且 u_{DS} 较大时，在场效应管出现预夹断以后，i_D 只取决于 u_{GS}，而与 u_{DS} 无关，该区是一组近似的水平曲线。在这个区域内，u_{DS} 对 i_D 不起控制作用，不管 u_{DS} 增大或减小，i_D 都如同饱和，所以这个区域又称为放大区或饱和区。

④ 击穿区。当 u_{DS} 过大时，PN 结因承受过大的反向电压而击穿，使 i_D 急剧增大。

应当指出，恒流区与可变电阻区是以预夹断点的连线为分界线的，当 $u_{GD} = u_{GS} - u_{DS} = u_{GS(th)}$ 时，沟道预夹断，则预夹断时的漏源电压为 $u_{DS} = u_{GS} - u_{GS(th)}$。

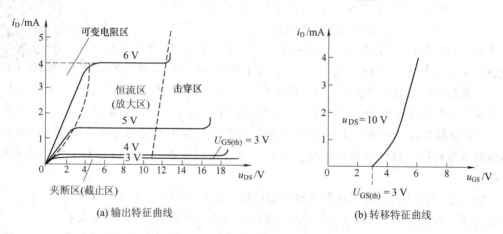

(a) 输出特征曲线　　　　　　　　　　　　(b) 转移特征曲线

图 1-46　某 N 沟道 MOSFET 的特性曲线

（2）转移特性曲线。

$$i_D = f(u_{GS})\big|_{u_{DS}=常数}$$

如图 1-46(b)所示为某 N 沟道 MOSFET 的转移特性曲线。

当 $u_{GS} < U_{GS(th)}$ 时，没有导电沟道，$i_D = 0$；当 $u_{DS} > u_{GS} - U_{GS(th)}$ 时，场效应管工作在恒流区，u_{GS} 增大，i_D 随之增大。在恒流区时，i_D 与 u_{GS} 的关系可近似地表示为

$$i_D = I_{DO}\left(\frac{u_{GS}}{u_{GS(th)}} - 1\right)^2 \tag{1-20}$$

2. 耗尽型绝缘栅场效应晶体管

　　N 沟道耗尽型绝缘栅场效应晶体管的结构和增强型 N 沟道 MOS 管基本相同，只是在制作过程中预先在 SiO_2 绝缘层中掺入大量正离子。N 沟道耗尽型 MOS 管的结构和电路符号如图 1-47 所示。由于正离子的作用，即使在 $u_{GS}=0$ V 时，漏源之间也存在导电沟道，如果漏源之间加上电压 U_{DS}，就有漏极电流 i_D 产生。当 $u_{GS}>0$ 时，沟道加宽，i_D 增大；当 $u_{GS}<0$ 时，沟道变窄，i_D 减小。当 u_{GS} 减小到一定负值时，沟道消失，$i_D=0$，此时 u_{GS} 的值称为夹断电压，用 $u_{GS(off)}$ 表示。可见，耗尽型 MOS 管可以在正、负及零栅源电压下工作。

耗尽型
NMOS 管

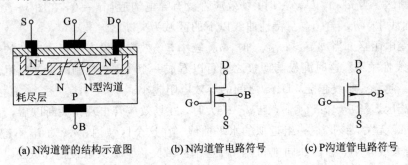

(a) N沟道管的结构示意图　　　(b) N沟道管电路符号　　　(c) P沟道管电路符号

图 1-47　耗尽型 MOS 管的结构与电路符号

3. MOSFET 的使用注意事项

　　(1) 某些 MOSFET 将衬底也引出电极（这种 MOSFET 有 4 个管脚），这样可使电路设计者根据情况进行不同的连接。大多数情况下，为避免衬底电压 u_{BS} 对管子导电性能的影响，可将源极与衬底直接相连。但有些情况下，特别是在集成电路中，制作在同一衬底上的许多 MOSFET 不可能把每只管子的源极都与衬底相连。这时，为了保证衬底所构成的 PN 结反偏，P 型衬底应接比源极低的电位（$u_{BS}<0$），N 型衬底应接比源极高的电位（$u_{BS}>0$）。

场效应管的
基本应用

　　(2) 除制造时就已将源极和衬底相连的 FET 以及功率 FET 外，许多 JFET 和 MOSFET 的漏极与源极都是制成对称形式的，漏极与源极可以互换使用，而其 $U\text{-}I$ 特性没有明显变化。

　　(3) MOSFET 的高输入电阻使栅极感应电荷很难泄放掉。由于绝缘层很薄，栅极与衬底之间的电容量很小，所以少量的感应电荷（这是不可避免的）就能产生很高的电压，可能使栅极和源极间的绝缘层被击穿而造成管子的损坏。因此，在保存 MOSFET 时，应避免栅极悬空，且各电极短路。

　　(4) 在焊接、测试管子前，保持各电极短路，电烙铁外壳应良好接地或断电后再焊接，待焊好或测试时再去掉短路装置。

4. 场效应晶体管与双极性晶体管的比较

　　(1) 场效应管用栅源电压 u_{GS} 控制漏极电流 i_D，栅极电流几乎为零；三极管用电流控制集电极电流，基极电流不为零。因此，要求输入电阻高的电路应选用场效应管。若信号源可以提供一定电流，则可选用三极管。

sssssー

ss sss

（2）场效应管比三极管的温度稳定性好，抗辐射能力强。在环境条件变化很大的情况下，应选用场效应管。

（3）场效应管的噪声系数很小，因此低噪声放大器的输入级及信噪比较高的电路应选用场效应管。当然，也可选用特制的低噪声三极管。

（4）场效应管的漏极和源极可以互换使用（除非产品封装时已将衬底与源极连在一起），互换后特性变化不大；三极管的发射极与集电极互换后特性差异很大，除了特殊需要，一般不能互换。

（5）场效应管的种类比三极管多，特别是耗尽型 MOS 管，栅源电压 u_{GS} 可正可负，也可以是零。因此，场效应管在组成电路时与三极管相比有更大的灵活性。

（6）场效应管和三极管均可用于放大电路和开关电路，它们构成了品种繁多的集成电路。但由于场效应管集成工艺简单，且具有耗电少、工作电源电压范围宽等优点，所以被大规模和超大规模集成电路广泛应用。

可见，在许多性能上，场效应管都比三极管优越。

【仿真任务 1】　三极管电流分配关系的仿真测试

1. 目的

（1）能识别三极管放大电路，了解电流分配关系。

（2）能熟练使用 Multisim 仿真软件。

2. 要求

采用 Multisim 2010 连接电路，如图 1-48 所示，完成三极管各极电流的测试，并判断三极管工作区。

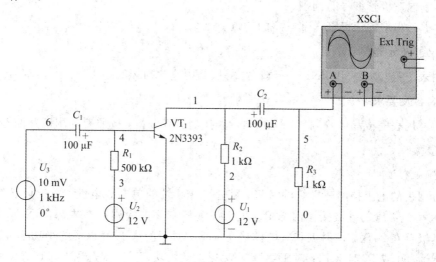

图 1-48　小信号放大仿真测试电路

3. 步骤

（1）连接如图 1-48 所示电路，此时断开电容 C_2，即交流输入信号不接入。

(2) 改变 R_b（图中 R_1）值，测量并记录三极管各个电极的电流，记入表 1-8 中。

(3) 接入电容 C_2，输入端输入交流小信号改变 R_b（图中 R_1）值，通过示波器观察输出波形（可辅助分析三极管工作在哪个工作区）。

表 1-8　三极管电流分配关系

电阻 $R_1/\text{k}\Omega$	基极电流	集电极电流	发射极电流	β 值	U_{CE}	工作区
100						
150						
200						
300						
510						
680						

4. 问题

(1) 根据表 1-8 中测得的三极管各极电流的数据，可得到什么关系？

(2) 根据测得的 U_{CE} 值，可得到什么结论？

(3) 计算 β 值，该 β 值在 2N3393 的 β 值范围内吗？原因是什么？

【实训任务 2】　三极管的识别与测试

1. 目的

(1) 熟练掌握万用表的使用。

(2) 掌握三极管型号的判别。

(3) 进一步掌握三极管内部电路的特点。

2. 仪器及元器件

万用表 1 只，NPN 和 PNP 三极管各 2 只（其中包含损坏的各 1 只）。

3. 内容及要求

利用万用表完成晶体管判别，同时学会查找晶体管资料，按照要求测试并回答问题。

4. 步骤

1) 判别基极

用万用表的电阻挡测三极管的基极，就是测 PN 结的单向导电性。由三极管的结构知道，NPN 型三极管的基极接在内部 P 区，而发射极和集电极则接在内部的 N 区。PNP 型管则是基极接在 N 区，发射极和集电极接在 P 区。对于测量 1 W 以下的小功率管，选用万用表的 R×100 或 R×1 k 挡；对于测量 1 W 以上的大功率管，则选用 R×1 或 R×10 挡。

首先，任选一管脚假设其为基极，将万用表的黑表笔接触此管脚，再将红表笔分别接触另外两管脚，两次测得电阻值都是小；再交换表笔，即用红表笔接假设的基极，而用黑表笔分别接触其余两管脚，两次测得阻值都是大，则所假设的基极是真正的基极，如图 1-49

所示。若两次测试中有一次阻值是"一大一小",则所假设电极就不是基极,需再另选一电极并设为基极继续进行测试,直至判出基极为止。

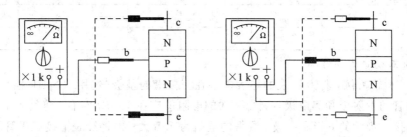

图 1-49 基极的判别

测出基极后,还需判别出管型。用万用表的黑表笔接触基极,再用万用表的红表笔分别接触另外两管脚,若两次测得同是电阻值小(或红表笔接基极,而用黑表笔分别接触其余两管脚,两次测得同是电阻值大),则所测三极管是 NPN 型;用万用表的黑表笔接触基极,再用万用表的红表笔分别接触另外两管脚,若两次测得同是电阻值大(或红表笔接基极,而用黑表笔分别接触其余两管脚,两次测得同是电阻值小),则所测三极管为 PNP 型。

2) 判别集电极和发射极

常用测量三极管放大倍数的方法判别集电极和发射极。以 NPN 型为例,在已确定基极和管型的情况下,假设余下两管脚中一引脚为集电极,将万用表的黑表笔接假设的集电极,红表笔接另一引脚,然后在假设的集电极和基极之间加上一人体电阻(不能让 c、b 直接接触),如图 1-50 所示,这时注意观察表针的偏转情况,记住表针偏转的位置。交换表笔,设管脚中另一引脚为集电极,仍在所设集电极和基极之间加上人体电阻,观察表针的偏转位置。两次假设中,指针偏转大的一次黑表笔所接电极是集电极,另一引脚是发射极。

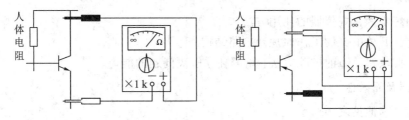

图 1-50 集电极和发射极的判别

对于 PNP 型三极管,黑表笔接假设的发射极,仍在基极和集电极之间加人体电阻,观察指针的偏转大小,指针偏转大的一次,黑表笔接的是发射极。

在三极管检测过程中,在集电极和基极之间加上人体电阻时,指针偏转角度越大,可以粗略地说明三极管的电流放大倍数越大;指针偏转角度越小,电流放大倍数也就越小。

3) 判别硅管和锗管

其方法与二极管判别方法相似,一是测 PN 结正向电压,二是测 PN 结正向电阻,这里不再赘述。

取两只不同型号的三极管(PNP 型与 NPN 型),通过指针式万用表检测来确定三极管的类型、材料及管脚的排列。把检测结果记录在表 1-9 中。

表 1-9　三极管类型、管脚的判别

类型	材料	β 值	管脚排列	I_{CM}	$U_{(BR)CEO}$	P_M	h_{FE}

4）判断三极管质量好坏

以 NPN 型管为例，将万用表的黑表笔接在三极管的基极（选用 R×1 k 挡），红表笔分别接在三极管的发射极和集电极，测得两次的电阻值应在 10 kΩ 左右；将红表笔接在基极，黑表笔分别接三极管的 e 极和 c 极，测得的电阻为无穷大；再将红表笔接三极管的 e 极，黑表笔接在 c 极，然后调换表笔，测得的电阻为无穷大；最后用万用表测量三极管 e 极和 c 极之间的电阻，测得的电阻也是无穷大。若测量结果符合上述描述，则三极管基本完好。

5）测三极管的 β 值

用万用表的 h_{FE} 挡测三极管的 β 值，记录在表 1-9 中。

6）查询参数值

查询对应三极管的主要参数值，记录在表 1-9 中。

5. 问题

（1）用万用表上的 h_{FE} 挡测得的 β 值与查询得到的 h_{FE} 值的关系是怎样的？

（2）若工作时参数值超过三极管的极限参数值，会发生什么情况？

【实训任务 3】　光控小夜灯电路的测试

1. 目的

（1）熟练掌握常规仪器的使用方法。

（2）掌握开关电路的工作原理及电路结构。

（3）掌握电路故障的排除方法，培养独立解决问题的能力。

2. 仪器及元器件

万用表，其他见表 1-1。

3. 内容及要求

完成本项目一开始提出的光控小夜灯电路测试并回答问题。

4. 步骤

（1）按图 1-2 连接好电路。

（2）电池盒中装上电池，注意不要装反。

（3）闭合 S_1，此时电路中有电压。

（4）遮住光敏电阻，让光敏电阻接收不到光，用万用表测量 VT_1 发射极电位以及 VT_2 集电极电位，记录在表 1-10 中，同时把发光二极管的工作情况记录在该表内。

（5）让光敏电阻接触到光照，用万用表测量 VT_1 发射极电位以及 VT_2 集电极电位，记录在表 1-10 中，同时把发光二极管的工作情况记录在该表内。

表 1-10 光控小夜灯电路中三极管的工作情况

有无光照	U_B(TP$_1$)/V	U_E(TP$_2$)/V	U_C(TP$_3$)/V	VT$_1$ 工作状态	VT$_2$ 工作状态
无					
有					

5. 问题

（1）请说明滑动变阻器 R_P 的作用。

（2）用不同厚度的纸张遮挡光敏电阻，当正好让小夜灯点亮时，测试 U_B(TP$_1$) 的值并进行分析。

【知识拓展】 了解其他晶体管

1. 达林顿管

达林顿管又称复合管，是将两个三极管串联，以组成一只等效的新的三极管，极性只认前面的三极管。具体接法以两个相同极性的三极管为例，前面三极管的集电极跟后面三极管的集电极相接，前面三极管的发射极跟后面三极管的基极相接，前面三极管的功率一般比后面三极管的小，前面三极管的基极为达林顿管的基极，后面三极管的发射极为达林顿管的发射极，用法跟三极管一样，放大倍数是两个三极管放大倍数的乘积。达林顿管有 NPN＋NPN、NPN＋PNP、PNP＋PNP、PNP＋NPN 四种接法，如图 1-51 所示。

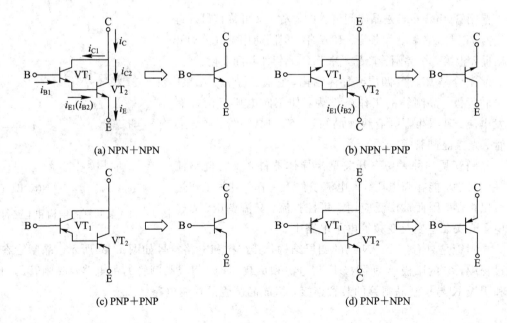

(a) NPN＋NPN　　　　　　　　　　(b) NPN＋PNP

(c) PNP＋PNP　　　　　　　　　　(d) PNP＋NPN

图 1-51 四种类型的达林顿管及其等效电路

达林顿管的放大倍数是两个三极管放大倍数之积，因此它的特点是放大倍数非常高。达林顿管的作用一般是在高灵敏的放大电路中放大非常微小的信号，如大功率开关电路。

在电子学电路设计中，达林顿管常用于功率放大器和稳压电源中。

2. 光电三极管

光电三极管也称光敏三极管，它的电流受外部光照控制，是一种半导体光电器件。光电三极管是一种相当于在三极管的基极和集电极之间接入一只光电二极管的三极管，光电二极管的电流相当于二极管的基极电流。因为具有电流放大作用，光电三极管比光电二极管灵敏得多，在集电极可以输出很大的光电流。光电三极管的等效电路和电路符号如图 1-52 所示。

在无光照射时，光电三极管处于截止状态，无电信号输出。当光信号照射光电三极管的基极时，光电三极管导通，首先通过光电二极管实现光电转换，再经由三极管实现光电流的放大，最后从发射极或集电极输出放大后的电信号。光电三极管的输出特性曲线如图 1-53 所示。

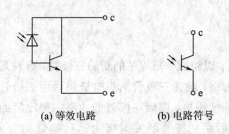

(a) 等效电路　　　(b) 电路符号

图 1-52　光电三极管的等效电路和电路符号

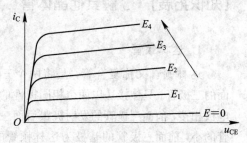

图 1-53　光电三极管的输出特性曲线

3. 晶闸管

晶闸管(thyristor)是晶体闸流管的简称，又可称作可控硅整流器，以前被简称为可控硅。1957 年，美国通用电气公司开发出世界上第一个晶闸管产品，并于 1958 年使其商业化。

晶闸管是 PNPN 四层半导体结构，它有三个极：阳极、阴极和门极。晶闸管的工作条件为：加正向电压且门极有触发电流。其派生器件有快速晶闸管、双向晶闸管、逆导晶闸管、光控晶闸管等。

晶闸管是一种大功率开关型半导体器件，具有硅整流器件的特性，能在高电压、大电流条件下工作，且其工作过程可以控制，因而被广泛应用于可控整流、交流调压、无触点电子开关、逆变及变频等电子电路中。

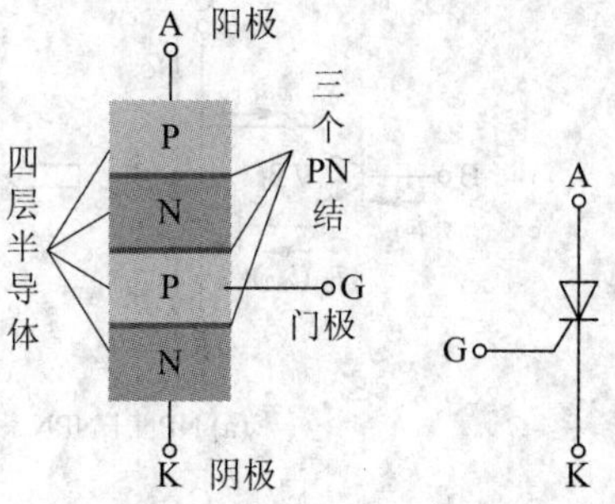

(a) 结构　　　(b) 电路符号

图 1-54　晶闸管的结构和电路符号

晶闸管是具有三个 PN 结的四层结构，其结构和电路符号如图1-54所示。晶闸管在工作过程中，它的阳极 A 和阴极 K 与电源和负载连接，组成晶闸管的主电路；晶闸管的门极 G 和阴极 K 与控制晶闸管的装置连接，组成晶闸管的控制电路。

习　题　1

1.1　选择合适选项填入括号内。

(1) 在本征半导体中加入(　　)元素可形成 N 型半导体,加入(　　)元素可形成 P 型半导体。

A. 五价　　　　　B. 四价　　　　　C. 三价

(2) 当温度升高时,二极管的反向饱和电流将(　　)。

A. 增大　　　　　B. 不变　　　　　C. 减小

(3) 工作在放大区的某三极管,如果当 I_B 从 12 μA 增大到 22 μA,I_C 从 1 mA 变为 2 mA,那么它的 β 约为(　　)。

A. 83　　　　　　B. 91　　　　　　C. 100

(4) 当场效应管的漏极直流电流 I_D 从 2 mA 变为 4 mA 时,它的低频跨导 g_m 将(　　)。

A. 增大　　　　　B. 不变　　　　　C. 减小

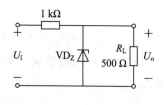

图 1-55　习题 1.2 电路

1.2　电路如图 1-55 所示,已知 $u_i = 10\sin\omega t$ (V),试画出 u_i 与 u_o 的波形。设二极管导通电压可忽略不计。

1.3　现有两只稳压管,稳压值分别是 6 V 和 8 V,正向导通电压为 0.7 V。试问:

(1) 若将它们串联相接,可得到几种稳压值? 各为多少?

(2) 若将它们并联相接,可得到几种稳压值? 各为多少?

1.4　已知图 1-56 所示电路中稳压管的稳定电压 $U_Z = 6$ V,最小稳定电流 $I_{Zmin} = 5$ mA,最大稳定电流 $I_{Zmax} = 25$ mA。

(1) 分别计算 U_i 为 10 V、15 V、35 V 三种情况下输出电压 U_o 的值。

(2) 若 $U_i = 35$ V 时负载开路,则会出现什么现象? 为什么?

图 1-56　习题 1.4 电路

1.5　判断图 1-57 所示电路中二极管的导通情况,并写出输出电压值,设二极管导通电压 $U_D = 0.7$ V。

1.6　现测得放大电路中两只管子两个电极的电流如图 1-58 所示。分别求另一电极的电流,标出其方向,并在圆圈中画出管子,且分别求出它们的电流放大系数 β。

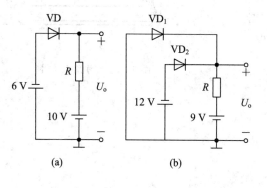

图 1-57　习题 1.5 电路

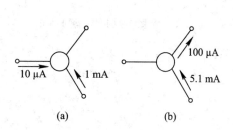

图 1-58　习题 1.6 图

1.7　测得放大电路中 6 只晶体管的直流电位如图 1-59 所示。在圆圈中画出管子，并说明它们是硅管还是锗管。

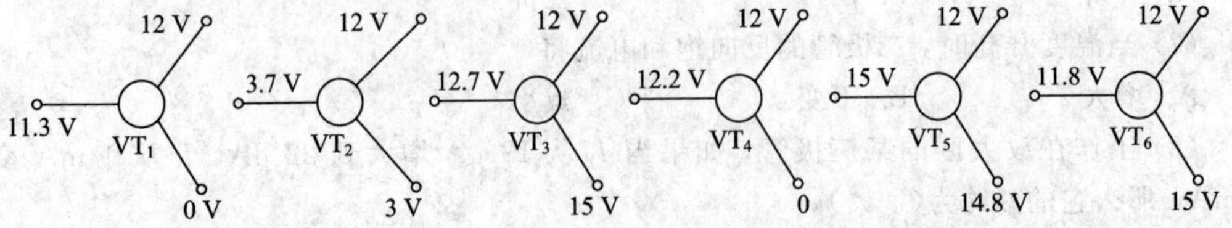

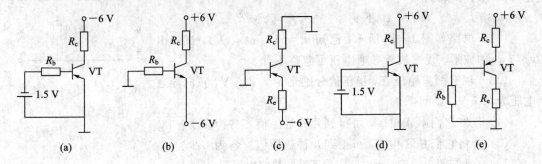

图 1-59　习题 1.7 图

1.8　分别判断图 1-60 所示各电路中晶体管是否有可能工作在放大状态。

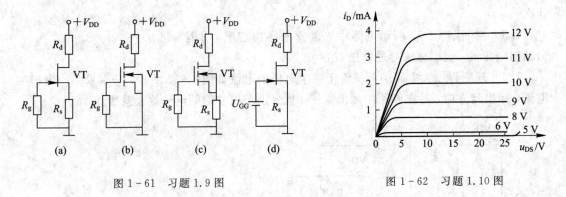

图 1-60　习题 1.8 图

1.9　分别判断图 1-61 所示各电路中的场效应管是否有可能工作在恒流区。

1.10　已知场效应管的输出特性曲线如图 1-62 所示，画出它在恒流区的转移特性曲线。

图 1-61　习题 1.9 图　　　　　　　　　　图 1-62　习题 1.10 图

项目 2 扩音器放大电路

一个歌手在一个面积巨大的音乐厅里演唱，无论她的嗓门有多大，都不可能保证音乐厅每个角落的听众都能清楚地听到她甜美的歌声。如果用话筒采集声音，经过放大之后由音乐厅里的扬声器同步播放出来，就可以解决这个问题。话筒和扬声器组成的扩音系统，本质就是音频放大器。本项目完成扩音器放大电路。图 2-1 为扩音器。为完成扩音器放大电路，本项目主要学习小信号放大电路、多级放大电路、负反馈放大电路、功率放大电路和差分放大电路。

图 2-1 扩音器

能力目标

- 能识别和检测常用晶体管的管型、材料与质量好坏。
- 能识别和正确使用基本放大电路的各种组态。
- 能熟练使用常规仪器完成放大电路的测试与故障处理。
- 能完成扩音器的制作与调试。

知识目标

- 熟悉放大电路的组成和基本原理。
- 掌握基本放大电路的分析方法，了解多级放大电路。
- 了解负反馈对放大电路的影响。
- 理解常用功率放大电路的工作原理。
- 了解差分放大电路的工作原理。

【项目导学】 扩音器放大电路

1. 实训内容与说明

本实训以设计安装扩音器放大电路为主题。扩音器放大电路是最为常见的电子电路，它包含了最基本的放大电路。

扩音器包含了主要的基本放大电路（前置放大）和功率放大电路。该设备采用收音机、MP3 等输出的音频信号作为信号源，并配合音响作为扩音系统使用。该设备的负载扬声器的阻抗为 8 Ω，输出功率约为 5 W。依据原理框图设计出的扩音器放大电路原理图如图2-2所示。

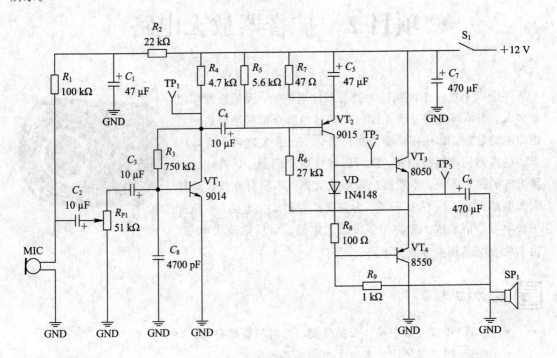

图 2-2　扩音器放大电路原理图

2. 工作任务单

(1) 小组制订工作计划，小组成员按分配任务开展工作。

(2) 识别原理图，明确元器件连接和电路连线。

(3) 完成电路所需元件的检测。

(4) 根据布线 PCB 图 (或者采用万能板)，焊接、制作电路。

(5) 自主完成电路功能检测和故障排除。

(6) 小组讨论完成电路的详细分析及项目实训报告的编写。

3. 实训目标

(1) 增强专业知识，培养良好的职业道德和职业习惯。

(2) 了解扩音器电路的组成与工作原理。

(3) 熟练使用电子焊接工具，完成扩音器放大电路的装接。

(4) 熟练使用电子仪器仪表，完成扩音器放大电路的调试。

(5) 能分析及排除电路故障。

4. 实训设备与器件

实训设备：信号发生器、示波器、直流稳压电源及万用表各 1 台。

实训器件：扩音器放大电路元件清单见表 2-1。

表 2-1　扩音器放大电路元件清单

元器件名称	数量	代号或用途	元件不良或故障可能引发故障
100 kΩ 碳膜电阻	1	R_1，为话筒提供工作电压	开路无声
22 kΩ 碳膜电阻	1	R_2，为话筒提供工作电压	开路无声
750 kΩ 碳膜电阻	1	R_3，负反馈电阻	开路声音失真
4.7 kΩ 碳膜电阻	1	R_4，负载电阻	开路无声
5.6 kΩ 碳膜电阻	1	R_5，偏置电阻	开路失真
27 kΩ 碳膜电阻	1	R_6，偏置电阻	开路无声
47 Ω/1 W 金属膜电阻	1	R_7，静态工作点调节	声音小或无声
100 Ω/2 W 线绕电阻	1	R_8，静态工作点调节	声音小
1 kΩ 碳膜电阻	1	R_9，负载电阻	声音小或无声
1N4148	1	VD，静态工作点调节	开路无声
47 μF/25 V 电解电容	1	C_1，滤波电容	交流噪声大
10 μF/25 V 电解电容	1	$C_2 \sim C_4$，输入/输出耦合	无声
47 μF/25 V 电解电容	1	C_5，旁路耦合	声音小
470 μF/50 V 电解电容	1	C_6，输出耦合	无声或声音小
470 μF/50 V 电解电容	1	C_7，电源滤波	交流噪声大，易自激
4700 pF 瓷片电容	1	C_8，滤波电容	交流噪声大
电位器 WTH-51 kΩ	1	R_{P1}，音量控制电位器	音轻或无声
8 Ω/5 W 扬声器	1	SP_1，扬声	无声
NPN 9014	1	VT_1，电压放大	
PNP 9015	1	VT_2，电压放大	
NPN 8050	1	VT_3，功放	
PNP 8550	1	VT_4，功放	

5. 实训电路说明

1）电路说明

扩音器放大电路由前置放大器（VT_1 和 VT_2 组成两级小信号放大器）和主放大器（VT_3 和 VT_4 组成的乙类推挽功率放大器）构成。

2）电路原理

MIC 为驻极体话筒，电位器 R_{P1} 可调节音量。MIC 将声音转换成电信号后，经电容 C_2 耦合后由电位器 R_{P1} 调节输入放大器的信号幅度，所以 R_{P1} 可调节扩音器的音量，电阻 R_2 和电解电容 C_1 组成滤波退耦电路，能避免自激，保证电路稳定工作。

电容 C_2 和 C_4 分别是输入和输出耦合电容，三极管 VT_1 在电阻 R_3 的偏置并反馈下构成一个 C 极反馈共发射极放大器（电压并联负反馈电路），电容 C_8 是为滤除杂波而设置的。

电阻 R_5 和 R_6 实现三极管 VT_2 的偏置(三极管 VT_2 是一个 PNP 型三极管,它与 NPN 型三极管一样,也可以构成各种放大器,这里构成的是共发射极放大器)。电阻 R_7 为三极管 VT_2 的发射极反馈电阻,进一步保证了电路静态工作点的稳定。电容 C_5 是 VT_2 的发射极旁路电容,为交流信号提供了通路,使交流信号不受反馈的影响。电阻 R_8 和 R_9 与二极管 VD 都是三极管 VT_2 的集电极负载。调节 R_8 的大小,可以改变 VT_3 和 VT_4 的静态工作点。

VT_3 和 VT_4 组成乙类推挽功率放大器,把经电压放大后的信号进行功率放大,驱动扬声器 SP_1 发声。电容 C_6 的作用是阻止直流电压加到扬声器上而产生电流噪声。

6. 扩音器放大电路的安装与调试

(1)识别与检测元件。

(2)元件插装与电路焊接。

(3)电路的检测与测试。

(4)电路静态调整。

(5)电路动态调整。

(6)整机电路的调试。

7. 分析与报告

完成电路的详细分析并编写项目实训报告。

8. 实训考核

表 2-2 为扩音器的安装与测试工程考核表。

表 2-2 扩音器的安装与测试工程考核表

项　目	内　容	配　分	考核要求	扣分标准	得　分
安全操作规范	1.安全用电(3分) 2.环境整洁(3分) 3.操作规范(4分)	10	积极参与,遵守安全操作规程和劳动纪律,有良好的职业道德和敬业精神	安全用电和7S管理	
电路安装工艺	1.元件的识别 2.电路的安装	10	电路安装正确且符合工艺规范	焊接工艺	
任务与功能验证	1.功能验证 2.测试结果记录	70	1.熟悉各电路功能 2.正确测试验证各部分电路 3.正确记录测试结果	依照测试报告分值	
团队分数	团队协作	10	团队分工合作情况及完成答辩情况	团队合作与职业岗位要求	
合计		100			
注:各项配分扣完为止					

2.1　小信号放大电路

放大电路是电子电路中应用最广泛的电路形式之一，它的基本功能是将输入信号不失真地进行放大，它的应用领域包括自动控制系统、电子测量系统、通信系统等。

将微弱变化的电信号放大几百倍、几千倍甚至几十万倍之后去带动执行机构，对生产设备进行测量、控制或调节，完成这一任务的电路称为放大电路，简称放大器。在实际的电子设备中，输入信号是很微弱的，要将信号放大到足以推动负载做功，必须使用多级放大器进行多级放大。多级放大器由若干个单级放大器连接而成，这些单级放大器根据其功能和在电路中的位置可划为输入级放大器、中间级放大器和输出级放大器。输入级和中间级放大器主要完成信号的电压幅值增大（即小信号电压放大电路），输出级放大器主要完成功率放大（即功率放大器）。

2.1.1　小信号放大电路的结构

话筒和扬声器组成的扩音系统本质就是音频放大器，音频放大器可以利用电源提供的能量提高声音（或者说输入信号）的能量，从而提高其由负载（如扬声器）重放时的强度。放大电路的功能主要是放大微弱信号，输出电压或电流在幅度上得到了放大；显著特点是输出信号的能量得到了加强。图 2-3 为放大电路结构示意图。

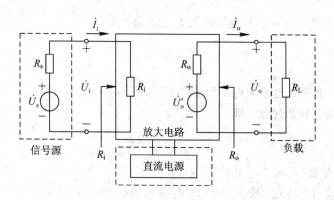

图 2-3　放大电路结构示意图

要想让放大电路正常工作，有三个外接部分：① 直流电源；② 信号源；③ 负载。放大电路的实质是输出信号的能量增强，而能量实际上是由直流电源提供的，只是经过有源器件（如三极管）的控制，使之转换成信号能量，提供给负载。

除了音乐厅里需要放大器，生活、生产的许多应用中都离不开放大器。比如在医院里，医院为病人做心电图（electrocardiogram，ECG），将一些电极贴到病人胸口及附近的皮肤表面上，由于人体是导体，心电信号会从心脏传到皮肤表面并被电极接收到。心电信号幅度非常小，只有几毫伏，使用放大器（1000 倍）把微弱的心电信号放大到若干伏，再用仪器来观测或处理就容易多了。可见，放大器应用广泛，我们有必要对它进行深入的学习。

小信号放大电路是扩音器系统的前置放大器，它对输入信号进行初步电压放大。小信号放大电路以三极管、场效应管、运算放大电路等为核心构成，其中以三极管放大电路最为基础，本节主要学习三极管基本放大电路。

2.1.2　小信号放大电路的主要技术指标

1. 放大倍数

放大电路的
主要性能指标

放大倍数（又称增益）是衡量放大电路放大能力的指标。由于输出电压或电流在幅度上得到了放大，所以功率也得到了放大。放大倍数有电压放大倍数、电流放大倍数和功率放大倍数几种常用形式，它们通常是按正弦量定义的。

1）电压放大倍数

电压放大倍数定义为输出电压与输入电压之比，即

$$\dot{A}_{\mathrm{u}} = \frac{\dot{U}_{\mathrm{o}}}{\dot{U}_{\mathrm{i}}} \qquad\qquad (2-1)$$

在不考虑放大电路中电抗因素的影响时，电压放大倍数可用实数来表示，并可写成交流瞬时值或幅值之比，即

$$A_{\mathrm{u}} = \frac{u_{\mathrm{o}}}{u_{\mathrm{i}}} = \frac{U_{\mathrm{o}}}{U_{\mathrm{i}}} = \frac{U_{\mathrm{om}}}{U_{\mathrm{im}}} \qquad\qquad (2-2)$$

2）电流放大倍数

电流放大倍数定义为输出电流与输入电流之比，即

$$\dot{A}_{\mathrm{i}} = \frac{\dot{I}_{\mathrm{o}}}{\dot{I}_{\mathrm{i}}} \qquad\qquad (2-3)$$

同样，在不考虑放大电路中电抗因素的影响时，电流放大倍数也可用实数来表示，并可写成交流瞬时值或幅值之比，即

$$A_{\mathrm{i}} = \frac{i_{\mathrm{o}}}{i_{\mathrm{1}}} = \frac{I_{\mathrm{o}}}{I_{\mathrm{i}}} = \frac{I_{\mathrm{om}}}{I_{\mathrm{im}}}$$

3）功率放大倍数（或功率增益）

功率放大倍数 A_{P} 定义为输出功率 P_{o} 与输入功率 P_{i} 之比，即

$$A_{\mathrm{P}} = \frac{P_{\mathrm{o}}}{P_{\mathrm{i}}} = \left| \frac{U_{\mathrm{o}} I_{\mathrm{o}}}{U_{\mathrm{i}} I_{\mathrm{i}}} \right| = \left| \frac{U_{\mathrm{o}}}{U_{\mathrm{i}}} \cdot \frac{I_{\mathrm{o}}}{I_{\mathrm{i}}} \right| = \left| A_{\mathrm{u}} A_{\mathrm{i}} \right| \qquad\qquad (2-4)$$

工程上常用分贝（dB）来表示放大倍数的大小，常用的有

$$A_{\mathrm{u}} (\mathrm{dB}) = 20 \lg |A_{\mathrm{u}}|$$

$$A_{\mathrm{i}} (\mathrm{dB}) = 20 \lg |A_{\mathrm{i}}|$$

$$A_{\mathrm{P}} (\mathrm{dB}) = 10 \lg A_{\mathrm{P}}$$

2. 输入电阻 R_{i}

输入电阻 R_{i} 越大，信号源的衰减越小，反之则越大，故 R_{i} 越大越好。其定义如下：

$$R_{\mathrm{i}} = \frac{\dot{U}_{\mathrm{i}}}{\dot{I}_{\mathrm{i}}} \qquad\qquad (2-5)$$

3. 输出电阻 R_o

输出电阻用于表明放大电路带负载的能力，R_o 越大，表明放大电路带负载能力越差，反之则越强。R_o 定义如下：

$$R_o = \frac{\dot{U}_o}{\dot{I}_o} \Bigg|_{U_s = 0,\, R_L \to \infty} \qquad (2-6)$$

若用 U_o' 表示空载时输出电压的有效值，U_o 表示带负载后输出电压有效值，则输出电阻表示为

$$R_o = \left(\frac{U_o'}{U_o} - 1\right) R_L \qquad (2-7)$$

注意：放大倍数、输入电阻和输出电阻在放大电路正常放大不失真的条件下才有意义。

4. 通频带

在实际应用中，放大器的输入信号不是单一频率的，在不同频率时放大倍数不同。共发射极放大电路的频率特性如图 2-4 所示。A_{u0} 为中频放大倍数，通常规定放大倍数随频率变化下降到 $\frac{1}{\sqrt{2}} A_{u0}$（即 $0.707 A_{u0}$）时，所对应的频率分别称为上限截止频率 f_H 和下限截止频率 f_L，f_H 与 f_L 之间形成的频带称为通频带或带宽，用 f_{BW} 表示，即 $f_{BW} = f_H - f_L$。

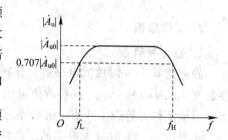

图 2-4 共发射极放大电路的频率特性

2.1.3 共发射极基本放大电路

共发射极放大电路在集成芯片与分立元件放大器中都是最常用的电路形式。本小节以单管共发射极放大电路为例，说明放大电路的组成原则、电路中各元器件的作用以及放大电路的工作原理。

共发射极放大电路组成

1. 电路组成

下面以 NPN 型三极管组成的单管放大电路为例，介绍放大电路的组成，电路如图 2-5 所示。输入端接交流信号源，电动势为 u_s，内阻为 R_s，放大电路的输入电压为 u_i，输出端接负载电阻 R_L，输出电压为 u_o。

（1）三极管 VT：具有能量转换和控制的能力，是一个有源器件，是整个电路的核心，利用电流放大能力来实现电压放大。

（2）直流电源 V_{CC}：提供三极管发射结和集电结的工作电压（放大区）；向负载提供输出功率，负担三极管及电阻上的功率损耗。

（3）偏置电阻 R_B：决定静态基极电流（I_{BQ}），进而决定放大电路静态工作点，阻值一般为几十千欧到几百千欧。

（4）集电极电阻 R_C：将三极管的电流放大作用转换成电压放大作用，阻值一般为几千欧姆。

（5）耦合电容 C_1、C_2："隔直通交"，为减少传递信号的电压损失，C_1、C_2 应选得足够大，一般为几微法至几十微法，通常采用电解电容器。

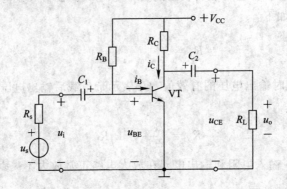

图 2-5　共发射极基本放大电路

2. 工作原理

1）静态和动态

静态指 $u_i = 0$ 时放大电路的工作状态，也称直流工作状态，主要的技术参数有 I_{BQ}、I_{CQ} 和 U_{CEQ}，这些数值可用 BJT 特性曲线上一个确定的点表示，该点习惯上称为静态工作点，用 Q 表示。

晶体管放大
电路工作原理

动态指 $u_i \neq 0$ 时放大电路的工作状态，也称交流工作状态，主要的技术参数有 R_i、R_o 和 A_u。

放大电路建立正确的静态工作点，是保证动态正常工作的前提。

2）直流通路和交流通路

直流通路即能通过直流电流的路径，交流通路即能通过交流电流的路径。共发射极放大电路的直流通路和交流通路如图 2-6 所示。

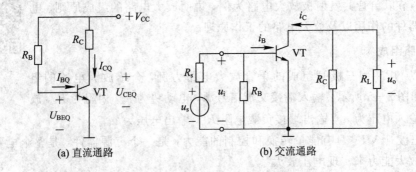

(a) 直流通路　　　　　　　　(b) 交流通路

图 2-6　共发射极放大电路的直流通路和交流通路

画直流通路的原则是：① $u_s = 0$，保留 R_s；② 电容开路；③ 电感相当于短路（线圈电阻近似为 0）。

画交流通路的原则是：① 大容量电容相当于短路；② 直流电源相当于短路（内阻为 0）。

3）放大原理

在图 2-5 所示的放大电路中加一个正弦输入电压 u_i 时，三极管基极与发射极之间的电压

u_{BE} 将会发生变化。当 u_{BE} 发生变化时，会使基极电流 i_B 产生变化。当三极管工作在放大区时，其基极电流对集电极电流有控制作用，基极电流的变化会引起集电极电流 i_C 的变化。那么，集电极电流的变化势必会引起集电极电阻 R_C 两端电压的变化，从而引起管压降 u_{CE} 的变化，变化规律是当 R_C 上的电压增大时，管压降 u_{CE} 减小；当 R_C 上的电压减小时，管压降 u_{CE} 增大。

共发射极基本放大电路各点电压电流波形如图 2-7 所示，其中：

（1）u_i 是加在放大电路输入端的输入电压，电压幅度很小，电容隔直后可认为不含直流成分。

（2）i_B 是在三极管 u_{BE} 作用下产生的基极电流，包含两种成分：直流成分 I_{BQ} 和叠加在其上的交流信号 i_b。

（3）i_C 是三极管电流放大作用产生的集电极电流，包含两种成分：直流成分 I_{CQ} 和叠加在其上的交流信号 i_c。I_{CQ} 是 I_{BQ} 的 β 倍，i_c 是 i_b 的 β 倍，直流和交流成分分别被放大了 β 倍。

（4）u_{CE} 是三极管集电极与发射极间的电压，也包含两种成分：直流成分 U_{CEQ} 和叠加在其上的交流信号 u_{ce}。其中，直流成分 $U_{CEQ} = U_{CC} - I_{CQ}R_{CQ}$，交流成分 $u_{ce} = -i_C R'_L$，负号代表 u_{ce} 与 i_C 反相。

（5）u_o 是 u_{CE} 隔断直流成分后剩余的交流信号，$u_o = u_{ce}$。很明显，输出电压 u_o 与输入电压 u_i 相比，被有效放大了；u_o 的相位与 u_i 相反。

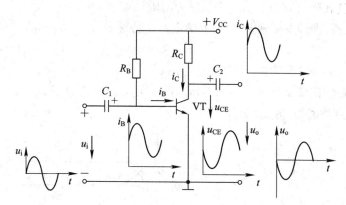

图 2-7 共发射极基本放大电路各点电压电流波形

3. 静态分析（求静态工作点）

1）计算分析法

在如图 2-6(a) 所示电路中，V_{CC} 通过 R_B 使三极管的发射极导通，b、e 极的导通压降 U_{BE} 基本不变（硅管约为 0.7 V，锗管约为 0.3 V），根据基尔霍夫定律，有

$$I_{BQ} = \frac{V_{CC} - U_{BEQ}}{R_B} \tag{2-8}$$

$$I_{CQ} = \beta I_{BQ} \tag{2-9}$$

$$U_{CEQ} = V_{CC} - I_{CQ}R_C \tag{2-10}$$

若 R_B 和 V_{CC} 不变，则 I_{BQ} 不变，因此，该电路称为恒流式偏置电路或固定偏流式电路。显然，改变 R_B 可以明显改变 I_{BQ}、I_{CQ} 和 U_{CEQ} 的值，即调节 R_B 可以明显改变放大电路的工作点和工作状态。当 U_{CEQ} 合适时，可以保证

共射放大
电路静态测试

三极管的发射结正偏、集电结反偏，即工作在放大区。

在测试基本放大电路时，往往测量 3 个电极对地的电位 U_B、U_C 和 U_E 即可确定三极管的工作状态。

2）图解分析法

可在三极管的输入、输出特性曲线上直接用作图的方法求解放大电路的工作情况。为了分析方便，可画出单管共发射极放大电路常规图，如图 2-8 所示。　共射放大电路的图解分析

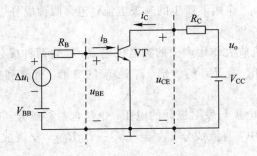

图 2-8　单管共发射极放大电路常规图

放大电路静态时的图解分析法如图 2-9 所示。直流负载线的确定方法：

（1）由直流负载列出方程 $U_{CEQ} = V_{CC} - I_{CQ}R_C$。

（2）在输出特性曲线 u_{CE} 轴及 i_C 轴上确定两个特殊点—— V_{CC} 和 V_{CC}/R_C，即可画出直流负载线。

（3）对输入回路列方程 $U_{BEQ} = V_{CC} - I_{BQ}R_B$。

（4）在输入特性曲线上作出输入负载线，两线的交点即是 Q 点。

（5）得到 Q 点的参数 I_{BQ}、I_{CQ} 和 U_{CEQ}。

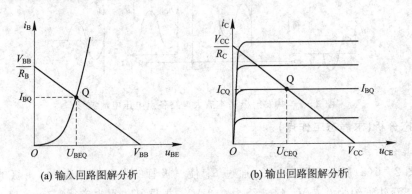

(a) 输入回路图解分析　　　　　(b) 输出回路图解分析

图 2-9　放大电路静态时的图解分析法

3）静态工作点对输出波形失真的影响

由图 2-10 可看出，若静态工作点的位置选择不当，将会出现严重的非线性失真。

（1）饱和失真：由于放大电路静态工作点靠近饱和区而引起的非线性失真。可增大 R_B 消除失真。

（2）截止失真：由于放大电路静态工作点靠近截止区而引起的非线性失真。可减少 R_B 消除失真。

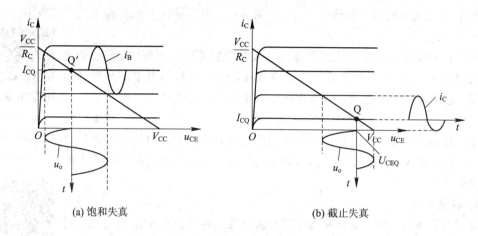

| (a) 饱和失真 | (b) 截止失真 |

图 2 - 10　静态工作点对输出波形失真的影响

4. 动态分析(求动态工作指标,微变等效电路分析法)

三极管是非线性元器件,直接分析放大电路较为复杂,但是根据图 2 - 9(a)可知,在 Q 点附近,特性曲线基本是一条直线,即可认为 b、e 间为等效电阻 r_{be}。从输出特性曲线看,在 Q 点附近,特性曲线基本是水平的,即 i_c 只取决于 i_b,所以输出端可看成大小为 βi_b 的受控电流源。三极管的微变等效电路如图 2 - 11 所示。将图 2 - 6(b)中的三极管替换成图2 - 11 中的等效电路,即为共射基本放大电路的微变等效电路,如图 2 - 11 所示。由于微变等效电路是针对小信号电压来说的,而小信号电压属于交流量,故可用相量的形式来表示。

放大电路的小信号
等效电路分析

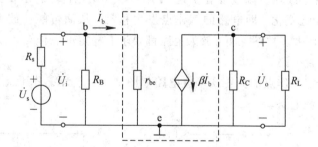

图 2 - 11　三极管的微变等效电路

1) 电压放大倍数

$$\dot{A}_u = \frac{\dot{U}_o}{\dot{U}_i} = \frac{-\beta R'_L \dot{I}_b}{\dot{I}_b r_{be}} = -\frac{\beta (R_C /\!/ R_L)}{r_{be}} \qquad (2 - 11)$$

r_{be} 的近似计算公式如下:

$$r_{be} = r_{bb'} + \frac{26(\text{mV})}{I_{BQ}(\text{mA})} = r_{bb'} + \beta \frac{26(\text{mV})}{I_{CQ}(\text{mA})} \quad (\Omega) \qquad (2 - 12)$$

共射放大
电路动态指标
——放大倍数

其中,$r_{bb'}$ 一般为 100~300 Ω。

若 $\dot{A}_u$ 为负值,则说明输入电压与输出电压的相位相反。

若无 R_L，则电压放大倍数为 $A_u = -\beta R_C / r_{be}$，很明显接上负载后放大倍数减小。

2）输入电阻

放大器的输入电阻是指从放大器的输入端向右看进去的等效电阻。若把一个内阻为 R_s 的信号源加至放大器的输入端，放大器就相当于信号源的负载电阻，这个负载电阻也就是放大器的输入电阻，根据式（2-5）得到

$$R_i = R_B // r_{be} \qquad (2-13)$$

共射放大
电路动态指标
——输入电阻

电路的输入电阻越大，从信号源取得的电流越小，则内阻消耗的电压也就越小，从而输入电压越接近于信号源电压，因此一般总是希望得到较大的输入电阻。

3）输出电阻

对于负载而言，放大电路相当于信号源，可以将它进行戴维南等效，则戴维南等效电路的内阻就是输出电阻，根据式（2-6）得到 R_o 为

$$R_o = R_C \qquad (2-14)$$

共射放大
电路动态指标
——输出电阻

输出电阻 R_o 越小，则负载上的电压 U_o 越接近于等效电压源的电压 U_o'，故用 R_o 来衡量放大器的带负载能力。R_o 越小，则放大器的带负载能力越强。

2.1.4 分压式偏置电路

选择一个合适的直流工作点对于放大电路来说是至关重要的。共发射极基本放大电路中仅有由一个偏置电阻 R_B 构成的直流偏置电路为固定偏流电路，由于 $I_{BQ} = \dfrac{V_{CC} - V_{BE}}{R_B} \approx \dfrac{V_{CC}}{R_B}$，当 V_{CC} 和 R_B 确定后，基极偏流 I_{BQ} 即为"固定"的。但当更换管子或环境温度变化引起三极管参数变化，特别是 β 变化时，I_{CQ} 和 U_{CEQ} 将随之变化，即电路的工作点发生移动，从而可能使放大电路无法正常工作。在大多数情况下，放大电路都要求有稳定的工作点，为此，必须设计能自动稳定工作点的偏置电路。

分压式偏置
放大电路

一种能自动稳定工作点的分压式偏置电路如图2-12所示。分压式偏置电路是目前应用最广泛的一种偏置电路。

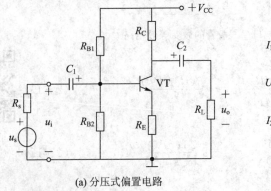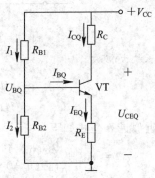

(a) 分压式偏置电路　　　　　　(b) 分压式偏置电路直流通路

图 2-12 分压式偏置电路及直流通路

1. 各元器件的作用

(1) R_{B1} 和 R_{B2} 为基极上偏置电阻和下偏置电阻, 作用是保证三极管基极有合适的直流电压 U_{BQ}。

(2) R_C 为集电极电阻, 作用是将三极管的集电极电流 I_C 变换成集电极电压 U_C。R_E 为发射极电阻, 具有稳定直流工作点的作用, 因此, 这种偏置电路又称为发射极偏置电路。

(3) R_{B1}、R_{B2}、R_C 和 R_E 的选择必须保证三极管工作在放大区, 即发射结正偏、集电结反偏, 还要保证输出电压不进入三极管的饱和区和截止区, 即不产生饱和失真、截止失真。

(4) C_1 和 C_2 分别为输入和输出耦合电容, 作用是传送交流, 隔离直流, 又称为隔直电容。这两个电容在使用频率不很高(几十千赫兹以下)时, 都应选容量较大的电解电容。

2. 分压式偏置电路稳定工作点的原理

参见图 2-12, 分压式偏置电路中三极管的发射极接入了发射极偏置电阻 R_E。发射极偏置电阻 R_E 是问题的关键。由于 R_E 折合到基极回路的电阻为 $(1+\beta)R_E$, 一般很大 (R_E 并不大), 而在该电路中, 一般总是满足 $(1+\beta)R_E$ 远大于 R_{B1} 和 R_{B2} 的条件, 因此有

$$I_1 \gg I_B, \quad I_2 \gg I_B, \quad I_1 \approx I_2$$

即对基极偏置电路来说, 可忽略 I_B 而将 R_{B1} 和 R_{B2} 直接看成串联。由于电阻的特性比较稳定, 因此可得到稳定的基极电压, 即 R_{B1} 和 R_{B2} 串联电路中 V_{CC} 在 R_{B2} 上的分压为

$$U_B \approx \frac{R_{B2}V_{CC}}{R_{B1}+R_{B2}} \qquad (2-15)$$

而

$$I_C \approx I_E = \frac{U_B - U_{BE}}{R_E} \approx \frac{U_B}{R_E} \qquad (U_B \gg U_{BE}) \qquad (2-16)$$

由上式可见, I_E 和 I_C 均为稳定的。

上述工作点稳定的结果还可以这样理解: 若温度升高使 I_C 增大, 则 I_E 也增大, 发射极电位 $U_E = I_E R_E$ 也增大。由于 $U_{BE} = U_B - U_E$, 且 U_B 基本不变, U_E 增大的结果使 U_{BE} 减小, I_B 也减小, 于是抑制了 I_C 的增大, 其总的效果是使 I_C 基本不变。其稳定过程可表示为

$$温度T\uparrow \longrightarrow I_C\uparrow \longrightarrow I_E\uparrow \longrightarrow U_E\uparrow \xrightarrow{U_B不变} U_{BE}\downarrow \longrightarrow I_B\downarrow$$
$$I_C\downarrow \longleftarrow \underline{\qquad\qquad\qquad\qquad\qquad}$$

由此可见, 温度升高引起 I_C 的增大将被电路本身造成的 I_C 的减小所牵制。这就是反馈控制的原理。

3. 静态工作点 (Q 点)

在满足稳定条件的情况下, 容易求出图 2-12 所示放大电路的静态工作点, 有

$$U_{BQ} \approx \frac{R_{B2}}{R_{B1}+R_{B2}}V_{CC} \qquad (2-17)$$

$$I_{CQ} \approx I_{EQ} = \frac{U_{BQ}-U_{BEQ}}{R_E} \approx \frac{U_{BQ}}{R_E} \qquad (2-18)$$

$$U_{CEQ} = V_{CC} - I_{CQ}R_C - I_{EQ}R_E \approx V_{CC} - I_{CQ}(R_C+R_E) \qquad (2-19)$$

$$I_{BQ} = \frac{I_{CQ}}{\beta} \tag{2-20}$$

4. 实际的分压式偏置电路

在实际工程应用中，由于 R_E 的接入，虽然稳定了工作点，但却使电压放大倍数 A_u 大大减小（R_E 对交流信号产生负反馈）。为解决这个问题，通常在 R_E 两端并联一个大电容 C_E（几十至几百微法），如图 2-13 所示。由于 C_E 对于交流信号相当于短路（称为旁路电容），因此该电路的交流通路（交流信号所通过的路径）与共发射极基本放大电路完全相同。

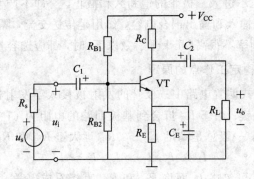

图 2-13　常用的分压式偏置电路（接 C_E）

5. 动态参数

分压式偏置微变等效电路如图 2-14 所示。

$$r_{be} = r_{bb'} + \frac{26(mV)}{I_{BQ}(mA)} = r_{bb'} + \beta\frac{26}{I_{CQ}} \; (\Omega)$$

电压放大倍数为

$$A_u = \frac{u_o}{u_i} = -\frac{\beta(R_C /\!/ R_L)}{r_{be}} \tag{2-21}$$

输入电阻为

$$R_i = R_{B1} /\!/ R_{B2} /\!/ r_{be} \tag{2-22}$$

输出电阻为

$$R_o = R_C \tag{2-23}$$

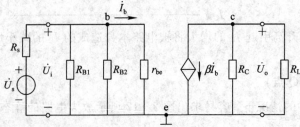

图 2-14　分压式偏置微变等效电路

【例题 2-1】　电路如图 2-15 所示，晶体管 $\beta=100$，$r_{bb}=100 \; \Omega$。

(1) 求电路的 Q 点、A_u、R_i 和 R_o。

(2) 若改用 $\beta=200$ 的晶体管，则 Q 点如何变化？

（3）若电容 C_E 开路，则将引起电路的哪些动态参数发生变化？如何变化？

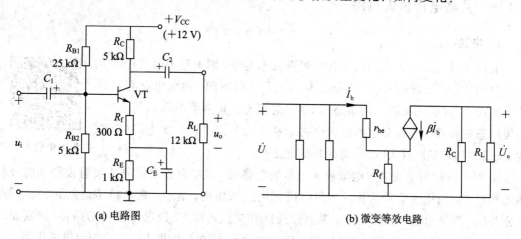

(a) 电路图　　　　　　　　　　　　　　　　　　(b) 微变等效电路

图 2-15　例题 2-1 电路

解　（1）静态分析：

$$U_{BQ} = \frac{R_{b1}}{R_{b1} + R_{b2}} \cdot V_{CC} = 2\ V$$

$$I_{EQ} = \frac{U_{BQ} - U_{BEQ}}{R_f + R_E} = 1\ mA$$

$$I_{BQ} = \frac{I_{EQ}}{1 + \beta} = 10\ \mu A$$

$$U_{CEQ} = V_{CC} - I_{EQ}(R_C + R_f + R_E) = 5.7\ V$$

动态分析：$r_{be} = r_{bb'} + (1 + \beta)\dfrac{26\ mV}{I_{EQ}} \approx 2.73\ k\Omega$

$$\dot{A}_u = -\frac{\beta(R_C /\!/ R_L)}{r_{be} + (1 + \beta)R_f} = -7.7$$

$$R_i = R_{b1} /\!/ R_{b2} /\!/ [r_{be} + (1 + \beta)R_f] \approx 3.7\ k\Omega$$

$$R_o = R_C = 5\ k\Omega$$

（2）当 $\beta = 200$ 时，有

$$U_{BQ} = \frac{R_{b1}}{R_{b1} + R_{b2}} \cdot V_{CC} = 2\ V\ (不变)$$

$$I_{EQ} = \frac{U_{BQ} - U_{BEQ}}{R_f + R_E} = 1\ mA\ (不变)$$

$$I_{BQ} = \frac{I_{EQ}}{1 + \beta} = 5\ \mu A\ (减小)$$

$$U_{CEQ} = V_{CC} - I_{EQ}(R_C + R_f + R_E) = 5.7\ V\ (不变)$$

（3）当 C_E 开路时，有

$$\dot{A}_u = -\frac{\beta(R_C /\!/ R_L)}{r_{be} + (1 + \beta)(R_E + R_f)} \approx -\frac{R_C /\!/ R_L}{R_E + R_f} = -1.92\ (减小)$$

$$R_i = R_{b1} /\!/ R_{b2} /\!/ [r_{be} + (1 + \beta)(R_E + R_f)] \approx 4.1\ k\Omega\ (增大)$$

$$R_o = R_C = 5\ k\Omega\ (不变)$$

2.1.5　共集电极放大电路

1. 电路组成

前面所讨论的放大电路均为共发射极放大电路,即电路中的三极管为共发射极接法。根据输入信号与输出信号公共端的不同,放大电路有三种基本的接法(或称三种基本的组态),即共射组态、共集组态和共基组态。共集组态和共基组态所对应的放大电路分别称为共集电极放大电路(简称共集电路)和共基极放大电路(简称共基电路)。

共集电极放大电路

图 2-16(a)所示为共集电极放大电路的电路图,该电路输出信号从发射极和集电极两端之间得到,而输入信号从基极和集电极两端之间加入,显然,集电极是输入和输出回路的公共端,即该电路为共集电路。其直流通路和交流通路(交流信号流过的路径)分别如图 2-16(b)和(c)所示。由交流通路可见,负载电阻 R_L 接在发射极上,又称为射极输出器。

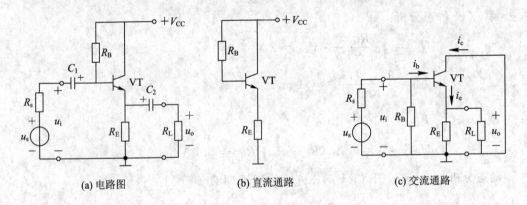

(a) 电路图　　　　　(b) 直流通路　　　　　(c) 交流通路

图 2-16　共集电极放大电路

2. 静态分析

根据图 2-16(c)所示直流通路可知

$$V_{CC} = I_{BQ}R_B + U_{BEQ} + I_{EQ}R_E$$

$$I_{EQ} = (1+\beta)I_{BQ}$$

可得

$$I_{BQ} = \frac{V_{CC} - U_{BEQ}}{R_B + (1+\beta)R_E} \tag{2-24}$$

则

$$I_{CQ} = \beta I_{BQ} \tag{2-25}$$

$$U_{CEQ} = V_{CC} - (1+\beta)I_{BQ}R_E \tag{2-26}$$

3. 动态分析

根据图 2-16(b)所示交流通路可画出共集电极微变等效电路,如图 2-17 所示。由该图可得共集电极放大电路的各性能指标。其中,$R_L' = R_E /\!/ R_L$,$R_s' = R_s /\!/ R_B$。

放大倍数：

$$\dot{A}_{u} = \frac{\dot{U}_{o}}{\dot{U}_{i}} = \frac{(1+\beta)R'_{L}}{r_{be}+(1+\beta)R'_{L}} = 1 \tag{2-27}$$

输入电阻：

$$R_{i} = R_{B}//[r_{be}+(1+\beta)R'_{L}] \tag{2-28}$$

输出电阻：

$$R_{o} = R_{E}//\left(\frac{r_{be}+R'_{s}}{1+\beta}\right) \tag{2-29}$$

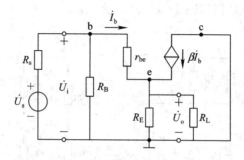

图 2-17　共集电极微变等效电路

综合上述讨论可见，共集电极放大电路具有如下特点：

（1）电压放大倍数为 1，输入与输出同相。由于输出信号从发射极输出，所以也称为电压跟随器、射极跟随器。

（2）输入电阻大，输出电阻小。

虽然共集电极放大电路本身没有电压放大作用，但输入电压范围广，具有很好的电流、功率放大作用，所以共集电极放大电路常用于：

（1）多级放大电路的输入级。共集电极放大电路有很高的输入电阻，可减少对输入信号源的影响。

（2）多级放大电路的输出级。共集电极放大电路输出电阻很小，可提供恒压源输出。

（3）多级放大电路的中间级（缓冲级）。利用共集电极放大电路的高输入电阻和低输出电阻，隔离前后级的影响（即前后级不匹配），可起到级间阻抗变换作用，有利于多级放大电路性能的改善。

【例 2-2】　电路如图 2-16(a)所示，已知 $\beta=120$，$R_{B}=300$ kΩ，$r'_{bb}=200$ Ω，$U_{BEQ}=0.7$ V，$R_{E}=R_{L}=R_{s}=1$ kΩ，$V_{CC}=12$ V。求：静态工作点 Q、A_{u}、R_{i}、R_{o}。

　　解　（1）求静态工作点 Q。

$$I_{BQ} = \frac{V_{CC}-U_{BE}}{R_{B}+(1+\beta)R_{E}} = \frac{12-0.7}{300+121\times1} \approx 27 \ (\mu A)$$

$$I_{EQ} \approx \beta I_{BQ} = 3.2 \ (mA)$$

$$U_{CEQ} = V_{CC}-I_{CQ}R_{E} = 12-3.2\times1 = 8.8 \ (V)$$

（2）求 A_{u}，R_{i}，R_{o}。

$$r_{be} = \frac{200+26}{0.027} \approx 1.18 \ (k\Omega)$$

$$R'_L = 1 / 1 = 0.5 \, (\text{k}\Omega)$$

$$A_u = \frac{(1+\beta)R'_L}{r_{be} + (1+\beta)R'_L} \approx 0.98$$

$$R_i = R_B /\!/ [r_{be} + (1+\beta)R'_L] = 300/(1.18+121\times0.5) = 51.2 \, (\text{k}\Omega)$$

$$R_o = R_E /\!/ \left(\frac{r_{be}+R'_s}{1+\beta}\right) \approx 18 \, (\Omega)$$

2.1.6　共基极放大电路

共基极放大电路

共基极放大电路的电路图如图 2-18(a)所示，图 2-18(b)和(c)分别为其直流通路和交流通路。

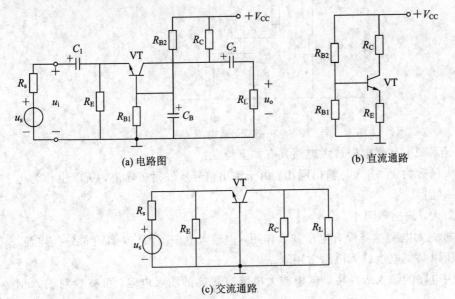

(a) 电路图　　　(b) 直流通路

(c) 交流通路

图 2-18　共基极放大电路

从交流通路看，晶体管的基极接地是交流地电位，输入信号 u_i 从发射极输入和输出信号 u_o 从集电极输出都以它为公共端，故称此电路为共基极放大电路。

从直流通路看，它和共发射极放大电路一样，也构成分压式电流负反馈偏置电路。静态工作点的计算方法与共发射极放大电路的相同。

对交流通路画出微变等效电路，如图 2-19 所示。

可得共基极放大电路的放大倍数、输入电阻和输出电阻为

$$\dot{A}_u = \frac{u_o}{u_i} = \frac{\beta R'_L i_b}{i_b r_{be}} = \frac{\beta(R_C /\!/ R_L)}{r_{be}} \tag{2-30}$$

$$R_i = R_E /\!/ \frac{r_{be}}{1+\beta} \tag{2-31}$$

$$R_o \approx R_C \tag{2-32}$$

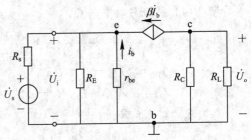

图 2-19　共基极放大电路微变等效电路

共基极放大电路具有以下特点：

(1) 电压放大倍数高，且输出电压与输入电压同相。

(2) 输入电阻小。

(3) 输出电阻大。

共基极放大电路由于有较好的频率特性，因此被广泛用于高频及宽带放大电路中。

三极管三种基本组态放大电路的特点归纳见表 2-3。

表 2-3　三极管三种基本组态放大电路的特点归纳

电路类型	放大倍数	输入输出相位关系	输入电阻	输出电阻	适用场合
共发射极	大	反相	小	大	低频放大
共集电极	小	同相	大	小	多级放大电路输入、中间级，功率放大电路输出级
共基极	大	同相	小	大	宽频带放大电路

2.1.7　场效应管放大电路

1. MOS 场效应管放大电路的三种组态

场效应管
放大电路

MOS 场效应管和三极管一样，也具有放大作用，因此在有些场合可以取代三极管组成放大电路。与三极管放大电路类似，MOS 场效应管放大电路也存在三种组态，即共源、共漏和共栅组态，分别对应于三极管放大电路的共射、共集和共基组态。

2. MOS 场效应管放大电路的偏置电路及静态分析

与三极管放大电路一样，MOS 场效应管放大电路也需要有合适的静态工作点，以保证管子工作在恒流区。不过由于 MOS 场效应管是电压控制型器件，栅极电流为零，因此只需要合适的栅极电压。下面以 N 沟道 MOS 场效应管为例，介绍两种常用的偏置电路。

1) 自偏压电路

典型的自偏压电路如图 2-20 所示。其中，场效应管的栅极通过电阻 R_G 接地，源极通过电阻 R_S 接地。这种偏置方式靠漏极电流 I_D 在源极电阻 R_S 上产生的电压 U_{GS}，故称为自偏压电路。静态工作时，耗尽型 MOS 场效应管无栅极电源也有漏极电流 I_D，当 I_D 流过源极电阻 R_S 时，在它两端产生电压降 $U_S = I_D R_S$。由于栅极电流 $I_G \approx 0$，栅极电阻 R_G 上的电压降 $U_G \approx 0$，因此有

$$U_{GS} = U_G - U_S = -I_D R_S \qquad (2-33)$$

电路中，大电容 C 对 R_S 起旁路作用，称为源极旁路电容。

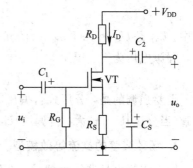

图 2-20　MOS 场效应管放大电路的
自偏压电路

需要指出的是，自偏压电路不适用于增强型场效应管放大电路，因为增强型场效应管栅

源电压 $U_{GS} = 0$ 时，漏极电流 $I_D = 0$，且 U_{GS} 先达到某个开启电压 $U_{GS(th)}$ 时才有漏极电流。

2) 分压式自偏压电路

虽然自偏压电路比较简单，但当工作点 U_{GS} 和 I_D 确定后，源极电阻 R_S 就基本被确定了，选择的范围很小。为了克服这一缺点，可采用图 2-21 所示的分压式自偏压电路，该电路是在自偏压电路的基础上加接栅极分压电阻 R_{G1}、R_{G2} 组成的。其中，漏极电源 V_{DD} 经 R_{G1}、R_{G2} 分压后通过栅极电阻 R_G 提供栅极电压 U_G（R_G 上电压降为 0）：

$$U_G = \frac{R_{G2} V_{DD}}{R_{G1} + R_{G2}} \tag{2-34}$$

而源极电压 $U_S = I_D R_S$，因此，静态时栅源电压为

$$U_{GS} = U_G - U_S = \frac{R_{G2} V_{DD}}{R_{G1} + R_{G2}} - I_D R_S \tag{2-35}$$

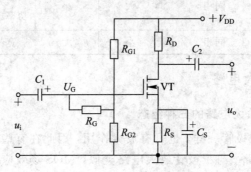

图 2-21　分压式自偏压电路

对于耗尽型场效应管，有

$$I_D = I_{DSS} \left(1 - \frac{U_{GS}}{U_{GS(off)}} \right)^2 \tag{2-36}$$

其中，I_{DSS} 为漏极饱和电流，即 $U_{GS} = 0$ 时的漏极电流。

对于增强型场效应管，有

$$I_D = I_{DO} \left(\frac{U_{GS}}{U_{GS(off)}} - 1 \right)^2 \tag{2-37}$$

其中，I_{DO} 是 $U_{GS} = 2U_{GS(th)}$ 时的漏极电流。

漏源电压为

$$U_{DS} = V_{DD} - I_D (R_D + R_S) \tag{2-38}$$

需要强调的是，分压式自偏压电路除适用于耗尽型场效应管外，也适用于增强型场效应管（当分压 $|U_G|$ 较大、自偏压 $|U_S|$ 较小时）。

3. 场效应管的交流等效模型

场效应管也是非线性器件，在输入信号电压很小的条件下，也可用小信号模型等效。与建立晶体管小信号模型相似，将场效应管也看成一个两端口网络，以结型场效应管为例，栅极与源极之间为输入端口，漏极与源极之间为输出端口。无论是哪种类型的场效应管，均可以认为栅极电流为零，输入端视为开路，栅-源极间只有电压存在。在输出端口，漏极电流 i_D 是 u_{GS} 和 u_{DS} 的函数，如图 2-22 所示。

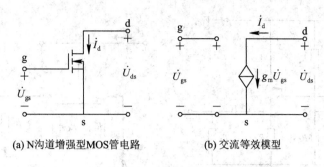

(a) N沟道增强型MOS管电路　　　　(b) 交流等效模型

图 2-22　场效应管交流等效模型

4. 共源放大电路的动态分析

应用微变等效电路法来分析计算场效应管放大电路的电压放大倍数和输入电阻、输出电阻,其步骤与分析三极管放大电路相同。共源放大电路及其微变等效电路如图 2-23 所示。

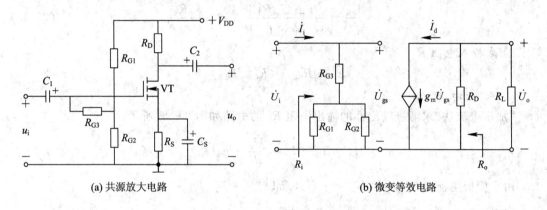

(a) 共源放大电路　　　　　　　　　(b) 微变等效电路

图 2-23　共源放大电路及其微变等效电路

1) 求电压放大倍数 A_u

$$\dot{U}_o = -\dot{I}_d(R_D /\!/ R_L) = -g_m\dot{U}_{gs}R'_L = -g_m\dot{U}_i R'_L$$

$$\dot{A}_u = \frac{\dot{U}_o}{\dot{U}_i} = -g_m R'_L \tag{2-39}$$

2) 求输入电阻 R_i

$$R_i = R_{G3} + (R_{G1} /\!/ R_{G2}) \tag{2-40}$$

通常,为了减小 R_{G1}、R_{G2} 对输入信号的分流作用,常选择 $R_{G3} \gg R_{G1} /\!/ R_{G2}$。

$$R_i \approx R_{G3} \tag{2-41}$$

3) 求输出电阻 R_o

$$R_o \approx R_D \tag{2-42}$$

5. 共漏放大电路的动态分析

图 2-24(a) 所示是由耗尽型 NMOS 管构成的共漏放大电路,由交流通路可见,漏极是输入、输出信号的公共端。由于信号从源极输出,故也称源极输出器。图 2-24(b) 是它的微变等效电路。

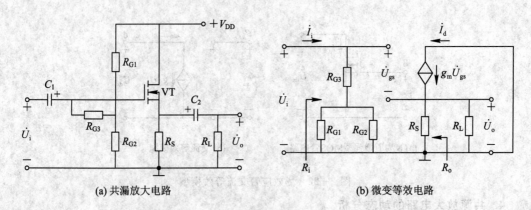

(a) 共漏放大电路　　　　　　　(b) 微变等效电路

图 2-24　共漏放大电路及其微变等效电路

1）求电压放大倍数 A_u

$$\dot{A}_u = \frac{\dot{U}_o}{\dot{U}_i} = \frac{g_m \dot{U}_{gs} R'_L}{\dot{U}_{gs} + g_m \dot{U}_{gs} R'_L} = \frac{g_m R'_L}{1 + g_m R'_L} \qquad (2-43)$$

2）求输入电阻 R_i

$$R_i = R_{G3} + (R_{G1} /\!/ R_{G2}) \qquad (2-44)$$

3）求输出电阻 R_o

"加压求流法"求源极输出器的输出电阻 R_o 的电路如图 2-25 所示。

$$\dot{I}_o = \dot{I}_R - \dot{I}_D = \frac{\dot{U}_o}{R_S} - g_m \dot{U}_{gs}$$

由于栅极电流 $\dot{I}_g = 0$，故 $\dot{U}_{gs} = -\dot{U}_o$，所以

$$\dot{I}_o = \frac{\dot{U}_o}{R_S} + g_m \dot{U}_o$$

则

$$R_o = \frac{\dot{U}_o}{\dot{I}_o} = \frac{\dot{U}_o}{\dfrac{\dot{U}_o}{R_S} + g_m \dot{U}_o} = \frac{1}{\dfrac{1}{R_S} + g_m} = R_S /\!/ \frac{1}{g_m} \qquad (2-45)$$

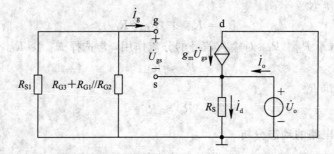

图 2-25　"加压求流法"求源极输出器的输出电阻 R_o 的电路

【仿真任务 2】　三组态放大电路的仿真测试

1. 目的

（1）掌握三组态放大电路静态工作点的测量方法。

（2）熟悉三组态放大电路动态工作特点及交流波形的测试。

（3）掌握三组态放大电路的动态参数对比关系。

2. 内容及要求

测试电路如图 2 - 26 至图 2 - 28 所示。

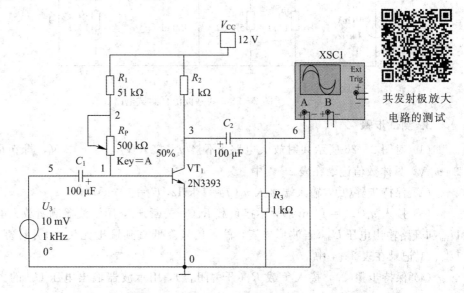

图 2 - 26　共射基本放大电路放大倍数的仿真测试电路

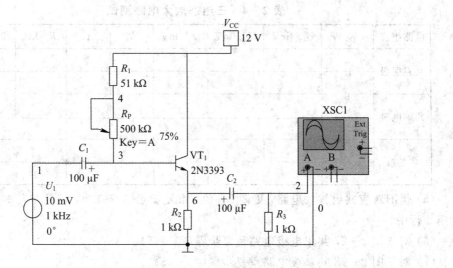

图 2 - 27　共集电极仿真测试电路

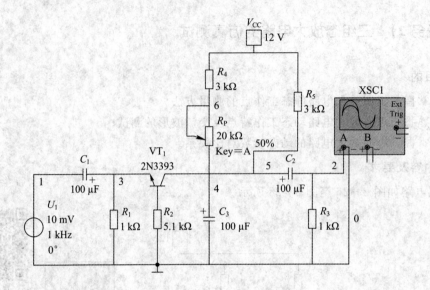

图 2-28　共基极仿真测试电路

3. 测试步骤

（1）对图 2-26 所示共射放大电路，不接 u_i，接入 $V_{CC}= +12\,V$，调节 R_P，使 $U_{CE}=$ 3～7 V，具体数值记录在表 2-4 中。

（2）保持步骤（1），输入端接入 u_i（$f_i=1\,kHz$，$U_i=10\,mV$）。

（3）接入 u_i（$U_{im}=10\,mV$），不接负载 R_3（开关断开），用示波器测量放大电路输入电压 U_{im} 和开路输出电压 U'_{om}（若波形失真，输入信号降低直到输出无失真）并计算 A'_u，将 U_{im}、U'_{om}、A'_u 记录在表 2-4 中。

（4）保持步骤（2），接入负载 R_3（开关闭合），用示波器输出电压 U_{om} 的大小，并计算 A_u，计算求出 R_o，将 U_{om}、A_u、R_o 以及输入和输出的相位关系记录在表 2-4 中。

表 2-4　三组态放大电路测试

电路组态	U_{CE}/V	U_{im}/mV	U_{om}/mV	U'_o/mV	A_u	A'_u	$R_o/k\Omega$	相位关系
共发射极								
共集电极								
共基极								

（5）仍旧对应共射放大电路，更改 U_{CE} 值，重复步骤（1）～（4），记录在表 2-4 共发射极的第 2 行中。

（6）对于图 2-27 共集电极电路重复步骤（2）～（5）。

（7）对于图 2-28 共基极电路重复步骤（2）～（5）。

（8）分别令共发射极、共集电极和共基极电路输入信号为 500 mV_{pp}，观测输出波形情况。

4. 问题

(1) 根据表 2 - 4,总结三个组态电路的输入、输出相位关系。

(2) 根据表 2 - 4,总结三个组态电路在静态工作点不同的情况下,动态参数有什么变化。

(3) 根据步骤(8)可得出什么结论?

【实训任务 4】 单管放大电路的测试

1. 目的

(1) 掌握共射放大电路静态工作点的测量方法。

(2) 熟悉共射放大电路动态工作特点及交流波形的测试。

(3) 掌握共射放大电路的静态工作点对放大电路动态参数的影响。

2. 仪器及元器件

直流稳压电源、万用表、信号发生器、示波器、单管放大电路电路板。

3. 内容及要求

利用常规仪器完成共射放大电路的测试,并回答问题。进一步掌握放大电路静态工作点和动态参数的基本运算。

4. 步骤

测试电路如图 2 - 29 所示。

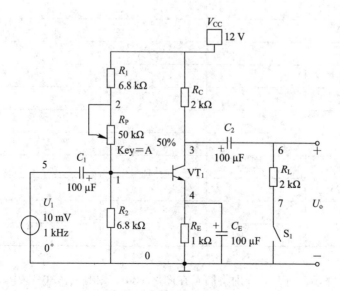

图 2 - 29 共射放大电路仿真电路

（1）电源电压调节为 12 V，连接到电路板上（交流信号不接通），确定无误后接通直流电源。

（2）调节 R_P 到最左端，测量各点电压值，并完成各静态工作点的计算，填入表 2-5 中。注意：若处于饱和区或截止区，可不计算 β，在此处标记是截止还是饱和。

（3）关闭直流稳压电源，调节信号发生器，使之输出峰值为 10 mV、频率为 1 kHz 的正弦波信号，关闭信号发生器的输出端。示波器接到 U_o 输出端，连接到单管放大电路。

（4）接通直流稳压电源、信号发生器和示波器。

（5）将开关放在断开位置，根据示波器测试结果，画输出端波形［画在图 2-30(a) 中］，记录输出电压并计算放大倍数。注意：若处于饱和区或截止区，可不计算放大倍数，在此处标记是截止失真还是饱和失真。

（6）将开关放在闭合位置，根据示波器测试结果，画输出端波形［画在图 2-30(b) 中］，记录输出电压并计算放大倍数。注意：若处于饱和区或截止区，可不计算放大倍数，在此处标记是截止失真还是饱和失真。

（7）关闭信号发生器和示波器。

（8）调节 R_P 使之调到最右端，测量各点电压值，并完成各静态工作点的计算，填入表 2-5。注意：若处于饱和区或截止区，可不计算 β，在此处标记是截止还是饱和。

表 2-5　共射电路测试值

R_P 位置	最　左	最　右	合适位置 1	合适位置 2
U_{CE}/V				
U_C/V				
U_B/V				
R_C 两端电压/V				
R_E 两端电压/V				
I_{EQ}/mA（计算值）				
$I_{BQ}/\mu A$（计算值）				
I_{CQ}/mA（计算值）				
β（计算值）				
U_{ipp}/mV				
U_{opp}/V（无负载）				
U_{opp}/V（有负载）				
A_u（无负载）				
A_u（有负载）				

（9）重复步骤（4）。

（10）重复步骤（5）～（6），分别将图画在图 2-30(c) 和图 2-30(d) 中。

（11）重复步骤（7）。

（12）调 R_P 为某值，使静态工作点合适（即 U_{CE} 为 $\dfrac{1}{2}V_{CC}$ 左右），测量各点电压值，并完成各静态工作点的计算,然后填入表 2-5。注意:若处于饱和区或截止区,可不计算 β,在此处标记是截止还是饱和。

(13) 重复步骤(4)。

(14) 重复步骤(5)～(6),分别将图画在图 2-30(e)和图 2-30(f)中。

(15) 重复步骤(7)。

(16) 调 R_{P} 为某值,使静态工作点合适(即 U_{CE} 为 3 V 左右),测量各点电压值,并完成各静态工作点的计算,然后填入表 2-5。注意:若处于饱和区或截止区,可不计算 β,在此处标记是截止还是饱和。

(17) 重复步骤(4)。

(18) 重复步骤(5)～(6),分别将图画在图 2-30(g)和图 2-30(h)中。

(19) 计算输出电阻值。

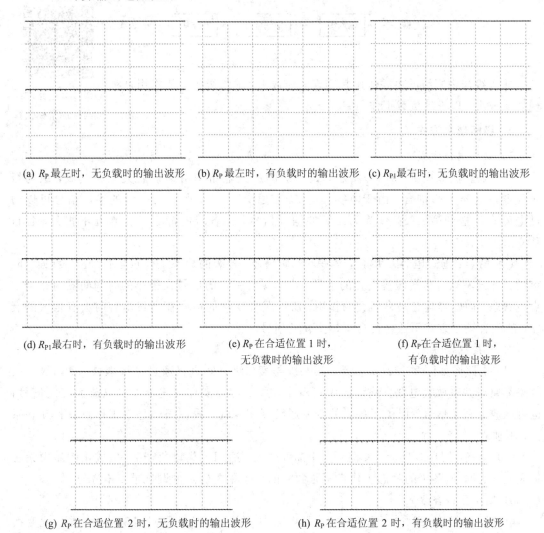

(a) R_{P} 最左时,无负载时的输出波形　(b) R_{P} 最左时,有负载时的输出波形　(c) R_{P1} 最右时,无负载时的输出波形

(d) R_{P1} 最右时,有负载时的输出波形　(e) R_{P} 在合适位置 1 时,无负载时的输出波形　(f) R_{P} 在合适位置 1 时,有负载时的输出波形

(g) R_{P} 在合适位置 2 时,无负载时的输出波形　　　(h) R_{P} 在合适位置 2 时,有负载时的输出波形

图 2-30　输出波形图

5. 问题

（1）根据测试数据，放大电路是否放大与什么参数有关？

（2）对比有负载和无负载两种情况，放大倍数是否相同？试用公式解答。

2.2　多级放大电路

2.2.1　级间耦合方式及特点

1. 多级放大电路的组成

多级放大电路由输入级、中间级和输出级组成，其方框图如图 2-31 所示。

图 2-31　多级放大电路方框图

多级放大电路的组成与性能指标估算

输入级与中间级的主要作用是实现电压放大，输出级的主要作用是实现功率放大，以推动负载工作。

2. 级间耦合方式

1）阻容耦合方式

（1）电路图如图 2-32(a)所示，每一级的放大电路均由共射放大电路组成，级与级之间通过电容 C 来耦合。由于电容具有"隔直通交"作用，所以第一级的输出信号可以通过电容 C 传送到第二级，作为第二级的输入信号，但各级的静态工作点互不相关，各自独立。

（2）特点：通过电容 C 耦合，体积小、质量轻，各级的静态工作点各自独立。注意：阻容耦合方式不适合传送缓慢变化的信号。由于缓慢变化的信号在很小的时间间隔内相当于直流状态，而电容具有隔直通交的作用，所以缓慢变化的信号在通过电容时会有很大的衰减，故阻容耦合方式不适合传送缓慢变化的信号。

2）直接耦合方式

（1）电路图如图 2-32(b)所示，第一级与第二级之间直接通过导线耦合，且两级放大电路都属于共射放大电路。从该图中可看出，采用直接耦合方式不仅可以放大交流信号，也可以放大直流信号，但由于各级的直流通路互相沟通，故各级的静态工作点是相互联系的，不独立。

（2）特点：用导线耦合，交流、直流都可放大，适用于集成化产品（集成化产品中无法集成大电容），但各级的静态工作点不是独立的，这将给 Q 点的调试带来不方便。

3）变压器耦合方式

电路图如图 2-32(c)所示，在放大器电路中常利用音频变压器实现阻抗匹配。此变换是针对交流信号而言的。缺点：体积大、质量大、价格高，且不能传送缓慢变化的信号或直流信号。

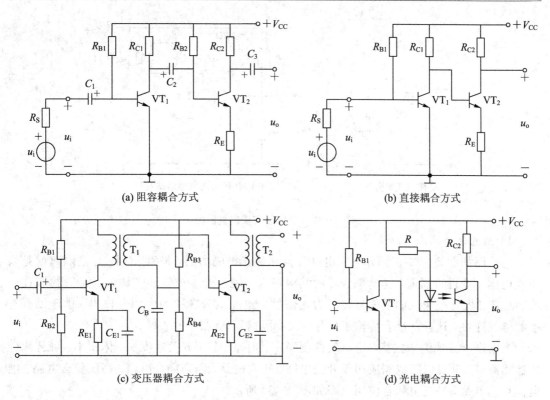

(a) 阻容耦合方式　　　　　　　　　　(b) 直接耦合方式

(c) 变压器耦合方式　　　　　　　　　　(d) 光电耦合方式

图 2 - 32　级间耦合方式

什么是阻抗匹配呢？图 2 - 33(a)所示的阻抗匹配模型中，U_S 为有源电路(如放大器)的输出电压，Z_S 为有源电阻的输出阻抗，I 为输出电流。

Z_L 为负载的阻抗，则负载消耗功率 P_L 为

$$P_L = I^2 Z_L$$

可以推出有源电路输出阻抗与负载阻抗之间的关系为

$$Z_S = Z_L$$

而现实中，常常会出现阻抗不匹配的情况，这是因为电路的输出阻抗受电路设计和所选用元器件的影响，往往无法精确控制，而负载阻抗也不是总能匹配上输出阻抗。为了解决这个问题，常常利用变压器来作为"纽带"，把两边原本不匹配的阻抗给匹配上。

图 2 - 33(b)所示是一个放大器电路，假设它的输出阻抗 Z_S 为 2 kΩ，而负载(扬声器)的阻抗 Z_L 为 4 Ω，如果直接把扬声器接到放大器的输出 U_{out} 上显然阻抗不匹配，于是通过一个音频变压器 VT 实现阻抗匹配。将 VT 初级接电路的输出 U_{out}，次级接负载(扬声器)，调整音频变压器初级、次级线圈的匝数比，则阻抗匹配。

$$\frac{n_1}{n_2} = \sqrt{\frac{Z_S}{Z_L}}$$

其中，n_1、n_2 分别为音频变压器的初级、次级线圈匝数。图 2 - 33(b)所示放大器中，$Z_S =$ 2 kΩ，$Z_L = 4$ Ω，代入上式可得 $n_1/n_2 = 22/1$，即定制一个匝数比为 22∶1 的音频变压器即可实现电路的阻抗匹配。

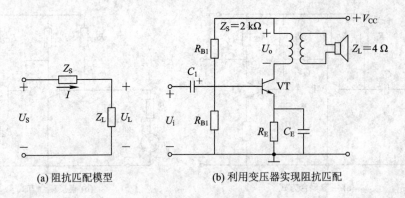

(a) 阻抗匹配模型　　　　　　　(b) 利用变压器实现阻抗匹配

图 2-33　变压器实现阻抗匹配

4）光电耦合方式

电路图如图 2-32(d)所示，光电耦合器亦称光电隔离器，简称光耦。光耦隔离就是采用光电耦合器进行隔离，光电耦合器的结构相当于把发光二极管和光敏（三极）管封装在一起。发光二极管把输入的电信号转换为光信号传给光敏管转换为电信号输出，由于没有直接的电气连接，这样既耦合传输了信号，又有隔离干扰的作用。

光电耦合方式结构独特，可有效抑制噪声、消除干扰，开关速度快、体积小、可替代变压器隔离等，并可以组成和应用于开关电路、逻辑电路、隔离耦合电路、高压稳压电路、继电器替代电路等。光电耦合应用电路如图 2-34 所示。

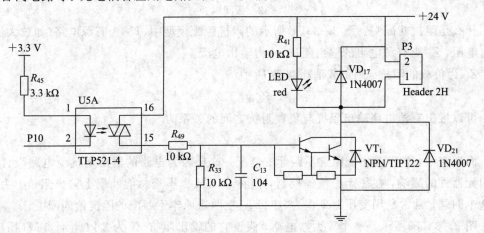

图 2-34　光电耦合应用电路

2.2.2　多级放大电路的分析

对图 2-32(a)所示的两级阻容耦合放大电路，在分析第一级时，要考虑到后级的输入电阻是前级的负载电阻；在分析第二级时，要考虑到前级的输出电阻是后级的信号源内阻。

1. 放大电路的输入电阻和输出电阻

以图 2-32(a)所示电路为例。

输入电阻为第一级的输入电阻，即

$$R_i = R_{i1} = R_{B1} /\!/ r_{be1} \tag{2-46}$$

输出电阻为最后一级的输出电阻，即

$$R_o = R_{o2} = R_{C2} \tag{2-47}$$

2. 放大倍数

在两级放大电路中，前一级的输出电压是后一级的输入电压，即 $\dot{U}_{o1} = \dot{U}_{i2}$，因此两级放大器的电压放大倍数为

$$\dot{A}_u = \frac{\dot{U}_o}{\dot{U}_i} = \frac{\dot{U}_{o1}}{\dot{U}_i} \times \frac{\dot{U}_o}{\dot{U}_{i2}} = \dot{A}_{u1} \dot{A}_{u2}$$

即两级放大电路的电压放大倍数等于第一、二级电压放大倍数的乘积。因此，n 级放大电路的电压放大倍数为

$$\dot{A}_u = \dot{A}_{u1} \dot{A}_{u2} \cdots \dot{A}_{un} \tag{2-48}$$

注意：在计算各级的电压放大倍数时，要考虑到后级对前级的影响，即后级的输入电阻是前级的负载电阻，因此，两级放大电路的电压放大倍数为

$$\dot{A}_u = \dot{A}_{u1} \dot{A}_{u2} = -\frac{\beta_1 (R_{C1} /\!/ R_{i2})}{r_{be1}} \times \left[-\frac{\beta_2 (R_{C2} /\!/ R_L)}{r_{be2}} \right]$$

为了计算和使用方便，可将多级放大电路的乘、除关系转化为对数的加减关系，即用分贝表示：$A_u(\text{dB}) = 20\lg \left| \dfrac{U_o}{U_i} \right| (\text{dB})$。当输出量大于输入量时，分贝取正值；当输出量小于输入量时，分贝取负值；当输出量等于输入量时，分贝为零。

【例 2-3】 两级阻容耦合放大电路如图 2-35 所示，设三极管 VT_1、VT_2 的参数相同，$\beta = 100$，$r_{be} = 1 \text{ k}\Omega$，电容值足够大，信号源电压有效值 $U_s = 10 \text{ mV}$，试求输出电压有效值 U_o。

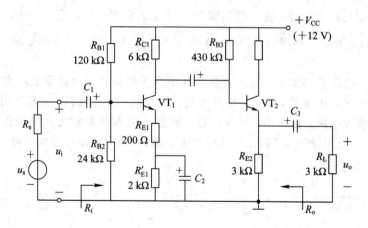

图 2-35 例 2-3 电路图

解 先求两级放大电路的源电压增益。

$$R_{i2} = R_{B3} /\!/ [r_{be} + (1+\beta)R'_L] = 430 \text{ k}\Omega /\!/ (1 \text{ k}\Omega + 101 \times 1.5 \text{ k}\Omega) \approx 113 \text{ k}\Omega$$

$$A_{u1} = \frac{-\beta(R_{C1} /\!/ R_{i2})}{r_{be} + (1+\beta)R_{E1}} = \frac{-100 \times (6/\!/113) \text{ k}\Omega}{(1 + 101 \times 0.2) \text{ k}\Omega} \approx -26.9$$

$$A_{u2} \approx 1$$
$$A_u = A_{u1} A_{u2} = -26.9$$

又

$$R_i = R_{B1} /\!/ R_{B2} /\!/ [r_{be} + (1+\beta)R_{E1}] = 120/\!/24/\!/(1+101\times0.2) \approx 10.3\ \text{k}\Omega$$

故两级放大电路的源电压增益为

$$A_{us} = \frac{R_i}{R_s + R_i} A_u = \frac{10.3}{2+10.3} \times (-26.9) \approx -22.5$$

两级放大电路的输出电压有效值为

$$U_o = |A_{us}| U_s = 22.5 \times 10\ \text{mV} = 225\ \text{mV}$$

2.3　负反馈放大器

在许多实际的工程领域中，存在着各种类型的反馈。例如，动力系统、电力系统、计算机系统、通信系统以及各种各样的控制系统都要依赖反馈控制手段来使得系统正常运行并保持系统的稳定。反馈有正负之分，前面介绍的静态工作点稳定电路(分压偏置电路)就应用了负反馈技术。负反馈不仅能够稳定静态工作点，还可提高增益的稳定性、减小非线性失真、扩展频带以及改变输入和输出电阻等，而正反馈常用于振荡电路中。

2.3.1　反馈的概念

把系统输出回路电量(电压或电流)的一部分或全部经过一定的电路形式(反馈网络)回送到输入端，与原来的输入量共同控制该系统，这种连接方式称为反馈。

反馈放大电路的一般框图如图 2-36 所示。它由基本放大电路 $\dot{A}$ 和反馈网络 $\dot{F}$ 组成，前者的主要功能是放大信号，后者的主要功能是反馈信号。$\dot{X}_i$、$\dot{X}_o$、$\dot{X}_f$、$\dot{X}_i'$ 分别为输入信号、输出信号、反馈信号和净输入信号；$\dot{X}$ 可以表示电压，也可以表示电流；符号 $\sum$ 表示信号相叠加。

在判断放大电路的类型前，首先要判断其中有无反馈，主要是看放大电路中有无连接输入回路与输出回路的支路，如有，则存在反馈，否则不存在反馈。通常把引入反馈的放大电路称为反馈放大电路，也叫闭环放大电路，而把未引入反馈的放大电路称为开环放大电路。图 2-37 所示的电路中，图(a)为开环放大电路，图(b)为闭环放大电路。

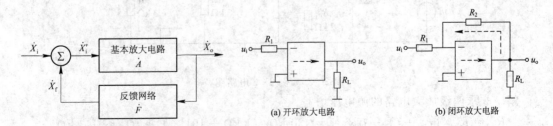

图 2-36　反馈放大电路的一般框图　　　　　　图 2-37　有无反馈的判断

2.3.2 反馈的分类与判别

1. 反馈的性质及其判别

1）正反馈和负反馈

反馈放大器的输出信号被回送到输入端与原输入信号共同控制放大器，必然使放大器的输出信号受到影响，根据反馈影响（即反馈性质）的不同，它可分为正反馈和负反馈两类。正反馈使净输入信号增大，放大倍数增大；负反馈使净输入信号减小，放大倍数减小。

反馈类型的判断
——正负反馈

判别反馈的性质可采用瞬时极性法，步骤如下：

（1）将反馈支路与放大电路输入的连接断开，先假定输入信号对地瞬时极性为正，即瞬时电位升高，在图中用（＋）表示，反之，瞬时电位降低，用（－）表示。

（2）按照信号先放大后反馈的传输途径，根据放大器在中频区有关电压的相位关系，判断各级放大器的输入信号与输出信号的瞬间电位是升高还是降低，即极性是"（＋）"还是"（－）"，最后推出反馈信号的瞬时极性。

（3）将反馈连上，在输入回路比较反馈信号和输入信号的瞬时极性，从而判断反馈信号是加强还是削弱输入信号。若为加强（即净输入信号增大），则为正反馈；若为削弱（即净输入信号减小），则为负反馈。

【例 2-4】 试判断图 2-38 所示电路的反馈极性。

解 设图 2-38(a)所示电路中 u_i 的瞬时极性为（＋），则 VT_1 基极电位 u_{B1} 的瞬时极性也为（＋），经 VT_1 的反相放大，u_{C1}（即 u_{B2}）的瞬时极性为（－），再经 VT_2 的同相放大，u_{E2} 的瞬时极性为（－），该电压经电阻 R_f 反馈到输入端，使原输入信号削弱，因此是负反馈。

图 2-38(b)所示电路中，u_i 经两级放大后通过电阻 R_f 反馈到 VT_1 基极的瞬时极性为（－），使原输入信号加强，因此是正反馈。

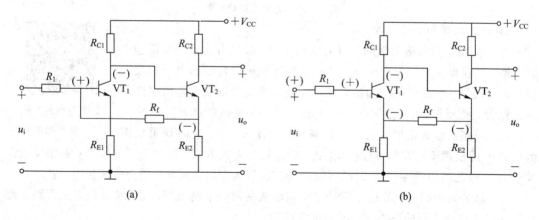

图 2-38 用瞬时极性法判断反馈类型

通过上面例题的判定，结合瞬时极性法，可以总结出判别反馈极性的方法：

（1）若反馈信号和输入信号接在同一端点，极性相反为负反馈，极性相同为正反馈。若反馈信号和输入信号接在不同端点，极性相同为负反馈，极性相反为正反馈。

（2）单个集成运放判别极性时，若反馈信号接回到同相输入端，则为正反馈；若反馈信号接回到反相输入端，则为负反馈。

2）直流反馈和交流反馈

反馈电路中，如果反馈到输入端的信号是直流量，则为直流反馈；如果反馈到输入端的信号是交流量，则为交流反馈。直流反馈可以改善放大器的静态工作点的稳定性，交流反馈可以改善放大器的交流特性。当然，实际放大器中可以同时存在直流反馈和交流反馈。下面的讨论主要以交流反馈为主。

反馈类型的判断
——直流和交流

图 2-39 所示电路中，R_1、R_3 和 R_6 分别构成第一级和第二级放大电路的本级反馈，R_5 和 C_2、R_7 分别构成级间反馈。从包含的交、直流成分来看，R_1、R_5 构成交直流反馈；由于 C_3、C_4 交流短路，因此 R_3、R_6 构成直流反馈；由于 C_2 端取出的电压为纯交流信号，所以 C_2、R_7 构成交流反馈。

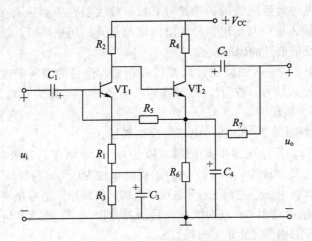

图 2-39　交直流反馈判断

3）电压反馈和电流反馈

按照反馈信号从输出端的采样对象的不同，反馈分为电压反馈和电流反馈。若反馈信号与输出电压成正比，即反馈量取自输出电压的反馈称为电压反馈；反馈信号与输出电流成正比，即反馈量取自输出电流的反馈称为电流反馈（可参照图 2-38 和图 2-39）。具体判别方法如下：

反馈类型的判断
——电压和电流

（1）短路法是假定把放大器的负载短路，使 $u_o = 0$，这时如果反馈信号为 0（即反馈不存在），则说明输出端的连接为并联方式，反馈为电压反馈；如果反馈信号不为 0（即反馈仍然存在），则说明输出端的连接为串联方式，反馈为电流反馈。

（2）除公共地线外，若输出信号与反馈端接在同一个输出端，则为电压反馈；若输出信号与反馈端接在不同的输出端，则为电流反馈。

【例 2-5】　试判断图 2-39 所示电路是电压反馈还是电流反馈。

解　R_7 组成反馈的判断：将输出端短路，可见输出端接地，R_7 接地，则反馈不存在，即 R_7 引出的反馈为电压反馈；另外，根据 R_7 反馈端与输出信号在同一端，也可判别为电压反馈。

R_5 组成反馈的判断：将输出端短路，反馈信号仍然存在，故为电流反馈；另外，根据

R_5 的反馈端与输出信号在不同端，也可判别为电流反馈。

4）串联反馈和并联反馈

按照反馈信号与输入信号在放大电路输入端的连接方式的不同，反馈可分为串联反馈和并联反馈。对于串联反馈来说，反馈对输入信号的影响可通过电压求和形式（相加或相减）反映出来（称为电压比较）。对于并联反馈来说，反馈对输入信号的影响可通过电流求和形式（相加或相减）反映出来。具体判别方法如下：

反馈类型的判断——串联和并联

（1）短路法是假定把放大器的输入端短路，使 $u_i = 0$，这时如果反馈信号为 0（即反馈不存在），则说明输入端的连接为并联方式，反馈为并联反馈；如果反馈信号不为 0（即反馈仍然存在），则说明输入端的连接为串联方式，反馈为串联反馈。

（2）若输入信号和反馈信号接在不同的输入端，则为串联反馈。若输入信号和反馈信号接在同一个输入端，则为并联反馈。

【例 2-6】 试判断图 2-39 所示电路是串联反馈还是并联反馈。

解　R_7 组成反馈的判断：将输入端短路，输入端接地，R_7 反馈仍存在，即 R_7 引出的反馈为串联反馈；另外，根据反馈信号与输入信号不在同一端，可判别为串联反馈。

R_5 组成反馈的判断：将输入端短路，R_5 接地，反馈信号不存在，故为并联反馈；另外，根据反馈信号与输入信号在同一端，可判别为并联反馈。

2. 负反馈放大器的组态

由于反馈放大器在输出端和输入端均有两种不同的反馈方式，因此负反馈放大器的组态可以有 4 种可能，即电压并联负反馈、电压串联负反馈、电流并联负反馈和电流串联负反馈。

1）电压并联负反馈

电压并联负反馈放大器的结构框图如图 2-40 所示。对于电压并联负反馈放大器来说，反馈的结果是输出电压趋于稳定。

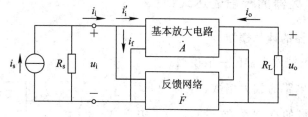

图 2-40　电压并联负反馈放大器的结构框图

2）电压串联负反馈

电压串联负反馈放大器的结构框图如图 2-41 所示。对于电压串联负反馈放大器来说，反馈的结果是输出电压趋于稳定。

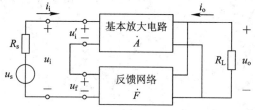

图 2-41　电压串联负反馈放大器的结构框图

3）电流并联负反馈

电流并联负反馈放大器的结构框图如图 2-42 所示。对于电流并联负反馈放大器来说，反馈的结果是输出电流趋于稳定。

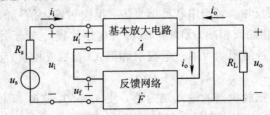

图 2-42　电流并联负反馈放大器的结构框图

4）电流串联负反馈

电流串联负反馈放大器的结构框图如图 2-43 所示。电流串联负反馈放大器也具有稳定输出电流的特点。

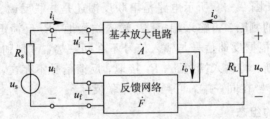

图 2-43　电流串联负反馈放大器的结构框图

通过以上分析可知，只要是电压负反馈就可以稳定输出电压，只要是电流负反馈就可以稳定输出电流，即负反馈具有稳定被取样的输出量的作用。至于输入端的反馈方式，则决定了信号源所应具备的性质（电压源或电流源）。

2.3.3　负反馈放大器的一般表达式

1. 负反馈放大器的计算模型

图 2-44 为负反馈放大器的一般模型。

$\dot{A}$ 为开环放大电路的放大倍数，也称为开环增益。$\dot{F}$ 为反馈网络的反馈系数。图 2-44 中，"Σ"的作用是对输入信号 $\dot{X}_i$ 和反馈信号 $\dot{X}_f$ 进行叠加，根据两个输入端的"＋""－"号（已假定），净输入信号为

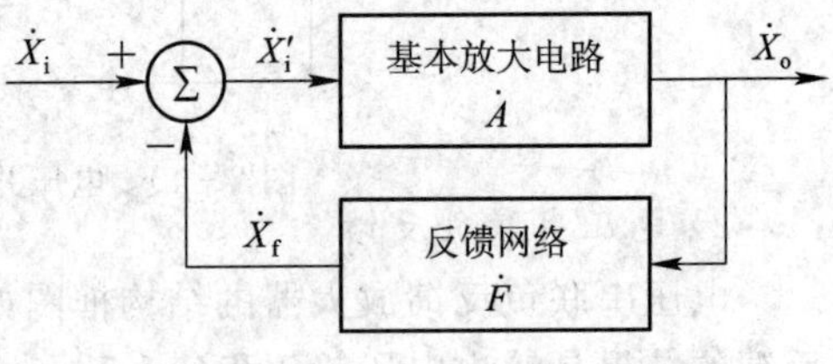

图 2-44　负反馈放大器的一般模型

$$\dot{X}'_i = \dot{X}_i - \dot{X}_f$$

开环增益为

$$\dot{A} = \frac{\dot{X}_o}{\dot{X}'_i} \qquad\qquad (2-49)$$

反馈系数为

$$\dot{F}=\frac{\dot{X}_\text{f}}{\dot{X}_\text{o}} \tag{2-50}$$

$$\dot{X}_\text{o}=\dot{A}\dot{X}_\text{i}'=\dot{A}(\dot{X}_\text{i}-\dot{X}_\text{f})=\dot{A}(\dot{X}_\text{i}-\dot{F}\dot{X}_\text{o})$$

$$\dot{X}_\text{o}+\dot{A}\dot{F}\dot{X}_\text{o}=\dot{A}\dot{X}_\text{i}$$

因此，闭环放大倍数 $\dot{A}_\text{f}$ 为

$$\dot{A}_\text{f}=\frac{\dot{X}_\text{o}}{\dot{X}_\text{i}}=\frac{\dot{A}}{1+\dot{A}\dot{F}} \tag{2-51}$$

在中频段，$\dot{A}_\text{f}$、$\dot{A}$ 和 $\dot{F}$ 均为实数，因此上式可变为

$$A_\text{f}=\frac{A}{1+AF} \tag{2-52}$$

式(2-51)表明，引入负反馈后，放大器的闭环放大倍数为开环放大倍数的 $1/(1+\dot{A}\dot{F})$ 倍。显然，引入负反馈前后的放大倍数变化与 $(1+\dot{A}\dot{F})$ 密切相关，因此 $|1+\dot{A}\dot{F}|$ 是衡量反馈程度的一个很重要的量，称为反馈深度。

由式(2-52)可知：

(1) 若 $|1+\dot{A}\dot{F}|>1$，则 $|\dot{A}_\text{f}|<|\dot{A}|$，即放大器引入反馈后放大倍数减小，说明电路引入的是负反馈。

(2) 若 $|1+\dot{A}\dot{F}|<1$，则 $|\dot{A}_\text{f}|>|\dot{A}|$，即放大器引入反馈后放大倍数增大，说明电路引入的是正反馈。

(3) 若 $|1+\dot{A}\dot{F}|=0$，则 $|\dot{A}_\text{f}|\to\infty$，此时因 $\dot{A}\dot{F}=-1$，则 $\dot{A}_\text{f}=\dot{A}\dot{F}\dot{X}_\text{i}'=-\dot{X}_\text{i}'$，即 $\dot{X}_\text{i}=\dot{X}_\text{i}'+\dot{X}_\text{f}=0$，表明放大器虽然没有输入信号，也有信号输出，这种现象称为自激振荡。

(4) 若 $|1+\dot{A}\dot{F}|\gg1$，则可得

$$\dot{A}_\text{f}\approx\frac{1}{\dot{F}} \tag{2-53}$$

满足 $|1+\dot{A}\dot{F}|\gg1$ 条件的负反馈，称为"深度负反馈"。式(2-53)表明，在深度负反馈条件下，闭环放大倍数只取决于反馈系数，而与基本放大器几乎无关。

2. 深度负反馈放大器的近似计算

在实际运用中，负反馈放大器往往满足深度负反馈的条件，同时引入深度负反馈也是改善放大器性能所必需的，因此这里只讨论深度负反馈放大器的计算。

在深度负反馈情况下，放大器闭环增益近似为

$$\dot{A}_\text{f}\approx\frac{1}{\dot{F}}$$

由上式可知，在深度负反馈条件下，$\dot{A}_\text{f}$ 与 $\dot{A}$ 无关，仅与 $\dot{F}$ 有关，因此，只要求出 $\dot{F}$ 就可得到 $\dot{A}_\text{f}$。显然求 $\dot{A}$ 的过程比较复杂，但求 $\dot{F}$ 则简单得多。

"虚短"与"虚断"的概念：如图 2-44 所示，由于深度负反馈时 $|1+\dot{A}\dot{F}|\gg1$，即可以

认为 $|\dot{A}\dot{F}| \gg 1$，而 $\dot{X}_f = \dot{A}\dot{F}\dot{X}'_i \geqslant \dot{X}'_i$，$\dot{X}_i = \dot{X}'_i + \dot{X}_f \geqslant \dot{X}_f$，因此有

$$\dot{X}'_i = \dot{X}_i - \dot{X}_f \approx 0 \qquad (2-54)$$

式(2-54)表明，深度负反馈情况下放大器实际净输入信号 $\dot{X}'_i$ 近似为 0。工程估算时，常把深度负反馈放大电路理想化，即认为净输入电压或净输入电流近似为 0，同时与净输入电压相对应的输入电流和与净输入电流相对应的输入电压也近似为 0，即不管是串联反馈还是并联反馈，基本放大器的实际输入电压和电流均可认为近似等于 0。因此，从电压的角度来看，由于基本放大器的输入电压近似为 0，即近似为短路，这种情况称为"虚短"（并非真正短路）；而从电流的角度来看，由于基本放大器的输入电流近似为 0，即近似为开路，这种情况称为"虚断"（并非真正开路）。

利用"虚短"和"虚断"的概念可以很方便地估算深度负反馈放大器的性能。

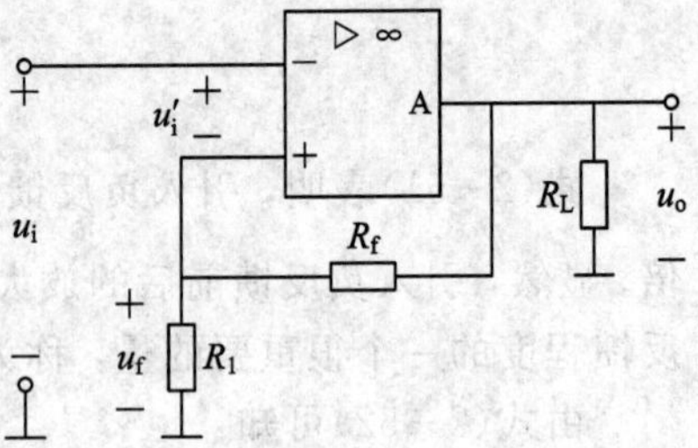

【例 2-7】 图 2-45 所示为电压串联负反馈放大器，假定满足深度负反馈的条件。

解 利用"虚短"的概念，可令 $u'_i = 0$，即将基本放大器输入端（两端）短路，则有

$$u_i = u_f$$

图 2-45 电压串联负反馈放大器

利用"虚断"的概念，可令 $i_i = 0$，即将基本放大器的输入端开路，则有

$$u_f = \frac{R_1 u_o}{R_1 + R_f}$$

因此

$$A_{uf} = \frac{u_o}{u_i} = \frac{u_o}{u_f} = 1 + \frac{R_f}{R_1}$$

【例 2-8】 图 2-46 所示为电压并联负反馈放大器，假定满足深度负反馈的条件。

解 利用"虚短"的概念，可令 $u'_i = 0$，即将基本放大器输入端（两端）短路，此时相当于基本放大器输入端接地，这种情况称为"虚地"（并非真正接地）。容易得到

$$i_i = \frac{u_i}{R_1}$$

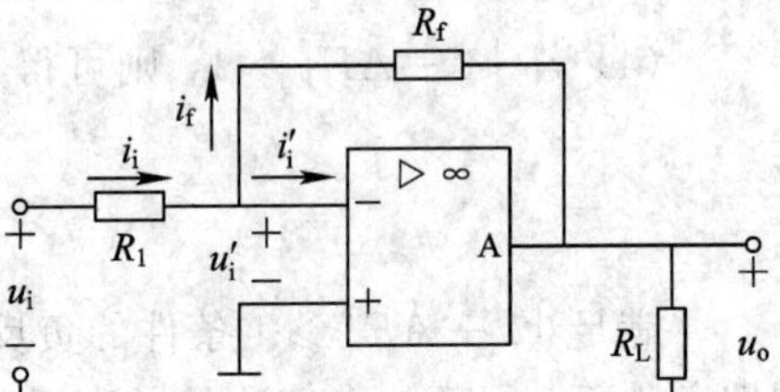

图 2-46 电压并联负反馈放大器

利用"虚断"的概念，可令 $i'_i = 0$，即将基本放大器的输入端开路，则有

$$i_f = i_i$$

利用"虚地"的概念，即 $u'_i = 0$，有

$$u_o = -i_f R_f = -i_i R_f = -\frac{R_f u_i}{R_1}$$

$$A_{uf} = \frac{u_o}{u_i} = -\frac{R_f}{R_1}$$

需要说明的是，由反馈理论可知，对于并联型反馈电路，其信号源适宜用电流源，但由于常用的信号源大多为电压源，因此该电路在电压源支路中串接一个较大的电阻 R_1 来间接

获得电流源的效果。

2.3.4　负反馈对放大器性能的影响

　　放大器引入负反馈后，放大倍数有所减小，但其他性能却可以得到改善，例如，能提高增益稳定性、扩展通频带、减小非线性失真、改变输入电阻和输出电阻。

负反馈对放大
电路的影响(1)

1. 减小放大倍数

　　根据前述，负反馈放大电路放大倍数为 $\dot{A}_f = \dfrac{\dot{A}}{1+\dot{A}\dot{F}}$。负反馈时，$|1+\dot{A}\dot{F}|$ 总是大于 1，所以引入负反馈后，放大倍数减小为原来的 $\dfrac{1}{1+\dot{A}\dot{F}}$。

2. 提高增益稳定性

　　由于受负载和环境温度的变化、电源电压的波动和元器件老化等因素影响，放大电路放大倍数会发生变化。

　　当放大电路引入深度负反馈时，$\dot{A}_f = 1/\dot{F}$，$\dot{A}_f$ 几乎仅取决于反馈网络，而反馈网络通常由电阻、电容组成，因而可获得很好的稳定性。

3. 扩展通频带

　　中频段放大器开环增益 $|\dot{A}_o|$ 比较高，但开环时的通频带 $f_{bw} = f_H - f_L$ 相对较窄，而引入负反馈后，中频段放大器闭环增益 $|\dot{A}_{of}|$ 比较低，但闭环时的通频带 $f_{bwf} = f_{Hf} - f_{Lf}$ 则相对较宽，这是因为负反馈能稳定放大倍数，在开环增益相对下降 3 dB(0.7 倍)的频率点上，闭环增益的相对下降值小于 3 dB(这就是负反馈提高放大器增益稳定性的结果)，即扩展了通频带，如图 2-47 所示。

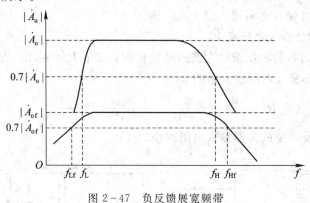

图 2-47　负反馈展宽频带

4. 减小非线性失真

　　三极管的非线性特性总会使放大器在输出端产生一定的非线性失真。如图 2-48(a)所示，设输入信号为正弦信号，且基本放大器的非线性放大使输出电压波形产生正半周幅度大于负半周的失真。参见图 2-48(b)，引入电压负反馈后，反馈信号电压正比于输出电压，因此，u_f 也存在相同方向的失真，而电压比较的结果使基本放大器的净输入电压 $u'_i(u_i - u_f)$ 产生相反方向的波形失真，即负半周幅度大于正半周（称为预失真），这一信号再经基本放大器放大，则减小了输出信号的非线性失真。

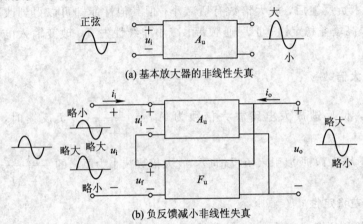

(a) 基本放大器的非线性失真

(b) 负反馈减小非线性失真

图 2-48　负反馈减小非线性失真示意图

5. 改变输入电阻和输出电阻

负反馈对放大电路的影响(2)

负反馈对放大电路输入电阻的影响主要取决于串联、并联负反馈，对输出电阻的影响主要取决于电压、电流负反馈。

1) 串联负反馈使输入电阻增大

图 2-49 所示为串联负反馈放大器的结构框图，其中 $R_i = u'_i/i_i$，为开环时基本放大器的输入电阻。

该闭环放大器的输入电阻为

$$R_{if} = \frac{u_i}{i_i} = \frac{u'_i + u_f}{i_i} = \frac{u'_i + AFu'_i}{i_i} = (1 + AF)R_i \qquad (2-55)$$

显然串联负反馈输入电阻增大 $(1+AF)$ 倍。

2) 并联负反馈使输入电阻减小

图 2-50 所示为并联负反馈放大器的结构框图，其中 $R_i = u_i/i_i$，为开环时基本放大器的输入电阻，而闭环放大器的输入电阻为

$$R_{if} = \frac{u_i}{i_i} = \frac{u_i}{i'_i + i_f} = \frac{u_i}{i'_i + AFi'_i} = \frac{R_i}{1 + AF} \qquad (2-56)$$

显然，并联负反馈使放大器输入电阻减小。

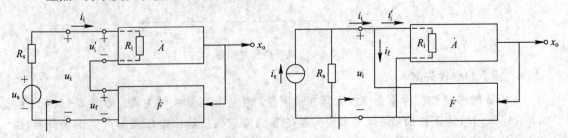

图 2-49　串联负反馈放大器的结构框图　　　图 2-50　并联负反馈放大器的结构框图

3）电压负反馈使输出电阻减小

电压负反馈使放大器输出电阻减小，这是由于在输出端反馈网络与基本放大器相并联，且电压负反馈具有稳定输出电压的作用，而电压的稳定相当于内阻（输出电阻）减小了。

设基本放大器的输出电阻为 R_o，可以证明，电压负反馈放大器的输出电阻为

$$R_{of} = \frac{R_o}{1 + AF} \tag{2-57}$$

4）电流负反馈使输出电阻增大

电流负反馈使放大器输出电阻增大，这是由于在输出端反馈网络与基本放大器相串联，且电流负反馈具有稳定输出电流的作用，而电流的稳定相当于内阻（输出电阻）增大了。

设基本放大器的输出电阻为 R_o，可以证明，电流负反馈放大器的输出电阻为

$$R_{of} = (1 + AF)R_o \tag{2-58}$$

2.3.5　负反馈放大电路的稳定与引入负反馈的一般原则

引入负反馈改善了放大器的性能，且仅从理论结果来看，反馈深度越大，改善的效果越显著，放大器的性能越优异。不过，这一结论仅在一定条件下才成立，如果反馈太深，则容易引起放大器的自激振荡，使放大器不能正常放大，反而恶化了放大器的性能。

放大器虽然没有输入信号，但依然有信号输出，这种现象称为自激振荡。

1. 负反馈放大器的自激振荡

应当指出的是，前面有关负反馈放大器的讨论，都是在假定信号工作频率均为中频的情况下进行的，而实际情况并非完全如此。实际上，放大器在高频区（结电容作用）或低频区（耦合电容作用）工作时将产生附加相移，如果在某一频率点上，基本放大器的附加相移达 $-180°$ 或 $180°$（一般认为反馈网络为电阻性，不会产生附加相移），则此时反馈放大器的性质将由负反馈变为正反馈，这时只要反馈信号强度足够大（$\dot{X}_f > \dot{X}_i$ 即 $\dot{A}F > 1$），放大器就会在这个频率点上产生自激振荡，而此时是否有外加输入信号则与振荡无关。由此可见，负反馈放大器产生自激振荡的根本原因是电路中的附加相移，与输入信号有无以及是否工作在中频区无关。

2. 负反馈放大器的稳定工作条件

自激振荡时 $1 + \dot{A}\dot{F} = 0$，因此

$$\dot{A}\dot{F} = -1 \tag{2-59}$$

$\dot{A}\dot{F}$ 等于 -1 时，负反馈放大器产生自激振荡。如果 $\dot{A}$ 和 $\dot{F}$ 的相角分别为 φ_A 和 φ_F，即 $\dot{A} = |\dot{A}|\angle\varphi_A$，$\dot{F} = |\dot{F}|\angle\varphi_F$，则由式（2-59）可得

$$|\dot{A}\dot{F}| = 1 \tag{2-60a}$$

$$\varphi_A + \varphi_F = \pm(2n+1) \times 180° \quad (n = 0, 1, 2, \cdots) \tag{2-60b}$$

式（2-60a）、式（2-60b）分别称为自激振荡的振幅条件和相位条件。实际上，式（2-60a）为自激振荡建立后的振幅条件，称为平衡条件；而在自激振荡的起始阶段，振幅条件应修正为 $|\dot{A}\dot{F}| > 1$，称为起振条件。

为使负反馈放大器能稳定地工作，必须设法破坏上述条件。

3. 负反馈放大器自激振荡现象的消除

由于反馈网络一般由电阻构成，不会产生附加相移，因此附加相移主要由基本放大器产生。一般而言，单级 RC 放大器在高、低频区都只有一个电容起主要作用，其最大附加相移为 90°；两级 RC 放大器的最大附加相移为 180°，然而当附加相移为 180° 时，$\dot{A}$ 已趋于 0，而通常总是有 $\dot{F} \leqslant 1$。因此，单级或两级负反馈放大器一般不会产生自激振荡。对于三级或三级以上的反馈放大器来说，$\dot{A}$ 的最大附加相移超过 180°，因此在深度负反馈（$\dot{A}\dot{F} \gg 1$）情况下，当附加相移为 180° 时，$\dot{A}$ 或 $\dot{A}\dot{F}$ 仍然较大，可以满足 $\dot{A}\dot{F} \gg 1$ 的振幅条件，从而产生自激振荡。

采用直接耦合电路可消除反馈放大器低频自激振荡现象，采用频率补偿法可消除反馈放大器的高频自激振荡现象。

频率补偿法就是在基本放大器或反馈网络中的节点与节点之间插入电抗元件（常用电容），使电路参数改变，即让放大器或反馈网络的频率特性发生变化，从而破坏自激振荡的条件。采用频率补偿电路后，放大器能够在一定程度上引入深度负反馈，同时又能保证有一定的稳定度。

4. 放大电路中引入负反馈的一般原则

由于不同组态的负反馈放大器的性能不同，在放大电路中引入负反馈的一般原则如下：

（1）若放大器的负载要求电压要稳定，即放大器输出（相当于负载的信号源）电压要稳定或输出电阻要小，应引入电压负反馈；若放大器的负载要求电流要稳定，即放大器输出电流要稳定或输出电阻要大，应引入电流负反馈。

（2）若信号源希望提供给放大器（相当于信号源的负载）的电流要小，即负载向信号源索取的电流小或输入电阻要大，应引入串联负反馈；若希望输入电阻要小，应引入并联负反馈。

（3）当信号源内阻较小（相当于电压源）时应引入串联负反馈，当信号源内阻较大（相当于电流源）时应引入并联负反馈，这样才能获得较好的反馈效果。

【例 2-9】 图 2-51 所示电路，为了实现以下各项要求，试选择合适的负反馈形式。

① 直流工作点要稳定。② 输入电阻要大。③ 输出电阻要小。④ 负载变化时，放大器增益要基本稳定。⑤ 当信号源为电流源时，输出信号（电压或电流）要基本稳定。

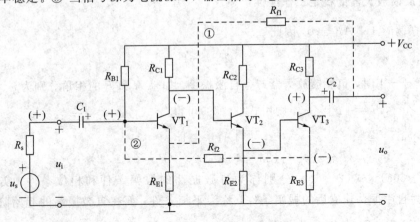

图 2-51　例 2-9 电路图

解　假设 u_i 瞬时极性为（＋），根据信号传输的途径，可得到放大器各个节点的相应的瞬时极性，如图 2-51 所示。

为了保证引入的反馈为负反馈，只能选择图中已经标注的"①"和"②"两条反馈通路（可验证它们的反馈性质），其中，"①"反馈通路引入电压串联负反馈，为交流负反馈；"②"反馈通路引入电流并联负反馈，且为交、直流负反馈。

① 直流工作点要稳定，可引入直流电流负反馈，如图 2-51 中"②"所示。

② 输入电阻要大，可引入串联负反馈，如图 2-51 中"①"所示。

③ 输出电阻要小，可引入电压负反馈，如图 2-51 中"①"所示。

④ 负载变化时，放大器增益要基本稳定，可引入电压串联负反馈，如图 2-51 中"①"所示。

⑤ 当信号源为电流源时输出信号要基本稳定，可引入并联负反馈，如图 2-51 中"②"所示，不过，此时输出所稳定的是电流信号。

【仿真任务3】　负反馈对放大器性能影响的仿真测试

1. 目的

（1）掌握负反馈对放大电路放大倍数的影响。

（2）熟悉负反馈对放大电路通频带的影响。

（3）掌握负反馈对放大电路的非线性的影响。

2. 内容及要求

在 Multisim 2010 中连接如图 2-52 所示的电路图，完成反馈放大电路的测试，并回答问题。

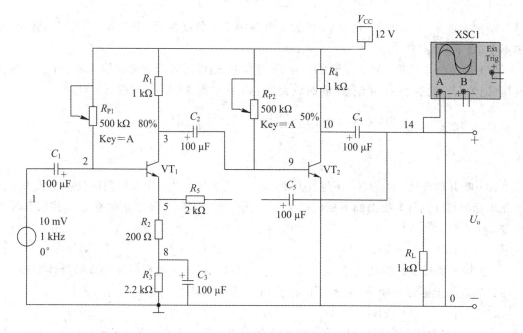

图 2-52　负反馈放大器的仿真测试

3. 步骤

(1) 按图 2-52 连好仿真电路。

(2) 不接输入信号（VT_1 和 C_1 断开连线），调节 R_{P1} 和 R_{P2}，分别使三极管 VT_1、VT_2 的集电极-发射极电压为 $U_{CE} = 6$ V 左右，滑动变阻器 R_{P1} 和 R_{P2} 后面保持不变。

(3) 设置输入信号为幅值 10 mV、1 kHz 的正弦波，加到输入端（VT_1 和 C_1 连接），用示波器观察输出电压波形有无失真，如果有失真，则减小输入电压幅值，使输出电压基本无失真。

(4) 保持上步结果，无负反馈（R_5 和 C_5 不连接），用电压表测量此时输出电压（记为 U'_{om}）的大小，并记录（此时放大器的工作状况为开环、空载）。

$$U_{im} = \underline{\qquad} \text{ mV}, \quad U'_{om} = \underline{\qquad} \text{ mV}, \quad A'_u = \frac{U'_{om}}{U_{im}} = \underline{\qquad}$$

(5) 保持上步结果，无负反馈（R_5 和 C_5 不连接），将 R_L 和 C_4 的负极连接，此时放大电路带载，用电压表测量此时输出电压 U_{om} 的大小，并记录（此时放大器的工作状况为开环、有载）。

$$U_{im} = \underline{\qquad} \text{ mV}, \quad U_{om} = \underline{\qquad} \text{ mV}, \quad A_u = \frac{U_{om}}{U_{im}} = \underline{\qquad}$$

$$\Delta A_u = A'_u - A_u = \underline{\qquad}, \quad \frac{\Delta A_u}{A_u} = \underline{\qquad}$$

结论：当改变负载时，开环（无反馈）放大器增益变化 _____（较大/较小）。

(6) 保持上步结果，加入负反馈（R_5 和 C_5 连接），用电压表测量此时输入电压 U_{im} 和输出电压 U_{om} 的大小，并记录（此时放大器的工作状况为闭环、有载）。

$$U_{im} = \underline{\qquad} \text{ mV}, \quad U_{om} = \underline{\qquad} \text{ mV}, \quad A_{uf} = \frac{U_{om}}{U_{im}} = \underline{\qquad}$$

结论：A_{uf} ____ A_u（$>/\approx/<$），即放大电路中引入负反馈后，其增益 _____（将提高/基本不变/将下降）。

(7) 保持上步结果，有负反馈（R_5 和 C_5 连接），用电压表测量此时输入电压 U_{im} 和输出电压（记为 U'_{om}）的大小，并记录（此时放大器的工作状况为闭环、空载）。

$$U_{im} = \underline{\qquad} \text{ mV}, \quad U'_{om} = \underline{\qquad} \text{ mV}, \quad A_{uf} = \frac{U'_{om}}{U_{im}} = \underline{\qquad}$$

$$\Delta A_u = A'_u - A_u = \underline{\qquad}, \quad \frac{\Delta A_{uf}}{A_{uf}} = \underline{\qquad}$$

(8) 断开负反馈（R_5 和 C_5 不连接），R_L 和 C_4 的负极连接，用波特测试仪测试放大电路的开环幅频特性曲线，找出如下相应的上限截止频率 f_H 和下限截止频率 f_L，并求开环通频带 f_{BW}。

$$f_H = \underline{\qquad} \text{ kHz}, \quad f_L = \underline{\qquad} \text{ Hz}, \quad f_{BW} = f_H - f_L = \underline{\qquad} \text{ kHz}$$

(9) 加入负反馈（R_5 和 C_5 连接），用波特测试仪测试放大电路的闭环幅频特性曲线，找出如下相应的上限截止频率 f_H 和下限截止频率 f_L，并求闭环通频带 f_{BW}。

$$f_H = \underline{\qquad} \text{ kHz}, \quad f_L = \underline{\qquad} \text{ Hz}, \quad f_{BW} = f_H - f_L = \underline{\qquad} \text{ kHz}$$

(10) 输出端接上失真度测试仪，此时有负反馈，记录失真度值，THD = _____。

(11) 断开负反馈（R_5 和 C_5 不连接），记录失真度值，THD = _____。

4. 问题

(1) 引入的反馈类型对放大电路有什么影响?

(2) 描述引入负反馈后放大电路放大倍数及稳定性、通频带和非线性的变化。

2.4 功率放大器

在电子设备和自动控制系统中,放大电路的末级或末前级一般是功率放大器,以便将前置电压放大电路送来的电压信号进行功率放大,使电路能够获得足够大的功率,驱动执行单元工作。例如,驱动电表指针偏转,驱动扩音机的扬声器发出声音,驱动自动控制系统中的执行机构等。

前面介绍的基本放大电路通常均具有功率放大的作用,但它们属于小信号放大,输出功率很低,主要要求输出电压或电流幅度得到足够的放大,所以称为电压放大器或电流放大器。能输出较大功率的放大器称为功率放大器。功率放大器属于大信号放大电路,既有较大的输出电压,同时也有较大的输出电流,其负载阻抗一般相对较小,而射极输出器的特点是输出电阻低,带负载能力强,因此可以作为最基本的功率放大电路。

2.4.1 功率放大器的概述

1. 功率放大器的特点及要求

对功率放大器与对一般的电压放大器或电流放大器要求不同:对一般的电压放大器或电流放大器的主要要求是电压增益、电流增益或功率增益要高,但输出的功率并不一定大;而对功率放大器主要要求获得一定的不失真(或失真较小)的输出功率。因此,功率放大器包含着一系列在电压放大器和电流放大器中没有出现过的特殊问题。

功率放大电路
特点与分类

1) 输出功率 P_o 尽可能大

对功率放大器的主要要求之一就是输出功率要大。为了获得较大的输出功率,要求功率放大管(简称功率管)既要输出足够大的电压,也要输出足够大的电流,因此功率管往往在接近极限状态下工作。

所谓最大输出功率,是指在输入正弦波信号下,输出波形不超过规定的非线性失真时,放大电路输出电压和输出电流有效值的乘积。最大输出功率为

$$P_{om} = \frac{U_{om}}{\sqrt{2}} \times \frac{I_{om}}{\sqrt{2}} = \frac{1}{2} U_{om} I_{om} \tag{2-61}$$

式中,U_{om} 和 I_{om} 分别为输出电压和输出电流的幅值。

2) 效率 η 要高

功率放大器的输出功率是由直流电源提供的,直流电源在提供输出功率的同时,还有一部分功率消耗在功率管上,造成能量的浪费,而消耗在电路内部的电能将转换成为热量使功率管等元件温度升高,因此存在效率问题。所谓效率,就是负载得到的有用信号功率和电源提供的直流总功率的比值,其定义为

$$\eta = \frac{P_o}{P_V} \tag{2-62}$$

$$P_V = V_{CC} \times i_c = \frac{1}{2\pi}\int_0^{2\pi} V_{CC} i_c \mathrm{d}(\omega t) \tag{2-63}$$

式中，P_o 为放大电路的输出信号功率，P_V 为直流电源提供的总功率。

设功率管的损耗功率为 P_{VT}（不计偏置电路损耗的功率），则有

$$P_V = P_o + P_{VT} \tag{2-64}$$

将式(2-64)代入式(2-62)，可得

$$P_{VT} = \frac{1-\eta}{\eta}P_o \tag{2-65}$$

式(2-65)表明，提高效率 η 可以在保持输出功率 P_o 不变的情况下减小损耗功率 P_{VT}。减小损耗功率，不仅可以使功率管的工作更加安全可靠，同时还能有效地降低功率放大器的整机温度，从而提高整机的热稳定性及其他性能。

3）非线性失真 THD 要小

功率放大器在大信号状态下工作，将不可避免地产生非线性失真，且同一功率管输出功率越大，非线性失真往往越严重，这就使得输出功率和非线性失真成为一对矛盾。在实际的功率放大器中，应根据不同场合下的负载要求来规定允许的失真度范围。

4）功率管的散热要好

在功率放大器中，即使最大限度地提高效率 η，仍有相当大的功率消耗在功率管上，使其温度升高。为了使管子输出的功率足够大，就必须研究功率管的散热问题。

此外，功率放大器中的功率管承受的电压高、电流大，功率管损坏的可能性也比较大，因此，功率管的保护问题也非常重要。

由于功率放大器中的功率管通常工作在大信号状态，因此在进行分析时，通常采用图解法来分析放大电路的静态和动态工作情况。

2. 功率放大器提高效率的主要途径

在电压或电流放大器中，为保证输出信号最大且不失真，需要设置合适的工作点，以保证放大管在整个输入信号周期内都有电流流过。通常把这种工作状态称为甲类放大。

甲类放大的典型工作状态如图 2-53(a)所示。设甲类放大器流经电源的总电流为

$$i_C = I_C + i_c = I_C + I_{cm}\sin\omega t$$

式中，i_C 为总电流，I_C 为直流分量，i_c 为纯交流分量，I_{cm} 为纯交流分量的振幅值。则直流电源提供的总功率为

$$P_V = \frac{1}{2\pi}\int_0^{2\pi} V_{CC} i_C \mathrm{d}(\omega t) = \frac{1}{2\pi}\int_0^{2\pi} V_{CC} I_{CQ}\mathrm{d}(\omega t) + \frac{1}{2\pi}\int_0^{2\pi} V_{CC} i_c \mathrm{d}(\omega t)$$

$$= V_{CC} I_{CQ} + \frac{1}{2\pi}\int_0^{2\pi} V_{CC} I_{cm}\sin\omega t\, \mathrm{d}(\omega t)$$

$$= V_{CC} I_{CQ} + 0$$

$$= V_{CC} I_{CQ} \tag{2-66}$$

该结果说明，在甲类放大器中，当工作点确定之后，不管有无交流信号输入，直流电源提供的功率 P_V 始终恒定，与放大电路的静态工作点 I_{CQ} 有关。因此，由式(2-64)容易理

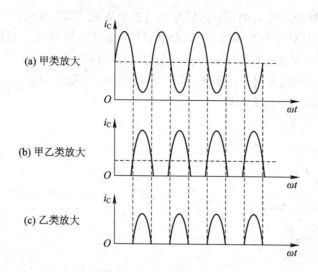

图 2-53　功率放大器的三种工作状态

解，当交流输出功率 P_o 越小时，管子及电阻上损耗的功率(无用功率 P_{VT})反而越大，这种损耗功率通常以热量的形式耗散出去。当没有信号输出时，放大器的负荷达到最重，功率管最有可能被热击穿。可以证明，前面所介绍的甲类放大器的效率通常为 10% 以下，即使在理想情况下，甲类放大器的效率最高也只能达到 25%。

分析表明，造成甲类放大器效率低的原因是放大器始终有一个较大的静态电流。如果使放大器的静态工作点随输入信号的变化而调整，放大器始终有个合适的静态电流，使信号等于 0 时电源输出的功率也等于 0(或很小)，信号增大时电源供给的功率也随之增大，这样电源提供的功率及管耗都随着输出功率的大小而相应变化，可大大提高放大器的效率。利用图 2-53(b)和(c)所示的工作状态，就可实现上述设想。图 2-53(b)中有半个周期以上的 $i_C > 0$，图 2-53(c)中一周期内只有半个周期的 $i_C > 0$，它们分别称为甲乙类放大和乙类放大。甲乙类放大和乙类放大主要用于功率放大器中。

2.4.2　OCL 功率放大电路

1. 乙类双电源互补对称功率放大电路

1) 电路组成及工作原理

参见图 2-53(c)，工作在乙类放大状态的电路，虽然管耗小，有利于提高效率，但存在严重的失真，即输出信号只有半个波形。如果用两个三极管，使之都工作在乙类放大状态，但一个在正半周工作，另一个在负半周工作，同时使这两个输出波形都能加到负载上，从而在负载上得到一个合成的完整波形，这样就解决了效率与失真的矛盾。

乙类双电源互补对称
功率放大电路的电路
组成及工作原理

实现上述设想的功率放大器的基本电路如图 2-54(a)所示，该电路中，VT_1 和 VT_2 分别为 NPN 型管和 PNP 型管，两个三极管的基极和发射极分别连接在一起，信号从基极输入，从射极输出，R_L 为负载。这个电路可以看成由图 2-54(b)和图

2-54(c)两个射极输出器组合而成。当信号处于正半周时，VT_2截止，VT_1放大，有电流通过负载 R_L；而当信号处于负半周时，VT_1截止，VT_2放大，仍有电流通过负载 R_L。即该电路实现了在静态时三极管不取电流，而在有信号时，VT_1 和 VT_2 轮流导通使输出不失真的功能。由于两个三极管互补对方的不足，工作性能对称，又被称为互补对称电路，也被称为 OCL(无输出电容器)功率放大电路。

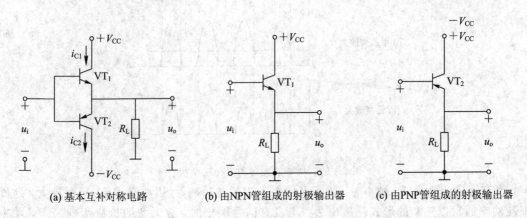

(a) 基本互补对称电路　　　(b) 由NPN管组成的射极输出器　　　(c) 由PNP管组成的射极输出器

图 2-54　两射极输出器组成的基本互补对称电路

2) 分析计算

参见图 2-54(a)，为分析方便起见，设三极管是理想的，两个三极管完全对称，其导通电压 $U_{BE} = 0$，饱和压降 $U_{CES} = 0$，则放大器的最大输出电压振幅为 V_{CC}，最大输出电流振幅为 V_{CC}/R_L，且在输出不失真时始终有 $u_i = u_o$。

乙类双电源互补对称功率放大电路的功率与效率

(1) 输出功率 P_o。根据式(2-61)对输出功率的定义，有

$$P_o = \frac{U_{om}}{\sqrt{2}} \times \frac{I_{om}}{\sqrt{2}} = \frac{1}{2}U_{om} \times \frac{U_{om}}{R_L} = \frac{1}{2} \times \frac{U_{om}^2}{R_L} \qquad (2-67)$$

当输入信号足够大，使 $U_{om} = V_{CC} - U_{CES} \approx V_{CC}$ 时，可得最大输出功率

$$P_{om} = \frac{1}{2} \times \frac{U_{om}^2}{R_L} \approx \frac{1}{2} \times \frac{V_{CC}^2}{R_L} \qquad (2-68)$$

(2) 管耗 P_{VT}。由于 VT_1 和 VT_2 在一个信号周期内均为半周导通，因此 VT_1 的管耗为

$$P_{VT_1} = \frac{1}{2\pi}\int_0^\pi u_{CE1} i_{C1}\,d(\omega t) = \frac{1}{2\pi}\int_0^\pi (V_{CC} - u_o)\frac{u_o}{R_L}\,d(\omega t)$$

$$= \frac{1}{R_L}\left(\frac{V_{CC}U_{om}}{\pi} - \frac{U_{om}^2}{4}\right) \qquad (2-69)$$

显然，VT_1 和 VT_2 的管耗相等，则两个三极管的总管耗为

$$P_{VT} = P_{VT_1} + P_{VT_2} = 2P_{VT_1} = \frac{2}{R_L}\left(\frac{V_{CC}U_{om}}{\pi} - \frac{U_{om}^2}{4}\right) \qquad (2-70)$$

(3) 直流电源供给功率 P_V。将式(2-67)和式(2-70)代入式(2-64)可得

$$P_V = P_o + P_{VT} = \frac{2V_{CC}U_{om}}{\pi R_L} \qquad (2-71)$$

当输出电压幅值达到最大，即 $U_{om} = V_{CC} - U_{CES} \approx V_{CC}$ 时，得电源供给的最大功率为

$$P_{\text{Vm}} = \frac{2}{\pi} \times \frac{V_{\text{CC}}^2}{R_{\text{L}}} \tag{2-72}$$

（4）效率 η。将式（2-67）和式（2-71）代入式（2-62）可得

$$\eta = \frac{P_{\text{o}}}{P_{\text{V}}} = \frac{\pi}{4} \times \frac{U_{\text{om}}}{V_{\text{CC}}} \tag{2-73}$$

当 $U_{\text{om}} = V_{\text{CC}} - U_{\text{CES}} \approx V_{\text{CC}}$ 时，效率达最大，即

$$\eta_{\text{m}} = \frac{P_{\text{o}}}{P_{\text{V}}} = \frac{\pi}{4} \approx 78.5\% \tag{2-74}$$

这个结论是在假定互补对称电路工作在乙类放大状态，且负载电阻为理想值，忽略管子的饱和压降 U_{CES} 和输入信号足够大（$U_{\text{im}} = U_{\text{om}} \approx V_{\text{CC}}$）的情况下得来的，实际效率比这个数值要低些。

（5）最大管耗和最大输出功率的关系。通常，当输出功率较大时，管耗也较大，但当输出功率为最大时，管耗是否也为最大？结论是否定的。由式（2-69）知，管耗 P_{VT_1} 是输出电压幅值 U_{om} 的一元二次函数，存在极值。对式（2-69）求导可得

$$\frac{\mathrm{d}P_{\text{VT}_1}}{\mathrm{d}U_{\text{om}}} = \frac{1}{R_{\text{L}}}\left(\frac{V_{\text{CC}}}{\pi} - \frac{U_{\text{om}}}{2}\right)$$

令 $\mathrm{d}P_{\text{VT}_1}/\mathrm{d}U_{\text{om}} = 0$，则

$$\frac{V_{\text{CC}}}{\pi} - \frac{U_{\text{om}}}{2} = 0$$

得

$$U_{\text{om}} = \frac{2}{\pi}V_{\text{CC}} \approx 0.6V_{\text{CC}} \tag{2-75}$$

式（2-75）表明，当 $U_{\text{om}} = \dfrac{2}{\pi}V_{\text{CC}}$ 时具有最大管耗，即

$$P_{\text{VT}_1\text{m}} = \frac{1}{R_{\text{L}}}\left[\frac{2V_{\text{CC}}^2}{\pi^2} - \frac{V_{\text{CC}}^2}{\pi^2}\right] = \frac{1}{\pi^2} \times \frac{V_{\text{CC}}^2}{R_{\text{L}}} \tag{2-76}$$

而最大输出功率 $P_{\text{om}} = \dfrac{1}{2} \times \dfrac{V_{\text{CC}}^2}{R_{\text{L}}}$，则每个管子的最大管耗和电路的最大输出功率具有如下关系：

$$P_{\text{VT}_1\text{m}} = \frac{1}{\pi^2}\frac{V_{\text{CC}}^2}{R_{\text{L}}} \approx 0.2P_{\text{om}} \tag{2-77}$$

式（2-77）常用来作为乙类互补对称电路选择管子的依据，例如，如果要求输出功率为 10 W，则只要用两个额定管耗大于 2W 的管子就可以了。

需要指出的是，上面的计算是在理想情况下进行的，实际上在选管子的额定功耗时，还要留有充分的余地。

3）功率三极管的选择

在功率放大电路中，为使输出功率尽可能大，要求三极管工作在极限状态，那么在选择功率三极管时，就必须考虑晶体管所承受的最大管压降、集电极最大电流和最大功耗。

（1）由 OCL 电路工作原理分析可知，两只功率放大管轮流工作，处于截止状态的管子将承受较大的压降。如当 VT$_1$ 导通，VT$_2$ 截止时，VT$_1$ 和 VT$_2$ 的发射极电位 u_{E} 为 $V_{\text{CC}} - U_{\text{CES1}}$，因此，VT$_2$ 的压降视为 $u_{\text{E}} - (-V_{\text{CC}}) = u_{\text{E}} + V_{\text{CC}} = 2V_{\text{CC}} - U_{\text{CES1}}$，所以，考虑一定的余量，管子承受的最大管压降为

$$|U_{CEmax}| = 2V_{CC} \qquad (2-78)$$

（2）通过电路最大输出功率的分析可知，晶体管的发射极电流等于负载电流，负载电阻上的最大电压为 $V_{CC} - U_{CES1}$，考虑留有一定余量，取三极管的最大集电极电流为

$$I_{CM} = \frac{V_{CC}}{R_L} \qquad (2-79)$$

（3）每只三极管的最大允许管耗 P_{CM} 必须大于实际工作时的 $P_{VT_1 m}$，根据式（2-77）可知，$P_{VT_1 m} \approx 0.2 P_{om}$。

综上所述，在查阅手册选择晶体管时，应使极限参数满足

$$\begin{cases} U_{(BR)CEO} > 2V_{CC} \\ I_{CM} > \dfrac{V_{CC}}{R_L} \\ P_{CM} > 0.2 P_{om} \end{cases} \qquad (2-80)$$

【例 2-10】 功率放大电路如图 2-54（a）所示，设 $V_{CC} = 24$ V，$R_L = 8\ \Omega$，晶体管的饱和压降 $|U_{CES}| = 4$ V，三极管的极限参数 $I_{CM} = 4.5$ A，$|V_{(BR),CEO}| = 75$ V，$P_{CM} = 10$ W。

（1）求解负载上最大输出功率 P_{om} 和效率 η_m，并检查所给三极管是否能安全工作。

（2）若输入电压有效值为 8 V，则负载上能够获得的最大功率为多少？

解　（1）由式（2-67）求 P_{om}，结合（2-73）可求出效率 η_m：

$$P_{om} = \frac{1}{2} \times \frac{(V_{CC} - U_{CES})^2}{R_L} = \frac{(20\ \text{V})^2}{2 \times 8\ \Omega} = 25\ \text{W}$$

$$\eta_m = \frac{\pi}{4} \times \frac{U_{om}}{V_{CC}} = \frac{\pi}{4} \times \frac{24-4}{24} = 65.4\%$$

而通过三极管的最大集电极电流，三极管的 c、e 极间的最大压降和它的最大管耗分别为

$$i_{Cm} = \frac{V_{CC} - U_{CES}}{R_L} = \frac{(24-4)\ \text{V}}{8\ \Omega} = 2.5\ \text{A}$$

$$U_{CEm} = 2V_{CC} = 48\ \text{V}$$

$$P_{VT_1 m} \approx 0.2 P_{om} = 0.2 \times 25\ \text{W} = 5\ \text{W}$$

上述值均小于对应的极限参数，故三极管能安全工作。

（2）因为在未失真时 $U_o = U_i$，所以此时 $U_{om} = 8\sqrt{2}$ V。

由式（2-67）可求出

$$P_{om} = \frac{1}{2} \times \frac{U_{om}^2}{R_L} = \frac{1}{2} \times \frac{(8\sqrt{2})^2}{8\ \Omega} = 8\ \text{W}$$

2. 甲乙类互补对称功率放大电路

前面所讨论的乙类互补对称电路［见图 2-55（a）］在实际应用中还存在一些缺陷，主要是三极管没有直流偏置电流，因此只有当输入电压大于三极管导通电压（硅管约为 0.7 V，锗管约为 0.2 V）时才有输出电流，当输入信号 u_i 低于这个数值时，VT_1 和 VT_2 都截止，i_{C1} 和 i_{C2} 基本为零，负载 R_L 上无电流通过，出现一段死区，如图 2-55（b）所示，这种现象称为交越失真。解决这一问题的

甲乙类双电源
功率放大电路

办法就是预先给三极管提供一个较小的基极偏置电流，使三极管在静态时处于微弱导通状态，即甲乙类状态。

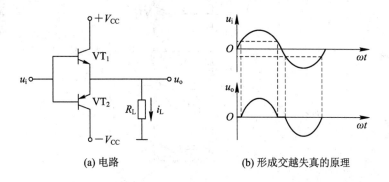

(a) 电路　　　　　　　　　　　　　　(b) 形成交越失真的原理

图 2-55　工作在乙类放大状态下的双电源互补对称电路

图 2-56 所示为利用二极管进行偏置的甲乙类双电源互补对称电路。该电路中，VD_1、VD_2 上产生的压降为互补输出级 VT_1、VT_2 提供了一个适当的偏压，使之处于微导通的甲乙类状态，且在电路对称时，仍可保持负载 R_L 上的直流电压为 0；而 VD_1、VD_2 导通后的交流电阻也较小，对放大器的线性放大影响很小。另外，VT_3 通常构成驱动级，为简明起见，其基极偏置电路在这里未画出。

利用二极管进行偏置的缺点是偏置电压不易调整。图 2-57 所示为利用恒压源电路进行偏置的甲乙类互补对称电路。该电路中，由于流入 VT_4 的基极电流远小于流过 R_1、R_2 的电流，因此可求出为 VT_1、VT_2 提供偏压的 VT_4 的 $U_{CE4} = (1 + R_1/R_2)U_{BE4}$，而 U_{BE4} 基本为一固定值，即 U_{CE4} 相当于一个不受交流信号影响的恒定电压源，只要适当调节 R_1 和 R_2 的比值，就可改变 VT_1、VT_2 的偏压值，这是集成电路中经常采用的一种方法。

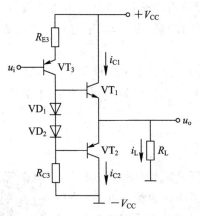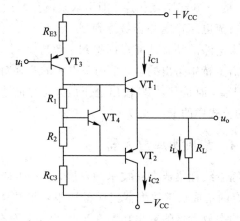

图 2-56　利用二极管进行偏置的甲乙类　　　　图 2-57　利用恒压源电路进行偏置的
双电源互补对称电路　　　　　　　　　甲乙类互补对称电路

2.4.3　OTL 功率放大电路

在有些要求不高而又希望电路简化的场合，可以考虑采用一个电源的互补对称电路，称为 OTL 功率放大电路，如图 2-58 所示。

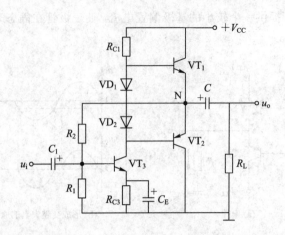

甲乙类单电源
功率放大电路

图 2-58　单电源互补对称电路

1. 电路组成及工作原理

该电路中，C 为大电容，静态时，调节 R_1 和 R_2，可使 N 点电位为 $U_N = V_{CC}/2$，而大电容 C 对交流近似短路，因此 C 上的电压 $u_C = U_N = V_{CC}/2$。当信号 u_i 输入时，由于 VT_3 组成的前置放大级具有倒相作用，因此，在信号的负半周，VT_1 导电，信号电流流过负载 R_L，同时向 C 充电；在信号的正半周，VT_2 导电，则已充电的 C 起着双电源电路中的 $-V_{CC}$ 的作用，通过负载 R_L 放电并产生相应的信号电流。即只要选择时间常数 $R_L C$ 足够大（远大于信号的最大周期），单电源电路就可以达到与双电源电路基本相同的效果。

2. 分析计算

那么，如何使 N 点得到稳定的直流电压 $U_N = V_{CC}/2$ 呢？在该电路中，VT_3 的上偏置电阻 R_2 的一端与 N 点相连，即引入直流负反馈。只要适当选择 R_1 和 R_2 的阻值，就可以使 N 点的直流电压稳定并容易得到 $U_N = V_{CC}/2$。值得指出的是，R_1、R_2 还引入了交流负反馈，使放大电路的动态性能指标得到了改善。

需要特别指出的是，采用单电源的互补对称电路，由于每个三极管的工作电压不是原来的 V_{CC}，而是 $V_{CC}/2$（输出电压最大也只能达到约 $V_{CC}/2$），所以前面导出的计算 P_o、P_{VT}、P_V 的公式中的 V_{CC} 要以 $V_{CC}/2$ 代替。

2.4.4　集成功率放大器

随着线性集成电路技术的发展，已经生产出了品种繁多的集成功率放大器。有的集成功率放大器集成了从差分前置放大直到功放的整个电路，有的集成功率放大器的输出功率在 1 W 以下，而有的集成功率放大器的输出功率可高达几十瓦。集成功率放大电路与分立元器件晶体管低频功率放大器比较，不仅具有输出功率大、外围链接元器件少、体积小、质量轻、成本低、安装调试简单、使用调试方便等特点，在性能上也十分优越，例如，温度稳定性好、电源利用率高、功耗低、非线性失真小。因此，在收音机、电视机、收录机、开关功率电路、伺服放大电路中广泛采用专用集成功率放大器。有时还将各种保护电路如过电流保护电路、过

集成功率
放大电路

电压保护电路、过热保护电路以及启动、消噪等电路集成在芯片内部，使其使用更加安全可靠。

　　集成功率放大器的种类很多，从用途划分，有通用型和专用型；从芯片内部的电路构成划分，有单通道和双通道；从输出功率划分，有小功率、中功率和大功率等。

1. TDA1521/TDA1514A 集成功率放大电路

　　TDA1521/TDA1514A 是荷兰飞利浦公司专门为数字音响在播放时的低失真度及高稳度而设计推出的两款芯片，用来接驳 CD 机直接输出的音质特别好。其中参数为：TDA1521 在电压为 ±16 V、阻抗为 8 Ω 时，输出功率为 2×15 W，此时的失真仅为 0.5%；TDA1514A 的工作电压为 ±9 V～±30 V，在电压为 ±25 V、阻抗为 8 Ω 时，输出功率达到 50 W，总谐波失真为 0.08%；输入阻抗 20 kΩ，输入灵敏度 600 mV，信噪比达到 85 dB。其电路设有等待、静噪状态，具有过热保护，低失调电压高纹波抑制，而且热阻极低，具有极佳的高频解析力和低频力度。其音色通透纯正，低音力度丰满厚实，高音清亮明快，很有电子管的韵味。两款功放的外围零件都比较少，是"傻瓜"型的功率放大芯片，非常适合初级发烧友组装，只要按照电路图安装，不需调试就可获得很好的效果。由于该芯片的输入电平比较低，在制作时不需前置放大器，只要直接接到电脑声卡、光驱、随身听上即可。著名的电脑多媒体音箱漫步者也采用这两种芯片。OCL 电路接法如图 2-59 所示。

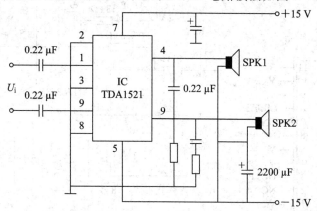

图 2-59　OCL 电路接法

OTL 电路接法如图 2-60 所示。

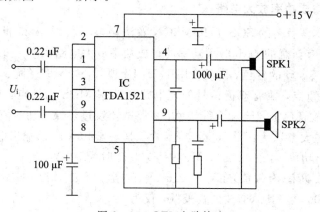

图 2-60　OTL 电路接法

2. LM3886 集成功率放大器

LM38863TF 是美国 NS 公司(美国国家半导体公司)于 20 世纪 90 年代初推出的一款大功率音频功放芯片，接成 BLT 时的输出功率可以达到 100 W，失真小于 0.03%，内部设计有非常完善的过耗保护电路。它的音色非常甜美，音质醇厚，颇有电子管的韵味，适合播放比较柔和的音乐。

LM38863TF 的特点为：输出功率大[工作电压为 $\pm 9 \sim \pm 40$ V(推荐 $\pm 25 \sim \pm 35$ V)、$R_L = 8$ Ω 时的连续输出功率达到 68 W(峰值 135 W)]，失真度小(总失真加噪声小于 0.03%)，保护功能齐全(包括过压保护、过热保护、电流限制、温度限制、开关电源时的扬声器冲击保护、静噪功能)，外围元件少，制作调试容易，工作稳定可靠。

NS 公司还有 LM1875、LM1876、LM4766 等大家都熟悉的芯片，其中 LM4766 是最新的，为双声道设计，内含过压、欠压、过载、超温等保护电路。其输出功率不小于 2×40 W，低音深沉而有弹性，颇具胆机的风格。

图 2-61 所示是 LM3886 引脚图，图 2-62 所示是 LM3886 典型应用电路图。

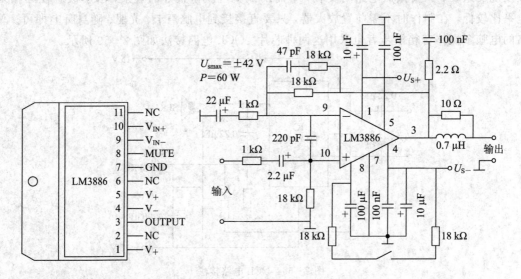

图 2-61　LM3886 引脚图　　　图 2-62　LM3886 典型应用电路图

3. TDA7294 集成功率放大电路

TDA7294 是欧洲著名的 SGS-THOMSON 意法微电子公司于 20 世纪 90 年代向中国大陆推出的一款颇有新意的 DMOS 大功率的集成功率放大电路。它一扫以往线性集成功放和厚膜集成的生、冷、硬的音色，广泛应用于 HI-FI 领域，如家庭影院、有源音箱等。该芯片的设计以音色为重点，兼有双极信号处理电路和功率 MOS 的优点，具有耐高压、低噪音、低失真度、重放音色极具亲和力等特色，短路电流及过热保护功能使其性能更完善。

TDA7294 的主要参数为：V_s(电源电压) $= \pm 10 \sim \pm 40$ V；I_o(输出电流峰值)为 10 A；P_o(RMS 连续输出功率)在 $V_s = \pm 35$ V、内阻为 8 Ω 时为 70 W，在 $V_s = \pm 27$ V、内阻为 4 Ω 时为 70 W；音乐功率(有效值)在 $V_s = \pm 38$ V、内阻为 8 Ω 时为 100 W，在 $V_s = \pm 29$ V、内阻为 4 Ω 时为 100 W。其总谐波失真极低，仅为 0.005%。另外，SGS-THOMSON 意法微电子公司还有几种代表功放芯片，如 TDA7295、TDA7296、TDA7264、TDA2030A(常

用的麦蓝低音炮就采用此芯片)等。

TDA7294 典型应用电路图如图 2-63 所示。电路闭环增益为 30 dB,增大 R_3 或减小 R_2 可以提高放大器增益,反之增益下降。TDA7294 的⑨脚为静音控制端,当该脚低于 2.5 V 时,TDA7294 执行静音操作,输出端无信号输出;⑩脚为待机模式控制端,当该脚低于 2.4 V 时,TDA7294 工作在待机模式,内部电路停止工作。这使待机和关机过程均在静音状态下进行,保证了放大器开关机无噪声。

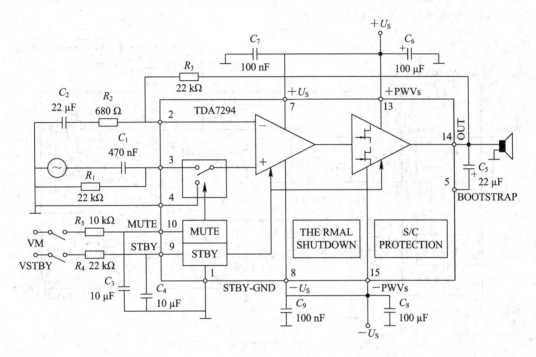

图 2-63　TDA7294 典型应用电路图

4. LM4610 集成功率放大电路

LM4610 是美国国家半导体公司的高品质直流控制音响电路。它是一块利用直流电压控制音调、音量和声道平衡的立体声集成电路,并且具有 3D 音场处理、等响度补偿功能。该电路控制平滑流畅,音质自然流畅,高频清晰、解析力佳,其产生的 3D 环绕声场具有很强的三维空间感和包围感,主观感觉与 SRS 的效果类似。

LM4610N 的主要电气参数如下:具有 3D 声场处理功能和响度补偿功能。响度补偿是针对人耳在音量较小时对高低频信号的灵敏度下降,在不同音量时对高、低频端作适度的提升补偿,使人耳在任何响度下始终听到平坦、均衡的响应。它的电压范围是 9~16 V(典型为 12 V,电流为 35 mA);失真度仅 0.03%;信噪比高达 80 dB;频宽达 250 kHz,音量调节为 75 dB;平衡调节为 1~20 dB;音调调节范围为 -15~+15 dB;最大增益 2 dB。LM4610N 具有输入阻抗高(30 Ω),输出电阻低(20 Ω)的优点。用 LM6410N 音调控制电路对提高音质、加强低频力度及三维空间感作用突出。可以说 LM4610N 是组装功放系统或替换调音部分的精品。

LM4610 采用 24 脚双列直插式封装(DIP24)。2 脚和 23 脚,信号输入端;3 脚和 22 脚,

3D 声场处理控制端(两脚通过电容相连,起 3D 声场处理作用);4 脚和 21 脚,接高音提升电容(0.01 μF);6 脚,高音控制输入端;8 脚和 17 脚,接低音提升电容(0.39~0.47 μF),改变高、低音的电容可改变高、低音的音调反应;10 脚和 15 脚,信号输入端;11 脚,平衡控制输入端;12 脚和 24 脚,电源地;13 脚,正电源端;14 脚,音量控制输入端;16 脚,低音控制输入端。

图 2-64 所示为 LM4610 芯片的应用电路实例,具有高音调节、低音调节、音量调节、左右声道平衡度调节、等响度调节等功能。

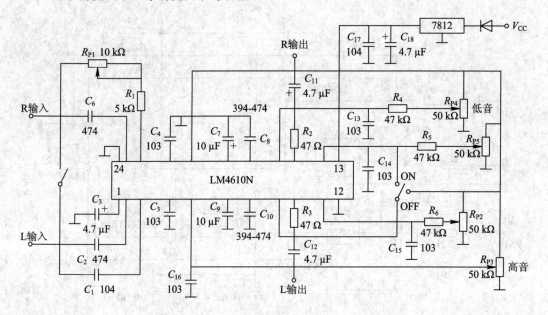

图 2-64　LM4610 芯片的应用电路实例

【仿真任务 4】　OCL 功率放大电路的仿真测试

1. 目的

(1) 掌握 OCL 功率放大电路的工作原理。

(2) 掌握 OCL 功率放大电路的测试方法。

(3) 掌握 OCL 功率放大电路的基本运算。

2. 内容及要求

在 Multisim 软件中绘制如图 2-65 所示电路,完成电路测试并回答问题。

3. 步骤

(1) 按图 2-65 连好仿真电路。

(2) 断开 u_i,测量两个三极管集电极静态工作电流,并在表 2-6 中记录数据,同时计算静态功耗,记录于表 2-6 中。

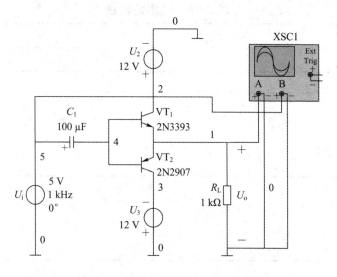

图 2 - 65　基本互补对称电路的仿真测试

表 2 - 6　乙类功放静态工作点的测试值

测量	数值	计算静态功耗
I_{C1}		
I_{C2}		

（3）接入 u_i，使其 $f = 1$ kHz，$U_{im} = 5$ V，不接 VT_2，用示波器（DC 输入端）同时观察 u_i、u_o 的波形，并将波形记录在图 2 - 66(a) 中。

结论：三极管 VT_1 基本工作在 ＿＿＿＿＿＿＿＿＿＿（甲类放大状态/乙类放大状态）。

（4）保持输入信号不变，不接 VT_1，接入 VT_2，用示波器（DC 输入端）同时观察 u_i、u_o 波形，并将波形记录在图 2 - 66(b) 中。

结论：晶体管 VT_2 基本工作在 ＿＿＿＿＿＿＿＿＿＿（甲类放大状态/乙类放大状态）。

（5）再接入 VT_1，用示波器（DC 输入端）同时观察 u_i、u_o 的波形，并将波形记录在图 2 - 66(c) 中。

结论：互补对称电路的输出波形 ＿＿＿＿＿＿＿＿＿＿（基本不失真/严重失真）。

（6）用示波器测量 u_o 幅度 U_{om}，计算输出功率 P_o 并记录在表 2 - 7 中。

表 2 - 7　输出功率的测量

U_{om}	P_o

（7）用万用表测量电源提供的平均直流电流 I_o，计算电源功率 P_V、管耗 P_{VT} 和效率 η，并记录在表 2 - 8 中。

（8）改变 u_i，使其 $f = 1$ kHz，$U_{im} = 15$ V，用示波器（DC 输入端）同时观察 u_i、u_o 的波形，并将波形记录在图 2 - 66(d) 中。

结论：互补对称电路的输出波形 ＿＿＿＿＿＿＿＿＿＿（基本不失真/严重失真）。

表 2 - 8　效率的测量

I_o	P_V	P_{VT}	η

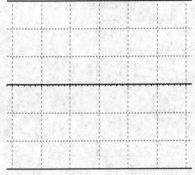
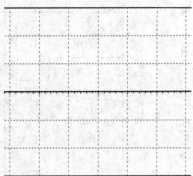

$U_{im}=$ _____　　　　　　　　　　　　$U_{im}=$ _____

$U_{om}=$ _____　　　　　　　　　　　　$U_{om}=$ _____

(a) VT$_1$工作时的输出波形(步骤(3))　　　　　(b) VT$_2$工作时的输出波形(步骤(4))

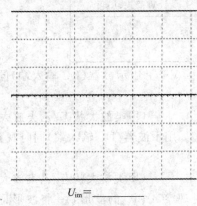
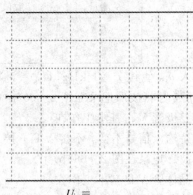

$U_{im}=$ _____　　　　　　　　　　　　$U_{im}=$ _____

$U_{om}=$ _____　　　　　　　　　　　　$U_{om}=$ _____

(c) VT$_1$、VT$_2$工作时的输出波形(步骤(5))　　(d) 输入$U_{im}=15$ V工作时的输出波形(步骤(8))

图 2 - 66　各输出波形

4. 问题

(1) 从表 2 - 6 中的数据分析，功率放大电路工作在什么状态？

(2) 从步骤(8)输出的波形看，出现此种现象的原因是什么？

【实训任务 5】　扩音器电路的连接与测试

1. 目的

(1) 掌握功率放大电路静态工作点的测量方法。

(2) 熟悉功率放大电路动态工作特点及交流波形的测试。

（3）掌握功率放大电路的参数计算。

2. 设备和材料

直流稳压电源，万用表，信号发生器，示波器，扩音器（机）放大电路板。

3. 内容及要求

完成扩音机电路的测试并回答问题，扩音机电路如图 2-2 所示。

4. 步骤

（1）完成元器件检测，按图 2-2 完成电路焊接工作（R_1 先不焊接），不接电源，用万用表电子挡测量电源和地之间的阻值，若阻值较小，则再检测电路，直到正常才可接入电源。

（2）静态工作点的测试。

① 测量输出端中点 TP$_3$ 的电位（VT$_3$ 和 VT$_4$ 的发射极），这个电压应为 6 V。如果不对，调整电阻 R_6 的阻值。

② 调整输出极静态电流及测试各级静态工作点。

调节 R_8，使 VT$_3$、VT$_4$ 的 $I_{C3} = I_{C4} = 5 \sim 10$ mA。从减小交越失真角度而言，应适当加大输出极静态电流，但电流过大会使效率降低，所以一般以 $5 \sim 10$ mA 为宜。如果电流过大，应减少电阻 R_8 的阻值，反之加大。

要想测得 I_{C3}、I_{C4} 的电流值，可通过测量 R_7 和 R_8 上的电压值，分别换算成电流，两者相减得到 VT$_3$ 的基极电流，然后此电流乘上晶体管 8050 的 β 值，即可得到 I_{C3}、I_{C4}。

输出级电流调好以后，测量各级静态工作点，记入表 2-9 中。

表 2-9　各级静态工作点

$I_{C3} = I_{C4} = \underline{\hspace{2cm}}$ mA　（TP3=6 V）

静态点	VT$_1$	VT$_2$	VT$_3$	VT$_4$
U_B /V				
U_C /V				
U_E /V				

（3）动态测试。

在 C_3 处接 $f = 1$ kHz 的正弦信号 u_i，输出端 TP$_1$、TP$_2$、TP$_3$ 用示波器观察输出电压波形。逐渐增大 u_i，使输出电压达到最大不失真输出，用示波器测出负载扬声器上的电压 U_{om}，则 $P_{om} = U_{om}^2/2R_L$。记录 VT$_1$、VT$_2$ 的放大倍数，记录在表 2-10 中。

表 2-10　扩音机动态测试值记录表

测试内容	测试值
放大倍数（VT$_1$）	
放大倍数（VT$_2$）	
U_{om}	
P_{om}	

（4）试听。

将 R_1 焊接上，输入信号改为音源开机试听，并观察音乐信号的输出波形，记录在图 2-67 中。

图 2-67　音乐信号的输出波形

5．回答问题

（1）说明 VD_1 和 R_8 在电路中的作用。

（2）说明 VT_3 和 VT_4 构成哪种类型的功率放大器。

2.5　差分放大电路

差分放大电路在性能上有很多优点，是模拟集成电路的又一重要组成部分。本节主要介绍差分放大电路的一般结构及工作原理。

在直接耦合的多级放大电路中，即使将输入端短路，用灵敏的直流表测量输出端，也会有变化缓慢的输出电压，这种输入电压为零，而输出电压变化不为零的现象称为零点漂移。零点漂移主要由三个原因形成：① 电压的波动；② 元件的老化；③ 半导体器件参数随温度变化产生的变化。第一个和第二个原因可以通过采用高质量的稳压电源和经过老化实验的元件尽量消除，以减少零点漂移现象的产生。这样，第三个原因是产生零点漂移现象的主要原因，因此，零点漂移也称为温度漂移，简称温漂。

2.5.1　基本差分放大电路

1．电路组成

将两个电路结构、参数均相同的共射极放大电路组合在一起，就构成差分放大电路的基本形式，即基本差分放大电路，如图 2-68 所示。输入电压 u_{i1} 和 u_{i2} 分别加在两管的基极，输出电压等于两管集电极电压之差。

差分放大电路的
组成与静态工作点

理想情况下，电路中左右两部分三极管的特性和电阻的参数均完全相同，即 $R_{C1} = R_{C2}$，$R_1 = R_2$，则当输入电压等于零时，$U_{CQ1} = U_{CQ2}$，故输出电压 $u_o = 0$。如果温度升高使 I_{CQ1} 增大，U_{CQ1} 减小，则 I_{CQ2} 也将增大，U_{CQ2} 也将减小，而且两管变化的幅度相同,结果 VT_1 和 VT_2 输出端的零点漂移相互抵消。

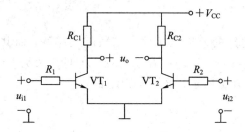

图 2-68　差分放大电路的基本形式

2. 差模输入和共模输入

差分放大电路有两个输入端,可以分别加上两个输入电压 u_{i1} 和 u_{i2},如果两个输入电压大小相等,而极性相反,这样的输入方式称为差模输入,差模输入用 u_{id} 表示,如图 2-69(a)所示。如果两个输入信号不仅大小相等,而且极性相同,这样的输入方式称为共模输入,共模输入用 u_{ic} 表示,如图 2-69(b)所示。

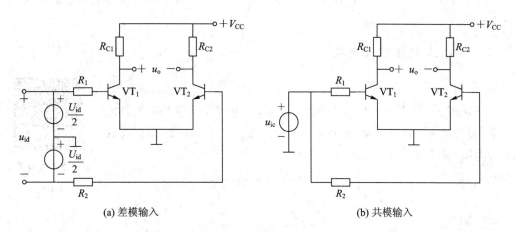

(a) 差模输入　　　　　　　　　　　　　　(b) 共模输入

图 2-69　基本差分放大电路的两种输入模式

实际上,在差分放大电路中的两个输入端加上任意大小、任意极性的输入电压 u_{i1} 和 u_{i2},都可以将它们认为是某个差模输入电压与某个共模输入电压的组合。其中,差模输入电压 u_{id} 和共模输入电压 u_{ic} 分别为

$$u_{id} = u_{i1} - u_{i2} \tag{2-81}$$

$$u_{ic} = \frac{1}{2}(u_{i1} + u_{i2}) \tag{2-82}$$

因此,只要分析清楚差分放大电路对差模输入信号和共模输入信号的响应,利用叠加定理即可完整地描述差分放大电路对各种输入信号的响应。

3. 差模电压放大倍数、共模电压放大倍数和共模抑制比

放大电路对差模输入电压的放大倍数称为差模电压放大倍数,用 A_{ud} 表示,即

$$A_{ud} = \frac{u_o}{u_{id}} \tag{2-83}$$

而放大电路对共模输入电压的放大倍数称为共模电压放大倍数,用 A_{uc} 表示,即

$$A_{uc} = \frac{u_o}{u_{ic}} \qquad\qquad (2-84)$$

通常希望差分放大电路的差模电压放大倍数越大越好,而共模电压放大倍数越小越好。差分放大电路的共模抑制比用符号 K_{CMR} 表示,它的定义为差模电压放大倍数与共模电压放大倍数之比,一般用对数表示,单位为 dB,即

$$K_{CMR} = 20 \lg \left| \frac{A_{ud}}{A_{uc}} \right| \qquad\qquad (2-85)$$

共模抑制比能够描述差分放大电路对零漂的抑制能力,K_{CMR} 越大,说明抑制零漂的能力越强。在图 2-69 中,若差分放大电路左右两部分的参数完全对称,则加上共模输入信号时,VT_1 和 VT_2 的集电极电压完全相等,输出电压为零,则共模电压放大倍数 $A_{uc} = 0$,共模抑制比 $K_{CMR} = \infty$。

实际上,由于电路内部参数不可能绝对匹配,因此共模电压放大倍数 $A_{uc} \neq 0$。对于这种基本形式的差分放大电路来说,从每个三极管的集电极对地电压来看,其温度漂移与基本共射电路相同,丝毫没有改善。因此,在实际工作中一般不采用这种基本形式的差分放大电路。

2.5.2　长尾式差分放大电路

1. 电路组成

基于如图 2-68 所示的基本差分放大电路,在两个放大管的发射极接入一个发射极电阻 R_E,由于 R_E 接负电源 $-V_{EE}$,拖了一个长尾巴,所以此电路称为长尾式差分放大电路,如图 2-70 所示。

差分放大电路
的工作原理

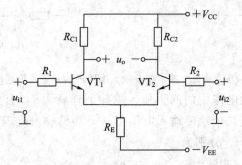

图 2-70　长尾式差分放大电路

发射极电阻即长尾电阻 R_E 的作用是引入一个共模负反馈,也就是说,R_E 对共模信号有负反馈作用,而对差模信号没有影响。假设在电路输入端加上正的共模信号,则两个管子的集电极电流 i_{C1} 和 i_{C2} 同时增加,使流过发射极电阻 R_E 的电流 i_E 增加,于是发射极电位 u_E 升高,反馈到两管的基极回路中,使 u_{BE1}、u_{BE2} 降低,从而限制了 i_{C1}、i_{C2} 的增加。

但是对于差模输入信号,由于两管的输入信号幅度相等而极性相反,因此 i_{C1} 增加多少,i_{C2} 就减少同样的数量,因而流过 R_E 的电流总量保持不变,则 $u_E = 0$,所以对于差模信号没有反馈作用。

R_E 引入的共模负反馈使共模放大倍数 A_{uc} 减小，降低了每个管子的零点漂移，但对差模放大倍数 A_{ud} 没有影响，因此提高了电路的共模抑制比。R_E 越大，共模负反馈越强，则抑制零漂的效果越好。

2. 静态分析

当输入电压等于零时，由于电路结构对称，即 $\beta_1 = \beta_2 = \beta$，$R_1 = R_2 = R$，$r_{be1} = r_{be2} = r_{be}$，有 $I_{CQ1} = I_{CQ2} = I_{CQ}$，$U_{BEQ1} = U_{BEQ2} = U_{BEQ}$，$U_{CQ1} = U_{CQ2} = U_{CQ}$，由三极管基极回路可得

$$I_{BQ}R + U_{BEQ} + 2R_E I_{EQ} = V_{EE}$$

则静态基极电流为

$$I_{BQ} = \frac{V_{EE} - U_{BEQ}}{R + 2(1 + \beta)R_E} \qquad (2-86)$$

有

$$I_{CQ} = \beta I_{BQ} \qquad (2-87)$$
$$U_{CQ} = V_{CC} - R_C I_{CQ} \qquad (2-88)$$
$$U_{BQ} = -R I_{BQ} \qquad (2-89)$$

3. 动态分析

在如图 2-70 所示的长尾式差分放大电路中，当输入差模信号时，流过 R_E 的电流不变，u_E 相当于一个固有电位，在交流通路中可将 R_E 视为短路，因此其微变等效电路如图 2-71 所示。图 2-71 中 R_L 为接在两个三极管集电极之间的负载电阻。当输入差模信号时，一管集电极电位降低，另一管集电极电位升高，可以认为 R_L 中点处的电位保持不变，也就是说，在 $R_L/2$ 处相当于交流接地。

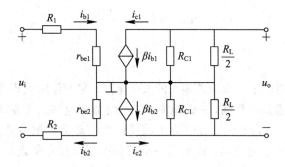

图 2-71　长尾式差分放大电路的微变等效电路

根据微变等效电路可得

$$A_{ud} = \frac{u_o}{u_i} = -\frac{\beta\left(R_C /\!/ \dfrac{R_L}{2}\right)}{R + r_{be}} \qquad (2-90)$$

差模输入电阻为

$$R_{id} = 2(R + r_{be}) \qquad (2-91)$$

差模输出电阻为

$$R_o = 2R_C \qquad (2-92)$$

由以上分析可以看到，差分放大电路对差模信号有放大作用，对共模信号有抑制作用，共模抑制比 K_{CMR} 越大越好。

2.5.3　恒流源式差分放大电路

在长尾式差分放大电路中，长尾电阻 R_E 越大，则共模负反馈越强，抑制零漂的效果越好。但是，R_E 越大，为了得到同样的工作电流所需的负电源 V_{EE} 的值越高。如果既希望抑制零漂的效果比较好，同时又不要求过高的 V_{EE} 值，可采用高内阻的电流源代替原来的长尾电阻 R_E。

恒流源式差分放大电路如图 2-72 所示。由图 2-72 可见，恒流三极管 VT_3 的基极电位由电阻 R_{b1} 和 R_{b2} 分压后得到，可认为基本不受温度变化的影响，则当温度变化时，VT_3 的发射极电位和发射极电流也基本保持稳定，而两个三极管的集电极电流 i_{C1} 和 i_{C2} 之和近似等于 i_{C3}，所以 i_{C1} 和 i_{C2} 将不会因温度的变化而同时增大或减小。可见，接入恒流三极管后，抑制了共模信号的变化。

估算恒流源式差分放大电路的静态工作点时，通常可从恒流三极管的电流开始。由图 2-72 可知，当忽略 VT_3 的基极电流时，R_{b1} 的电压为

$$U_{BQ3} = \frac{R_{b1}}{R_{b1} + R_{b2}}(V_{CC} + V_{EE}) \tag{2-93}$$

则恒流三极管 VT_3 的静态电流为

$$I_{CQ3} = \frac{U_{BQ3} - U_{BEQ3}}{R_E} \tag{2-94}$$

于是得到两个三极管的静态电流和电压为

$$I_{CQ1} = I_{CQ2} = \frac{1}{2}I_{CQ3} \tag{2-95}$$

$$I_{BQ1} = I_{BQ2} = \frac{I_{CQ1}}{\beta_1} \tag{2-96}$$

$$U_{CQ1} = U_{CQ2} = V_{CC} - I_{CQ1}R_C \tag{2-97}$$

$$U_{BQ1} = U_{BQ2} = -I_{BQ1}R \tag{2-98}$$

由于恒流三极管相当于一个阻值很大的长尾电阻，它的作用也相当于引入一个共模负反馈，对差模电压放大倍数没有影响，所以恒流源式差分放大电路的微变等效电路与长尾式差分放大电路的相同，如图 2-71 所示。有时为了简便起见，常常不把恒流源式差分放大电路的恒流三极管 VT_3 的具体电路画出，而采用一个简化的恒流符号来表示，如图 2-73 所示。

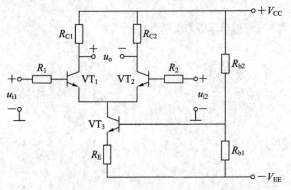

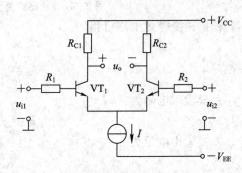

图 2-72　恒流源式差分放大电路　　　　　图 2-73　恒流源式差分放大电路的简化表示法

【知识拓展】　了解各类功放

功放，是功率放大电路的简称。根据放大电路的导电方式，功放分为模拟和数字两种类型。模拟功放通常有 A 类(甲类)、B 类(乙类)、AB(甲乙类)类、G 类、H 类、TD 类，数字功放分为 D 类、T 类。

1. A 类功放

A 类(甲类)功放，是在信号的整个周期内都不会出现电流截止(即停止输出)的一类放大器。但是，A 类功放工作时会产生高热，效率很低。尽管 A 类功放有以上弊端，但其固有的优点是不存在交越失真，并且内部原理存在一些先天优势，是重播音乐的理想选择，它能提供非常平滑的音质，音色圆润温暖，高频透明开扬，中频饱满通透。单端放大器都是甲类工作方式，推挽放大器可以是甲类，也可以是乙类或甲乙类。

2. B 类功放

B 类(乙类)功放是指正弦信号的正负两个半周分别由推挽输出级的两个晶体管轮流放大输出的一类放大器，每一晶体管的导电时间为信号的半个周期，通常会产生我们所说的交越失真。通过调整模拟电路，可以将该失真尽量减小甚至使之消失。B 类功放的效率明显高于 A 类功放。

3. AB 类功放

AB 类(甲乙类)功放介于甲类和乙类功放之间，推挽放大的每一个晶体管导通时间大于信号的半个周期而小于一个周期。因此，AB 类功放有效解决了乙类功放的交越失真问题，效率又比甲类功放高，因此获得了极为广泛的应用。

4. D 类功放

D 类功放也称数字式放大器，利用极高频率的转换开关电路来放大音频信号，具体工作原理如下：D 类功放采用异步调制的方式，在音频信号周期发生变化时，高频载波信号仍然保持不变，因此，在音频频率比较低的时候，PWM 的载波个数仍然较多，因此对抑制高频载波和减少失真非常有利，而载波的变频带远离音频信号频率，因此也不存在与基波之间的相互干扰问题。许多功率高达 1000 W 的 D 类放大器，只不过像 VHS 录像带那么大，这类功放不适宜于用作宽频带的功放，但在有源超低音音箱中有较多的应用。

5. G 类功放

G 类功放为一种多电源的 AB 类功放的改进形式。G 类功放充分利用了音频都具有极高峰值因数(10~20 dB)这一有利条件。大多数时候，音频信号都处在较低的幅值，极少时间会表现出更高的峰值。

G 类功放使用自适应电源轨，并利用一个内置降压转换器来产生耳机放大器正电源电压，充电泵对放大器正电源电压进行反相，并产生放大器负电源电压，这样便让耳机放大器输出可以集中于 0 V。音频信号幅值较低时，降压转换器产生一个低放大器负电源电压，这样便在播放低噪声、高保真音频的同时最小化了 G 类功放的功耗，相比于传统的 AB 类耳机放大器，G 类功放拥有更高的效率。

该类功放的放大原理与 AB 类功放相同，一个重要特点是供电部分采用两组或者多组电压，低功率运行使用低电压，高功率运行时自动切换到高电压。

6. H 类功放

H 类功放的放大电路部分与 AB 类功放的原理相同，但是供电部分采用可调节多级输出电压的开关电源，自动检测输出功率以进行供电电压的选择。

7. K 类功放

K 类功放集成了内部自举升压电路和各种功放电路。D 类功放和 K 类功放可谓有着本质的区别，大家都知道 D 类功放只是众多功放电路中一种效率比较高的数字功放，而 K 类功放只是根据需要将内部集成的自举升压电路和所需求的功放电路，如果要效率高就加 D 类功放，要音质好就加 AB 类功放等。

8. T 类功放

T 类功放的原理与 D 类功放的原理相同，但是信号部分采用 DDP 技术（核心是小信号的适应算法和预测算法）。工作原理如下：音频信号进入扬声器的电流全部经过 DDP 进行运算处理后控制大功率高频晶体管的导通或者关闭，从而达到音频信号的高保真线性放大。该类功放具有效率高、失真小的优点，音质可以与 AB 类功放媲美。

9. TD 类功放

TD 类功放的放大部分与 AB 类功放原理相同，但是供电部分采用完全独立的高精度可调节无级输出的可调节数字电源，电压递进值为 0.1 V，自动检测功率来调节电压的升高或者降低。该类功放由于需要高精度可调节的数字电源，需要对电源有专门的设计，而不能集中在一个芯片上，因此，该类功放主要使用在高级音响上，电路也比较复杂。

6、7、9 类功放需要特殊的电源，因此不能将功能集中在一片 IC 上。而经典的 A 类、B 类、AB 类和 D 类功放有专门的 IC。在实际的设计中，需要各种类型的、应用于不同领域的功放电路，只需要以此为基础，外加相应的电源或者处理模块。

习 题 2

2.1 填空题。

(1) 放大电路的输入电压 $U_i = 10$ mV，输出电压 $U_o = 1$ V，该放大电路的电压放大倍数为_____，电压增益为_____。

(2) 已知某放大电路的 $A_u = 100$，$A_i = 100$，则电压增益为_____dB，电流增益为____dB，功率增益为____dB。

(3) _____电阻反映了放大电路对信号源或前级电路的影响；_____电阻反映了放大电路带负载的能力。

(4) _____通路常用以确定静态工作点；_____通路提供了信号传输的途径。

(5) 射极输出器的主要特点是：电压放大倍数_____、输入电阻_____、输出电阻_____。

(6) 放大器的静态工作点过高可能引起_____失真，过低则可能引起_____失真。

分压式偏置电路具有自动稳定_____的优点。

（7）反馈放大电路由_____电路和_____网络组成。

（8）与未加反馈时相比，如反馈的结果使净输入信号变小，则为_____，如反馈的结果使净输入信号变大，则为_____。

（9）负反馈虽然使放大器的增益下降，但能_____增益的稳定性，_____通频带，_____非线性失真，_____放大器的输入、输出电阻。

（10）差动放大电路中，差模电压放大倍数与共模电压放大倍数之比，称为_____，理想差动放大电路中其值为_____。

（11）差动放大电路具有电路结构_____的特点，因此具有很强的_____零点漂移的能力。它能放大_____模信号，而抑制_____模信号。

（12）差分电路的两个输入端电压分别为 $u_{i1}=2.00$ V，$u_{i2}=1.98$ V，则该电路的差模输入电压 u_{id} 为_____V，共模输入电压 u_{ic} 为_____V。

（13）根据三极管导通时间的不同对放大电路进行分类，在输入信号的整个周期内，三极管都导通的称为_____类放大电路；只有半个周期导通的称为_____类放大电路；有半个多周期导通的称为_____类放大电路。

（14）晶体管乙类互补对称功放由_____和_____两种类型的晶体管构成，其主要优点是_____。

（15）乙类互补对称功率放大电路中，由于三极管存在死区电压而导致输出信号在过零点附近出现失真，称之为_____。

（16）两级放大电路，第一级电压增益为 40 dB，第二级电压放大倍数为 10 倍，则两级总电压放大倍数为_____倍，总电压增益为_____dB。

（17）测量三级晶体管放大电路，得其第一级电路放大倍数为 -30，第二级电路放大倍数为 30，第三级电路放大倍数为 0.99，输出电阻为 60 Ω，则可判断三级电路的组态分别是_____、_____、_____。

（18）集成运放的输入级一般采用差动放大电路，用来克服温漂；中间电压放大级多采用共_____极电路，以提高电压增益；输出级多采用_____功率放大电路，以提高带负载能力。

2.2　选择题。

（1）（　　）情况下，可以用 H 参数小信号模型分析放大电路。

A. 正弦小信号　　　　　　　　　　B. 低频大信号

C. 低频小信号　　　　　　　　　　D. 高频小信号

（2）放大电路 A、B 的放大倍数相同，但输入电阻、输出电阻不同，用它们对同一个具有内阻的信号源电压进行放大，在负载开路条件下测得 A 的输出电压小，这说明 A 的（　　）。

A. 输入电阻大　　　　　　　　　　B. 输入电阻小

C. 输出电阻大　　　　　　　　　　D. 输出电阻小

（3）设放大器的信号源内阻为 R_S，负载电阻为 R_L，输入、输出电阻分别为 R_i、R_o，则当要求放大器恒压输出时，应满足（　　）。

A. $R_o \gg R_L$　　　　　　　　　　B. $R_o \ll R_L$

C. $R_i \gg R_S$　　　　　　　　　　D. $R_S \ll R_L$

(4) 对于共射基本放大电路,基极偏置电阻 R_B 减小时,输入电阻 R_i 将( )。

　　A. 增大　　　　B. 减少　　　　C. 不变　　　　D. 不能确定

(5) 在共射基本放大电路中,信号源内阻 R_S 减小时,输入电阻 R_i 将( )。

　　A. 增大　　　　B. 减少　　　　C. 不变　　　　D. 不能确定

(6) 在共射基本放大电路中,负载电阻 R_L 减小时,输出电阻 R_o 将( )。

　　A. 增大　　　　B. 减少　　　　C. 不变　　　　D. 不能确定

(7) 在由 NPN 晶体管组成的共射基本放大电路中,当输入信号为 1 kHz、5 mV 的正弦电压时,输出电压波形出现了底部削平的失真,这种失真是( )。

　　A. 饱和失真　　　　　　　　　B. 截止失真

　　C. 交越失真　　　　　　　　　D. 频率失真

(8) 某共射极放大电路空载时输出电压有截止失真,在输入信号不变的情况下,经耦合电容接上负载电阻时,失真消失,这是由于( )。

　　A. Q 点上移　　　　　　　　　B. Q 点下移

　　C. 三极管交流负载电阻减小　　D. 三极管输出电阻减小

(9) 在基本放大电路的三种组态中,输入电阻最大的放大电路是( )。

　　A. 共射放大电路　　　　　　　B. 共基放大电路

　　C. 共集放大电路　　　　　　　D. 不能确定

(10) 在电路中可以利用( )实现高内阻信号源与低阻负载之间较好的配合。

　　A. 共射电路　　B. 共基电路　　C. 共集电路　　　D. 共射-共基电路

(11) 在基本放大电路的三种组态中,输出电阻最小的是( )。

　　A. 共发射极放大电路　　　　　B. 共基极放大电路

　　C. 共集电极放大电路　　　　　D. 不能确定

(12) 在三种基本放大电路中,电压增益最小的放大电路是( )。

　　A. 共发射极放大电路　　　　　B. 共基极放大电路

　　C. 共集电极放大电路　　　　　D. 不能确定

(13) 在三种基本放大电路中,电流增益最小的放大电路是( )。

　　A. 共发射极放大电路　　　　　B. 共基极放大电路

　　C. 共集电极放大电路　　　　　D. 不能确定

(14) 已知两共射极放大电路空载时电压放大倍数绝对值分别为 A_{u1} 和 A_{u2},若将它们接成两级放大电路,则其放大倍数绝对值为( )。

　　A. $A_{u1} \times A_{u2}$　　　　　　B. $A_{u1} + A_{u2}$　　　　　　C. 不确定

(15) 直接耦合电路中存在零点漂移主要是因为( )。

　　A. 晶体管的非线性　　　　　　B. 电阻阻值有误差

　　C. 晶体管参数受温度影响　　　D. 静态工作点设计不当

(16) 某双极型三极管多级放大电路中,测得 $A_{u1} = 25$,$A_{u2} = -10$,$A_{u3} \approx 1$,则可判断这三级电路的组态分别是( )。

　　A. 共发射极、共基极、共集电极　　B. 共基极、共发射极、共集电极

　　C. 共基极、共基极、共集电极　　　D. 共集电极、共基极、共基极

(17) 对于放大电路，所谓开环是指（　　　）。

A. 无信号源　　　　B. 无反馈通路　　　　C. 无电源　　　　D. 无负载

(18) 负反馈放大电路中，反馈信号（　　　）。

A. 仅取自输出信号　　　　　　　B. 取自输入信号或输出信号

C. 仅取自输入信号　　　　　　　D. 取自输入信号和输出信号

(19) 某传感器产生的是电压信号（几乎不能提供电流），经过放大后希望输出电压与信号成正比，电路形式应选（　　　）。

A. 电流串联负反馈　　　　　　　B. 电流并联负反馈

C. 电压串联负反馈　　　　　　　D. 电压并联负反馈

(20) 选用差分放大电路的主要原因是（　　　）。

A. 减小温漂　　　　　　　　　　B. 提高输入电阻

C. 稳定放大倍数　　　　　　　　D. 减小失真

(21) 把差分放大电路中的发射极公共电阻改为电流源可以（　　　）。

A. 增大差模输入电阻　　　　　　B. 提高共模增益

C. 提高差模增益　　　　　　　　D. 提高共模抑制比

(22) 为了向负载提供较大功率，放大电路的输出级应采用（　　　）。

A. 共射极放大电路　　　　　　　B. 差分放大电路

C. 功率放大电路　　　　　　　　D. 复合管放大电路

(23) 功率放大电路的效率是指（　　　）。

A. 不失真输出功率与输入功率之比

B. 不失真输出功率与电源供给功率之比

C. 不失真输出功率与管耗功率之比

D. 管耗功率与电源供给功率之比

(24) 若一个乙类双电源互补对称功率放大电路的最大输出功率为 4 W，则该电路的最大管耗约为（　　　）。

A. 0.8 W　　　　B. 4 W　　　　C. 0.4 W　　　　D. 无法确定

(25) 乙类互补对称功率放大电路（　　　）。

A. 能放大电压信号，但不能放大电流信号

B. 既能放大电压信号，也能放大电流信号

C. 能放大电流信号，但不能放大电压信号

D. 既不能放大电压信号，也不能放大电流信号

2.3　三极管放大电路如图 2-74 所示，已知三极管的 $U_{BEQ}=0.7$ V，$\beta=100$，$r_{bb'}=200$ Ω，各电容在工作频率上的容抗可略去。

(1) 求 I_{CQ}、U_{CEQ}。

(2) 画出放大电路的小信号等效电路。

(3) 求电压放大倍数 $A_u=\dfrac{u_o}{u_i}$。

(4) 求输入电阻 R_i 和输出电阻 R_o。

（5）若断开 C_E，则对静态工作点、放大倍数、输入电阻的大小各有何影响？

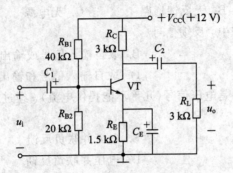

图 2-74 习题 2.3 图

2.4 放大电路如图 2-75 所示，已知电容量足够大，$V_{CC} = 12$ V，$R_B = 500$ kΩ，$R_C = 5.1$ kΩ，$R_L = 5.1$ kΩ，三极管的 $\beta = 100$，$r_{bb'} = 200$ Ω，$U_{BEQ} = 0.7$ V。

（1）计算静态工作点。

（2）画出放大电路的小信号等效电路。

（3）计算电压放大倍数 A_u、输入电阻 R_i 和输出电阻 R_o。

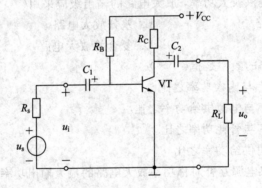

图 2-75 习题 2.4 图

2.5 放大电路如图 2-76 所示，已知电容量足够大，$V_{CC} = 18$ V，$R_{B1} = 75$ kΩ，$R_{B2} = 25$ kΩ，$R_{E2} = 1.8$ kΩ，$R_{E1} = 200$ Ω，$R_C = R_L = 4.7$ kΩ，$R_s = 600$ Ω，三极管的 $\beta = 100$，$r_{bb'} = 200$ Ω，$U_{BEQ} = 0.7$ V。

（1）计算静态工作点。

（2）画出放大电路的小信号等效电路。

（3）计算电压放大倍数 A_u、输入电阻 R_i 和输出电阻 R_o。

（4）若 $u_s = 15\sin\omega t$ (mV)，求 u_o 的表达式。

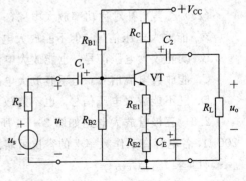

图 2-76 习题 2.5 图

2.6 如图 2-77 所示电路的静态工作点合适，电容值足够大，试指出 VT_1、VT_2 所组成电路的组态，写出 A_u、R_i 和 R_o 的表达式。

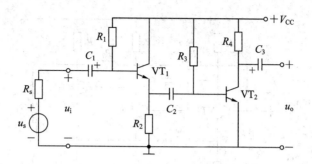

图 2-77 习题 2.6 图

2.7 两级阻容耦合放大电路如图 2-78 所示，设三极管 VT_1、VT_2 的参数相同，$R_{B1} = 100 \text{ k}\Omega$，$R_{B2} = 24 \text{ k}\Omega$，$R_{C1} = 5.1 \text{ k}\Omega$，$R_{C2} = 4.7 \text{ k}\Omega$，$R_{B3} = 33 \text{ k}\Omega$，$R_{B4} = 10 \text{ k}\Omega$，$R_{E1} = 100 \text{ }\Omega$，$R'_{E1} = 1.5 \text{ k}\Omega$，$R_{E2} = 2 \text{ k}\Omega$，$R_L = 5.1 \text{ k}\Omega$，$\beta_1 = 60$，$\beta_2 = 100$，$r_{be1} = 2 \text{ k}\Omega$，$r_{be2} = 2.2 \text{ k}\Omega$，电容值足够大。求 A_u、R_i、R_o。

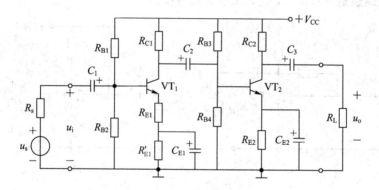

图 2-78 习题 2.7 图

2.8 判断图 2-79 中各电路是否引入了反馈。指出反馈元件，说明是正反馈还是负反馈，是直流反馈还是交流反馈。若为交流反馈请说明反馈类型。

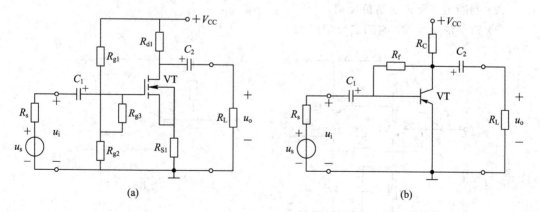

图 2-79 习题 2.8 图

2.9 判断图 2-80 中电路引入了哪些反馈。指出反馈元件，说明是正反馈还是负反馈，是直流反馈还是交流反馈。若为交流反馈请说明反馈类型。

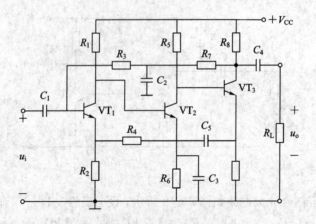

图 2-80　习题 2.9 图

2.10　分析图 2-81 中各电路是否存在反馈。若存在，请指出是电压反馈还是电流反馈，是串联反馈还是并联反馈，是正反馈还是负反馈。

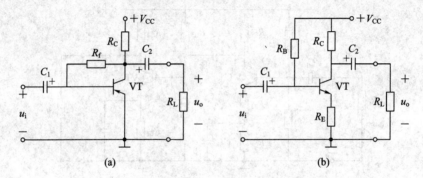

(a)　　　　　　　　　　　　　　　　(b)

图 2-81　习题 2.10 图

2.11　分别分析图 2-82 中各放大电路的反馈。

(1) 在图中找出反馈元件。

(2) 判断是正反馈还是负反馈。

(3) 对交流负反馈，判断其反馈组态。

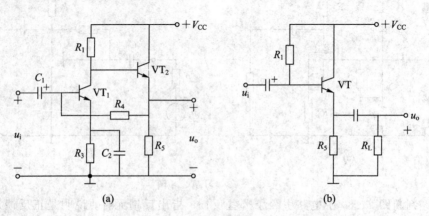

(a)　　　　　　　　　　　　　　　　(b)

图 2-82　习题 2.11 图

2.12　电路如图 2-83 所示，已知 $V_{CC} = V_{EE} = 12$ V，$R_1 = R_2 = 1$ kΩ，$R_C = R_E = 10$ kΩ，三极管的 $\beta = 100$，$r_{bb'} = 200$ Ω，$U_{BEQ} = 0.7$ V。试求：

（1）VT_1、VT_2 的静态工作点 I_{CQ1}、U_{CEQ1} 和 I_{CQ2}、U_{CEQ2}。

（2）差模电压放大倍数 A_{ud}。

（3）差模输入电阻 R_{id} 和输出电阻 R_o。

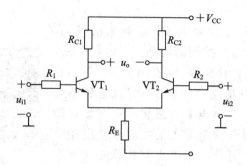

图 2-83　习题 2.12 图

2.13　如图 2-84 所示电路中，已知 $V_{CC} = V_{EE} = 15$ V，$R_L = 10$ Ω，VT_1、VT_2 的死区电压和饱和压降可忽略不计。试求：最大不失真输出时的功率 P_{om}、电源供给的总功率 P_V 及放大电路的效率 η。

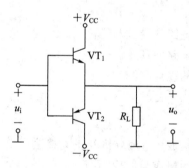

图 2-84　习题 2.13 图

2.14　一个功率放大电路，管子在输入正弦波信号 u_i 作用下，在一周期内 VT_1 和 VT_2 轮流导通约半周，两个管子的饱和压降相等 $U_{CES} = 2$ V，电源电压 $V_{CC} = V_{EE} = 18$ V，负载 $R_L = 8$ Ω。试求：

（1）在输入信号有效值为 10 V 时，计算输出功率、总管耗、直流电源供给的功率和效率。

（2）计算最大不失真输出功率，并计算此时的各管管耗、直流电源供给的功率和效率。

项目 3　直流稳压电源

当今社会人们极大地享受着电子设备带来的便利，但是任何电子设备都有一个共同的电路——电源电路，大到超级计算机，小到袖珍计算器，所有的电子设备都必须在电源电路的支持下才能正常工作。可以说电源电路是一切电子设备的基础，没有电源电路就不会有如此种类繁多的电子设备。电池作为最常见的电源被使用在手机、平板等便携设备中。另外一大类电源则是把 220 V AC(市电)经过处理后输出低压直流电源供电，如手机充电器、计算机的电源等。

图 3-1　直流稳压电源

图 3-1 所示是一比较常见的直流稳压电源。本项目主要学习 AC-DC 的直流稳压电源，同时了解开关稳压电源。

 能力目标

- 能完成直流稳压电源电路的测试与维修。
- 能读懂直流稳压电源电路原理图。
- 能完成直流电源电路的设计与制作。

知识目标

- 掌握桥式整流电路的组成、原理分析及正确接法。
- 了解串联型稳压电路的组成与原理。
- 掌握三端集成稳压器的应用。
- 了解开关稳压电源的基本原理。

【项目导学】　直流稳压电源的制作

1. 实训内容

设计并制作一个线性直流稳压电源，输入电压 $U=220$ V，$f=50$ Hz，输出 $+5$ V 直流电压，最大输出电流 1 A，直流稳压电源电路原理图如图 3-2 所示。

2. 工作任务单

(1) 小组制订工作计划。

(2) 读懂直流稳压电源电路原理图，明确元件连接和电路连线。

(3) 画出布线图。

（4）完成电路所需元件的检测。

（5）根据布线图制作直流稳压电源电路。

（6）完成直流稳压电源电路功能检测和故障排除。

（7）通过小组讨论完成电路详细分析及实训报告。

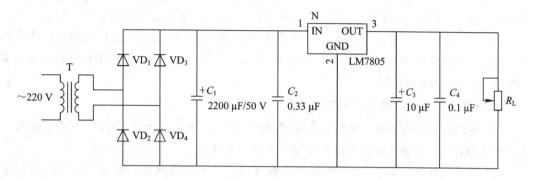

图 3-2　直流稳压电源电路原理图

3. 实训目标

（1）小组制订工作计划，小组成员按分配任务开展工作。

（2）识别原理图，明确元件连接和电路连线。

（3）根据原理图焊接、制作电路。

（4）完成电路的测试及故障检测。

（5）小组讨论完成电路的详细分析及编写实训报告。

4. 实训设备与器件

实训设备：模拟电路实验装置 1 台，万用表 1 台，示波器 1 台，变压箱，滑行变阻器。

实训器件：电路所需元器件名称、数量和代号见表 3-1。

表 3-1　元器件名称、规格型号和数量

名　　称	数　量	代　　号
1N4007	4	$VD_1 \sim VD_4$
50 Ω、200 W 变阻箱	1	R_L
2200 μF/50 V 电解电容器	1	C_1
0.33 μF/25 V 涤纶电容器	1	C_2
10 μF/35 V 电解电容器	1	C_3
0.1 μF/63 V 涤纶电容器	1	C_4
三端稳压器 LM7805	1	N
2A 熔断器（含座）	1	FU
香蕉接线柱	2	X_1、X_2
9～220 V　20 VA 变压器	1	T
平板型或 H 型 30 mm×40 mm 散热片	1	
4 mm×20 mm 螺丝、螺母	4 套	

5. 实训电路说明

(1) 设计要求。输入交流电压 220 V，$f = 50$ Hz，输出电压 +5 V，最大输出电流 1 A。

(2) 电路工作原理。利用交流变压器 T 把 220 V(有效值)50 Hz 的交流电降压，得到 12 V 的交流电，然后通过 $VD_1 \sim VD_4$ 四个二极管组成的全波整流电路，把交流电整流成直流电，经过 C_1 滤波，再把信号送给三端稳压器 LM7805，经过稳压作用，最后得到一个电压波系数很小的 +5 V 直流电压。电路中 C_2 的作用是消除输入连线较长时其他感应引起的自激振荡，其取值范围为 $0.1 \sim 1$ μF(若接线不长时可不用)；C_3、C_4 的作用是改善负载的瞬态响应，减小电路高频噪声。

6. 直流稳压电源电路的安装与测试

(1) 电路的元器件检测。对照电路原理图核对各个元器件的型号、参数，用万用表等工具对重要器件进行检测，确保元器件性能符合使用要求。

(2) 设计装配图。按图 3 - 2 所示电路原理图，设计出装配图。装配图的总体布局原则是：

① 电路所用元器件要尽量集中放置，使元器件间连线尽量短，并节省空间。

② 发热元器件(如变压器、大功率集成电路等)要放置在便于通风的位置。

③ 尽量减少元器件间的相互干扰。如受温度影响性能变化比较大的元器件要远离发热元件等。

④ 便于操作、调整和检修。

⑤ 元器件排布整齐、美观。

(3) 直流稳压电源的设计：首先直流稳压电源的设计最终是为了给负载(电路)供电，所以在设计前要搞清楚负载到底需要多大的电压和电流。

① 稳压电路设计。本设计中输出电压为 5 V，最大电流为 1 A，则稳压电路的输出电压 V_{out} 和最大电流 I_{out} 可以确定，故选择三端稳压器 LM7805 满足需求。

② 整流滤波电路设计。滤波由电容 C_1 完成，电容 C_2、C_4 可去除一些高频干扰，电解电容 C_3 可在进一步过滤信号的同时储存一些能量，在负载电流突然变大时释放。由于 78 系列三端稳压器输入端电压至少比输出端电压高 3 V，所以整流滤波后的直流电压不小于 $3 + 5 = 8$ V。选择电解电容时注意其耐压值不能小于施加在两端的电压，否则电解电容极易发生爆炸。3 个电容取值见表 3 - 1。

③ 变压器选择。根据变压器次级电压 U_2 与整流滤波后的直流电压 8 V 的关系，可得 $U_2 = 8/1.1 = 7.7$ V，所以选择了次级线圈为 9 V 的变压器，同时根据最大输出功率为 $P_o = I_o \times U_o = 5$ W，所以选用额定功率为 10 VA、次级线圈为 9 V 的单绕组变压器即可实现。

(4) 电路板的安装与焊接。电路可以连接在自制的 PCB(印制电路板)上，也可以焊接在万能板上，或通过"面包板"插接。根据配装图确定本电路各元器件在电路板上的具体位置，最好是按电路的变压、整流、滤波、稳压功能分级焊接，便于调试与检测。如果是万能板，要先用砂纸打磨需焊接处，待焊接的元件也要处理后再焊接在电路板上。具体焊接时，要注意 LM7805 的管脚及电解电容的正、负极不能接错；各部分要共地；焊接点要圆滑、无毛刺、无虚焊、美观、整洁。

电路的调试过程一般是先分级调试，再级联调试，最后进行整机调试与性能指标的测试。分级调试的过程，可在安装与焊接的过程中同时进行，也就是焊接好整流电路部分，就调试整流电路部分，确保整流电路部分功能正常时再继续下一步的滤波部分的安装。依此类推，直到整个电路完成为止。完成整流、滤波安装，就进行这两级的级联调试。

7. 分析与报告

完成电路的详细分析及编写项目实训报告。

8. 实训考核

表 3-2 为直流稳压电源制作的考核表。

表 3-2 直流稳压电源制作的考核表

项目	内容	配分	考核要求	扣分标准	得分
安全操作规范	1.安全用电(3分) 2.环境整洁(3) 3.操作规范(4)	10	积极参与，遵守安全操作规程和劳动纪律，有良好的职业道德和敬业精神	安全用电和 7S 管理	
电路安装工艺	1.元件的识别 2.电路的安装	10	电路安装正确且符合工艺规范	焊接工艺	
任务与功能验证	1.功能验证 2.测试结果记录	70	1.熟悉各电路功能 2.正确测试验证各部分电路 3.正确记录测试结果	依照测试报告分值	
团队分数	团队协作	10	团队分工合作情况及完成答辩情况	团队合作与职业岗位要求	
合计		100			
注：各项配分扣完为止					

3.1 直流稳压电源的基本组成

在电子设备工作过程中，通常都需要电压稳定的直流电源供电。本节介绍的直流电源为单相小功率电源，它将频率为 50 Hz、有效值为 220 V 的单相交流电压转换为幅值稳定、输出电压为几十伏以下的直流电压。常用小功率直流稳压电源一般由电源变压器、整流电路、滤波电路、稳压电路等四部分组成，其组成框图如图 3-3 所示。

直流稳压
电源的介绍

1. 电源变压器

由于大多数电子设备所需的直流电压一般为几至几十伏，而交流电网提供的 220 V(有效值)电压相对较大，因此电源变压电路的作用就是将较高的交流电网电压变换为较低的交流电压。另外，变压器还可以起到将直流电源与电网隔离的作用。

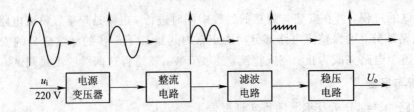

图 3-3　直流稳压电源的组成框图

2. 整流电路

整流电路的作用是将降压后的交流电压转换为脉动的直流电压，但仍存在着很大的交流成分(称为纹波)，需要滤波电路对其进行滤波。

3. 滤波电路

滤波电路的作用是对整流电路输出的脉动电压进行滤波，输出较为平滑的直流电压。滤波电路实际为低通滤波器，其截止频率应低于整流输出电压的基波频率。

4. 稳压电路

经过整流滤波后的电压接近于直流电压，但是其电压值的稳定性很差，它受温度、负载、电网电压波动等因素的影响很大。因此，稳压电路的作用就是维持输出电压的稳定。

3.2　二极管整流电路

整流电路利用二极管的单向导电性将交流电压变换为单向脉动直流电压。本节主要介绍半波整流电路和全波桥式整流电路。

3.2.1　半波整流电路

由于在一个周期内，二极管导电半个周期，负载 R_L 只获得半个周期的电压，故称为半波整流。经半波整流后获得的是波动较大的脉动直流电。

半波整流电路

1. 电路组成

半波整流电路如图 3-4 所示，T_r 为电源变压器，VD 为整流二极管，R_L 为负载电阻。为分析方便，可设二极管为理想的。

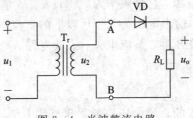

图 3-4　半波整流电路

2. 工作原理

设变压器二次侧电压为

$$u_2 = U_{2m}\sin\omega t = \sqrt{2}U_2\sin\omega t$$

式中，U_{2m} 为其幅值，U_2 为有效值。

在 u_2 的正半周，A 点极性为正，B 点极性为负，二极管 VD 受正向电压偏置而导通，$u_o = u_2 = \sqrt{2}U_2 \sin\omega t$（$\omega t = 0 \sim \pi$）；

在 u_2 的负半周，A 点极性为负，B 点极性为正，二极管 VD 处于反向偏置状态而截止，$u_o = 0$（$\omega t = \pi \sim 2\pi$）。

u_2 和 u_o、u_D 的波形如图 3-5 所示，显然，输入电压是双极性，而输出电压是单极性，是半波波形，输出电压与输入电压的幅值基本相等。

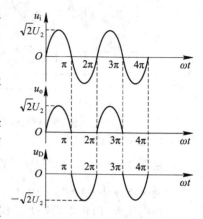

3. 指标参数计算

负载上获得的是脉动直流电压，其大小用平均值 $U_{O(AV)}$ 来衡量：

图 3-5　半波整流电路的波形

$$U_{O(AV)} = \frac{1}{2\pi}\int_0^\pi \sqrt{2}U_2 \sin\omega t \, d(\omega t) = \frac{\sqrt{2}}{\pi}U_2 = 0.45U_2 \qquad (3-1)$$

流过负载电流的平均值为

$$I_{O(AV)} = \frac{0.45}{R_L}U_2 \qquad (3-2)$$

流过二极管的平均电流与负载电流相等，故

$$I_{D(AV)} = I_{O(AV)} = \frac{0.45}{R_L}U_2 \qquad (3-3)$$

二极管反向截止时承受的最高反向电压等于变压器副边电压的最大值，所以

$$U_{RM} = \sqrt{2}U_2 \qquad (3-4)$$

4. 特点

单相半波整流电路简单，元件少，但输出电压脉动很大，变压器利用率低，因此半波整流仅适用于要求不高的场合。

5. 半波整流电路中二极管的安全工作条件

（1）二极管的最大整流电流必须大于实际流过二极管的平均电流，即

$$I_F > I_{D(AV)} = \frac{0.45U_2}{R_L}$$

（2）二极管的最大反向工作电压 U_R 必须大于二极管实际所承受的最大反向峰值电压 U_{RM}，即 $U_R > U_{RM} = \sqrt{2}U_2$。

3.2.2　全波桥式整流电路

1. 电路组成

全波桥式整流电路如图 3-6 所示，其中 4 个二极管接成电桥的形式，故有桥式整流之称。图 3-7 所示为该电路的简化画法。

桥式整流电路

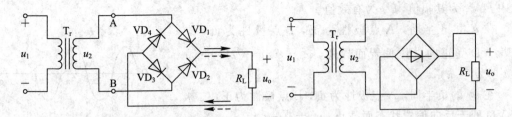

图 3-6　全波桥式整流电路　　　　图 3-7　全波桥式整流电路的简化画法

2. 工作原理

在图 3-6 所示的电路中，设变压器二次侧电压 $u_2 = U_{2m}\sin\omega t = \sqrt{2}U_2\sin\omega t$，其中 U_{2m} 为其幅值，U_2 为有效值。

在电压 u_2 的正半周期，二极管 VD₁、VD₃ 因受正向偏压而导通，VD₂、VD₄ 因受反向电压而截止，电流方向从 A 点经过二极管 VD₁、负载电阻 R_L、二极管 VD₃ 回到 B 点。

在电压 u_2 的负半周期，二极管 VD₂、VD₄ 因受正向偏压而导通，VD₁、VD₃ 因受反向电压而截止，电流方向从 B 点经过二极管 VD₂、负载电阻 R_L、二极管 VD₄ 回到 A 点。

在整个周期内，VD₁、VD₃ 和 VD₂、VD₄ 轮流导通，所以整个周期都有同一方向的电流流过负载电阻 R_L。u_2 和 u_o、u_D 的波形如图 3-8 所示，输入电压是双极性的，输出电压是单极性的，是全波波形，输出电压与输入电压的幅值基本相等。

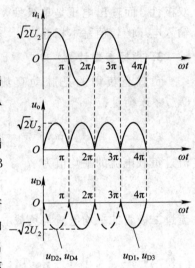

图 3-8　全波整流电路的波形

3. 指标参数计算

负载的输出电压平均值为

$$U_{O(AV)} = \frac{1}{2\pi}\int_0^{2\pi} u_o \, d(\omega t) = \int_0^{2\pi} 2\sqrt{2}U_2\sin\omega t \, d(\omega t) \approx 0.9U_2 \qquad (3-5)$$

负载的平均电流为

$$I_{O(AV)} = \frac{U_O}{R_L} = 0.9\frac{U_2}{R_L} \qquad (3-6)$$

在每个周期内，两组二极管轮流导通，各导电半个周期，所以每只二极管的平均电流应为负载电流的一半，即

$$I_{D(AV)} = \frac{1}{2}I_O = 0.45\frac{U_2}{R_L} \qquad (3-7)$$

在一组二极管正向导通时，另一组二极管反向截止，其承受的最高反向电压为变压器副边电压的峰值，即

$$U_{RM} = \sqrt{2}U_2 \qquad (3-8)$$

4. 特点

桥式整流比半波整流复杂，但输出电压脉动比半波整流小一半，变压器的利用率也较高，因此全波整流电路得到了广泛的应用。

5. 全波整流电路中二极管的安全工作条件

（1）二极管的最大整流电流必须大于实际流过二极管的平均电流。由于 4 个二极管是两两轮流导通的，因此有

$$I_{\text{F}} > I_{\text{D(AV)}} = \frac{1}{2}\frac{U_{\text{O(AV)}}}{R_{\text{L}}} = 0.45\frac{U_2}{R_{\text{L}}}$$

（2）二极管的最大反向工作电压 U_{R} 必须大于二极管实际所能承受的最大反向峰值电压 U_{RM}，即

$$U_{\text{R}} > U_{\text{RM}} = \sqrt{2}U_2$$

3.3 电容滤波电路

整流电路只是把交流电变成了脉动的直流电，这种直流电波动很大，主要是含有很多不同幅值和频率的交流成分。为了获得平稳的直流电，必须利用滤波器将交流成分滤掉。这里我们介绍常用的电容滤波电路。

滤波电路

1. 电路组成

在整流电路负载电阻的两端并联一个电容就可构成电容滤波电路，如图 3-9 所示。电容滤波电路主要是利用电容的充放电作用，使输出电压趋于平滑。

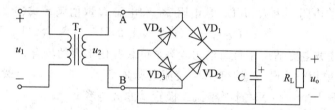

图 3-9 电容滤波电路

2. 工作原理

没有接电容时，由于是全波整流，输出电压波形如图3-10中虚线所示。首先，$u_2 = U_{2\text{m}}\sin\omega t = \sqrt{2}U_2\sin\omega t$，因此不管是在正半周期还是负半周期，电源电压 u_2 一方面向 R_{L} 供电，另一方面对电容 C 进行充电。由于充电时间常数很小（二极管导通电阻和变压器内阻很小），电容很快被充满电荷，其两端电压 U_{C} 基本接近 $U_{2\text{m}}$ 且不会突变。

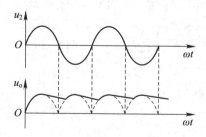

图 3-10 电容滤波电路输出波形

当 u_2 在正半周期从零开始上升时，此时电容上电压 U_{C} 基本接近 $U_{2\text{m}}$。由于 $u_2 < U_{\text{C}}$，

VD_1、VD_3、VD_2、VD_4均截止，电容 C 通过 R_L 放电，由于放电时常数 $t_d = R_L C$ 很大（R_L 较大时），因此放电速度很慢，U_C 下降很少。与此同时，u_2 仍按 $\sqrt{2}U_2\sin\omega t$ 的规律上升，当 $u_2 > U_C$ 时，VD_1、VD_3 导通，u_2 对 C 开始充电。然后，u_2 又按 $\sqrt{2}U_2\sin\omega t$ 的规律下降，当 $u_2 < U_C$ 时，所有二极管均截止，故 C 又经 R_L 放电。不难理解，在 u_2 的负半周期也会出现与上述基本相同的结果。这样，在 u_2 的不断作用下，电容不断进行充放电，周而复始，从而得到一个近似于锯齿波的电压 u_o，使负载电压的纹波大为减小。

3. 电容滤波电路中电容 C 和负载电阻 R_L 的变化对输出电压的作用

图 3-9 所示电路中的电容 C 和负载电阻 R_L 的变化对输出电压的作用如下：

（1）$R_L C$ 越大，电容放电速度越慢，负载电压中的纹波成分越小，负载平均电压越高。电路中的电容 C 一般取大于 $1000\ \mu\text{F}$ 的。为了得到平滑的负载电压，一般取

$$R_L C \geqslant (3 \sim 5)\frac{T}{2} \tag{3-9}$$

式中，T 为交流电源电压的周期。

（2）R_L 越小，输出电压越小。若 C 值一定，当 $R_L \to \infty$ 即空载时，有

$$U_{O(AV)} = \sqrt{2}U_2 \approx 1.4U_2$$

当 $C = 0$ 即无电容时，有

$$U_{O(AV)} \approx 0.9U_2$$

当整流电路的内阻不太大（几欧）且电阻 R_L 和电容 C 取值满足式（3-9）时，有

$$U_{O(AV)} \approx (1.1 \sim 1.2)U_2 \tag{3-10}$$

总之，电容滤波电路适用于负载电压较高、负载变化不大的场合。

【例 3-1】 单相桥式电容滤波整流，交流电源频率 $f = 50\ \text{Hz}$，负载电阻 $R_L = 40\ \Omega$，要求直流输出电压 $U_o = 20\ \text{V}$，选择整流二极管及滤波电容。

解 （1）由式（3-10）选二极管：

$$U_2 = \frac{U_o}{1.2} = \frac{20}{1.2} = 17\ \text{V}$$

通过二极管的电流平均值为

$$I_D = \frac{1}{2}I_o = 0.5\frac{U_o}{R_L} = \frac{1}{2} \times \frac{20}{40} = 0.25\ \text{A}$$

二极管承受的最高反压为

$$U_{RM} = \sqrt{2}U_2 = 24\ \text{V}$$

二极管应满足：

$$I_F \geqslant (2 \sim 3)I_o$$
$$U_{RM} = \sqrt{2}U_2$$

查手册可选 2CZ55C（参数：$I_F = 1\ \text{A}$，$U_R = 100\ \text{V}$）或 1 A、100 V 的整流桥。

（2）选滤波电容。

$$T = \frac{1}{f} = \frac{1}{50} = 0.02\ \text{s}$$

根据式（3-9），有

$$R_{\mathrm{L}}C = 4 \times \frac{T}{2} = 0.04 \text{ s}$$

$$C = \frac{0.04 \text{ s}}{40\Omega} = 1000 \text{ μF}$$

可选取 1000 μF、耐压为 50 V 的电解电容。

【仿真任务5】 整流滤波电路的仿真测试

1. 目的

(1) 掌握半波整流和全波整流电路的基本运算关系。

(2) 掌握电容滤波电路的基本运算关系。

(3) 掌握 Multisim 仿真软件的使用。

2. 实验内容及要求

半波整流电路的仿真测试电路如图 3 - 11 所示。全波整流电路的仿真测试电路如图 3 - 12所示。完成整流滤波电路的仿真测试并回答问题，掌握整流电路和滤波电路的基本原理及其基本运算关系。

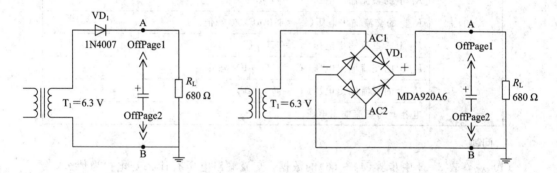

图 3 - 11 半波整流电路的仿真测试电路　　　图 3 - 12 全波桥式整流电路的仿真测试电路

3. 步骤

(1) 按图 3 - 11 连好电路。

(2) 用示波器测量负载 R_{L} 上的交流输出电压，记录于表 3 - 3 中。

(3) 用万用表测量负载 R_{L} 上的直流输出电压，记录于表 3 - 3 中。

(4) 在 AB 端连接一个 47 μF 的滤波电容，重复步骤(2)～(3)测量并记录于表 3 - 3中。

(5) 在 AB 端连接一个 470 μF 的滤波电容，重复步骤(2)～(3)测量并记录于表 3 - 3中。

(6) 在 AB 端连接一个 4700 μF 的滤波电容，重复步骤(2)～(3)测量并记录于表 3 - 3中。

(7) 断开电阻，用万用表测量输出电压，并记录在表 3 - 3 中。

(8) 按图 3 - 12 连好电路。

(9) 重复步骤(2)～(7)。

表 3 – 3　整流滤波电路测试数据

步　骤	测　量　内　容	测 量 值
(2)	R_L 上的交流输出电压(峰峰值)	
(3)	R_L 上的直流输出电压	
(4)	R_L 上的交流输出电压($C=47\ \mu F$)(峰峰值)	
	R_L 上的直流输出电压($C=47\ \mu F$)	
(5)	R_L 上的交流输出电压($C=470\ \mu F$)(峰峰值)	
	R_L 上的直流输出电压($C=470\ \mu F$)	
(6)	R_L 上的交流输出电压($C=4700\ \mu F$)(峰峰值)	
	R_L 上的直流输出电压($C=4700\ \mu F$)	
(7)	电容上的直流输出电压	
(9)	R_L 上的交流输出电压(峰峰值)	
	R_L 上的直流输出电压	
	R_L 上的交流输出电压($C=47\ \mu F$)(峰峰值)	
	R_L 上的直流输出电压($C=47\ \mu F$)	
	R_L 上的交流输出电压($C=470\ \mu F$)(峰峰值)	
	R_L 上的直流输出电压($C=470\ \mu F$)	
	R_L 上的交流输出电压($C=4700\ \mu F$)(峰峰值)	
	R_L 上的直流输出电压($C=4700\ \mu F$)	
	电容上的直流输出电压	

4. 问题

(1) 观察表 3 – 3 中步骤(4)~(6)的数据，交流输出电压有什么变化？为什么？

(2) 观察表 3 – 3 中第(6)步与第(2)步中的直流输出电压关系，以及第(9)步中 R_L 上的直流输出电压($C=4700\ \mu F$)与 R_L 上的直流输出电压关系，得出结论，用公式写出。

(3) 写出第(7)步输出电压与 T_1 的关系，描述原因。

3.4　稳 压 电 路

3.4.1　反馈串联型稳压电路

1. 反馈串联型稳压电路的结构

虽然稳压管稳压电路简单，但使用它时存在两方面的问题：一是电网电压和负载电流变化较大时，电路将失去稳压作用，适用范围小；二是稳压值只能由稳压管的型号决定，不能连续可调，稳压精度不高，输出电流也不大，很难满足对电压精度要求高的负载的需要。为解决这一问题，可采用反馈串联型稳压电路。

图 3-13 所示为反馈串联型稳压电路框图。其中 U_i 是整流滤波电路的输入电压，VT 为调整管，A 为比较放大电路，同相端电位由稳压管 VD_Z 与限流电阻 R 串联所构成的简单稳压电路获得，反相端电位将输出取样得到；R_1 与 R_2 组成反馈电路，是用来反映输出电压变化的取样环节。该电路由于引入深度电压负反馈，输出电阻趋近于零，因此输出电压相当稳定。注意：三极管工作在线性区。

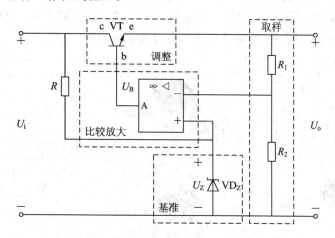

图 3-13　反馈串联型稳压电路框图

2. 反馈串联型稳压电路的工作原理

图 3-13 中，反馈串联型稳压电路是利用输出电压的变化量由反馈电路取样经放大电路 A 放大后去控制调整 VT 的 C-E 极间的电压降，从而达到稳定输出电压 U_o 的目的。稳压原理可简述为：当输入电压 U_i 由于某种原因增大（或负载电流 I_o 减小）时，导致输出电压 U_o 增加，集成运放取样了输出端的一部分与同相端基准电压 U_Z 相比较，其差值电压经比较放大电路放大后使 U_B 减小，调整 VT 工作在线性区，U_{BE} 不变，则使 U_o 减小，从而维持 U_o 基本恒定。

串联型稳压电路的工作原理

同理，当输入电压 U_i 减小（或负载电流 I_o 增大）时，亦将使输出电压基本保持不变。

在理想运放条件下 $u_N = u_P$，可得

$$U_Z = \frac{R_2}{R_1 + R_2} U_o$$

推导得到

$$U_o = U_Z \left(1 + \frac{R_1}{R_2}\right) \tag{3-11}$$

式(3-11)表明，输出电压 U_o 与基准电压 U_Z 和采样电路有关，它是设计稳压电路的基本关系式。

3.4.2　集成稳压电路

集成稳压电路具有体积小、可靠性高、性能指标好、价格低廉等优点，在仪器仪表及其他电子设备中得到了广泛的应用。集成稳压电路的种类很　集成稳压电路

多，其中三端集成稳压器的使用最广泛。

固定输出式三端集成稳压器的通用产品有 CW78 系列（正电源）和 CW79 系列（负电源）。型号的意义为：78 或 79 后面所加的字母表示额定输出电流，例如，L 表示 0.1 A，M 表示 0.5 A，无字母表示 1.5 A；最后的两位数字表示额定电压，例如，CW7805 表示输出电压为 +5 V，额定电流为 1.5 A。其常用外形、封装形式及引脚排列如图 3-14 所示。3 个管脚分别为输入端 IN、输出端 OUT、接地端 GND。要注意 CW78 系列和 CW79 系列的三端稳压的管脚排列是不同的，如果接错了就有可能烧掉器件。

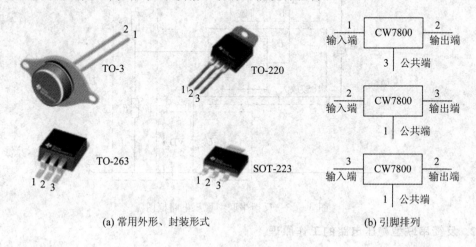

(a) 常用外形、封装形式　　　　　　　　　　(b) 引脚排列

图 3-14　CW78、CW79、CW117 系列稳压器的常用外形、封装形式及引脚排列

1. 基本应用电路

CW78 系列三端稳压器共有 10 个型号的器件：CW7805、CW7806、CW7808、CW7809、CW7810、CW7812、CW7815、CW7818、CW7820、CW7824。其基本应用电路如图 3-15 所示，该电路的输出电压为 12 V，最大输出电流为 1.5 A。

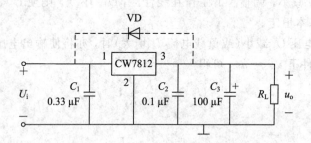

图 3-15　CW78 系列的基本应用电路

为使电路能正常工作，对各元器件有如下要求：输入端电压 U_i 应比输出端电压至少大 3 V 才有比较好的效果；电容器 C_1 一般取 0.33 μF，其作用是抵消长接线时的电感效应，防止自激振荡，抑制电源侧的高频脉冲干扰；输出端电容 C_2、C_3 可改善负载的瞬态响应，具有消除高频噪声及振荡的作用；VD 为保护二极管，用来防止输入端短路时大电容 C_3 通过稳压器放电而损坏器件。

2. 输出正负电压的电路

图 3-16 所示为采用 CW7815 和 CW7915 两块固定输出式三端集成稳压器所组成的可同时输出 +15 V、-15 V 电压的稳压电路。

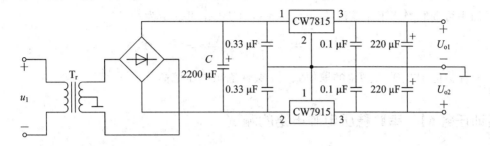

图 3-16　可同时输出正、负电压的稳压电路

3. 可调输出式三端集成稳压器

与 CW78 和 CW79 系列固定输出式三端集成稳压器相比，可调输出式三端集成稳压器公共端的电流非常小，因此可以很方便地组成精密可调的稳压电源，应用更为灵活。其典型产品有：具有正电压输出的 CW117、CW217、CW317 系列和具有负电压输出的 CW137、CW237、CW337 系列。其额定电流的标示方法和 CW78、CW79 系列一样，也是在序列号后用字母标注。

图 3-17 为可调输出式三端集成稳压器的基本应用电路。为防止输入端发生短路时 C_4 向稳压器反向放电而损坏稳压器，在稳压器两端反向并联了一只二极管 VD_1。VD_2 则是为防止因输出端发生短路时 C_2 向调整端放电可能损坏稳压器而设置的。C_2 可减小输出电压的纹波。R_1、R_2 构成取样电路，可通过调节 R_2 来改变输出电压的大小。

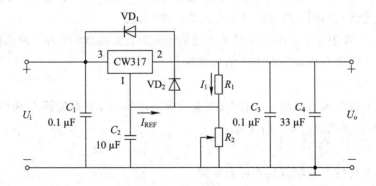

图 3-17　可调输出式三端集成稳压器的基本应用电路

其输出端 2 脚和调整端 1 脚之间的电压是稳定电压，为基准电压 $U_{REF} = 1.25$ V。其输出电压的大小可表示为

$$U_{o} = \frac{U_{REF}}{R_1}(R_1 + R_2) + I_{REF}R_2$$

由于基准电流 $I_{REF} \approx 50 \ \mu A$，可以忽略，所以

$$U_o \approx 1.25 \ V \times \left(1 + \frac{R_2}{R_1}\right)$$

为保证电路在负载开路时能正常工作，R_1 的选取很重要。由于元件参数的离散性，实际运用中可选取静态工作电流 $I_Q = 10 \ mA$，于是 R_1 可确定为

$$R_1 = \frac{U_{REF}}{I_Q} = \frac{1.25 \ V}{10 \times 10^{-3} A} = 125 \ \Omega$$

取标称值 120 Ω。若 R_1 的取值太大，会使输出电压偏高。

【实训任务6】 串联稳压电源电路的测试

1. 直流稳压电源的性能指标

直流稳压电源的性能指标分为特性指标和质量指标两类。

1）特性指标

（1）最大输出电流 I_{omax}。对于简单稳压二极管稳压电路，I_{omax} 取决于稳压管最大允许工作电流。由前面的讨论可知，$I_{omax} = \frac{U_1 - U_Z}{R}$，当 R 取所允许的最小值时，$I_{omax} \approx I_{Zmax}$，其值约为几百毫安。由此可见，简单稳压电路的最大输出电流较小，因此应用场合较少。

串联式稳压电路和开关式稳压电路的 I_{omax} 取决于调整管的最大允许耗散功率和最大允许工作电流。

（2）输出电压 U_o 和电压调节范围。对于简单稳压二极管稳压电路，$U_o = U_Z$ 且是不可调节的。通用直流稳压电源的输出范围可以从 0 V 起调，且连续可调。

（3）保护特性。直流稳压电源必须设有过流保护和电压保护电路，以防止负载电流过载或短路以及电压过高时，对电源本身或负载产生危害。

（4）效率 η。效率 η 指稳压电源将交流能量转换为直流能量的效率。降低调整管的功耗可以有效地提高效率并提高电源工作的可靠性。

2）质量指标

通常稳压电源的输出电压 U_o 的波动主要受输入电压 U_i、负载电流 I_o 和环境温度 T（单位℃）这 3 个因素变化的影响，因此有

$$U_o = f(U_i, I_o, T) \tag{3-12}$$

则输出电压的变化量的一般表达式可表示为

$$\Delta U_o = \frac{\partial U_o}{\partial U_i} \Delta U_i + \frac{\partial U_o}{\partial I_o} \Delta I_o + \frac{\partial U_o}{\partial T} \Delta T$$

或

$$\Delta U_o = K_u \Delta U_i - R_o \Delta I_o + S_T \Delta T$$

上式中 3 个变量的系数即为直流稳压电源的 3 项质量指标 K_u、R_o、S_T。显然，这些参数值越小越好。

（1）输入电压调整因数 K_u 和稳压系数 γ。通常将输入电压的变化量与所引起的输出电压的变化量之比，称为输入电压调整因数，即

$$K_u = \frac{\Delta U_o}{\Delta U_i}\bigg|_{\Delta T=0,\ \Delta I_o=0} \tag{3-13}$$

实际上常用输出电压的相对变化量和输入电压的相对变化量之比来表征电源的稳压性能，称之为稳压系数，即

$$\gamma = \frac{\Delta U_o/U_o}{\Delta U_i/U_i}\bigg|_{\Delta T=0,\ \Delta I_o=0} \tag{3-14}$$

（2）输出电阻 R_o。将输出电压变化量和负载电流变化量之比定义为输出电阻，即

$$R_o = \frac{-\Delta U_o}{\Delta I_o}\bigg|_{\Delta T=0,\ \Delta U_i=0} \tag{3-15}$$

式中，负号表示 ΔU_o 与 ΔI_o 变化方向相反。

（3）温度系数 S_T。单位温度变化所引起的输出电压变化就是稳压值的温度系数或称温度漂移，即

$$S_T = \frac{\Delta U_o}{\Delta T}\bigg|_{\Delta I_o=0,\ \Delta U_i=0} \tag{3-16}$$

（4）纹波电压 U_γ。在额定工作电流下，输出电压中交流分量总和的有效值称为纹波电压 U_γ。

3. 串联型直流稳压电源性能指标的测试

任务 1　直流稳压电源输出电压调节范围的测试

（1）将整流滤波后的直流电压 15 V 接入图 3-18 所示电路的输入端，先不接负载电阻 R_L。用万用表测量输出电压 U_o，并将测试结果记录于表 3-4 中。

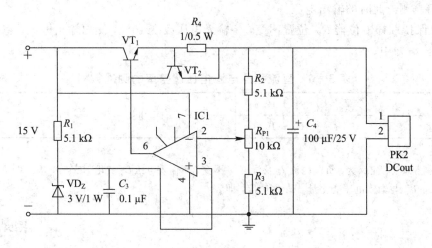

图 3-18　串联稳压电路性能指标测试电路

（2）把电位器 R_{P1} 调到中间位置，用万用表测量应有输出电压 U_o，然后调节取样电位器 R_{P1} 到最低位置，测出输出电压 U_{omin}，再把取样电位器 R_{P1} 调到最高位置，测出输出电压 U_{omax}。将测试结果记录于表 3-4 中。

表 3-4　直流稳压电源输出电压调节范围的测试数据

取样电位器 R_{P1}	最低位置	最高位置	直流电压调节范围	
输出电压 U_o				

任务 2　直流稳压电源输出电阻与电流调整率的测试

（1）将图 3-18 所示电路的取样电位器 R_{P1} 调到大约中间位置，接上负载电阻 R_L，用数字万用表测出此时的输出电压。

（2）把负载电阻从最大值开始逐渐减小，一直减小到使输出电压出现明显下降为止，测量负载电阻在减小过程中输出电压与输出电流的变化关系，并将测试结果记录于表3-5中。

表 3-5　直流稳压电源输出电阻与电流调整率的测试数据

负载电阻 R_L	∞			
输出电压 U_o				
输出电流 I_o				
最大输出电流 I_{omax}			输出电阻 R_o	

说明：

① 最大输出电流 I_{omax} 定义为：输出电压下降为额定输出电压 10% 时的电流。

② 输出电阻 R_o 定义为：当输入电压和温度不变时，因 R_L 变化导致负载电流变化了 ΔI_o，相应地，输出电压变化了 ΔU_o，两者比值的绝对值称为输出电阻 R_o。即

$$R_o = -\left. \frac{\Delta U_o}{\Delta I_o} \right|_{\substack{\Delta U_i=0 \\ \Delta T=0}}$$

任务 3　直流稳压电源输出电压调整率的测试

（1）将图 3-18 所示电路的取样电位器 R_{P1} 调到中间位置，接上合适的负载电阻 R_L，用数字万用表测出此时的输出电压。

（2）保持取样电位器 R_{P1} 位置不变，将输入电压改变 10%，测出输出电压。将测试结果记录于表 3-6 中。

表 3-6　直流稳压电源电压调整率的测试数据

U_i		$U_i + 10\%$	电压调整率	
U_o		$U_o + 10\%$		

说明：

电压调整率 S_U 定义为：负载电流 I_o 及温度 T 不变，而输入电压 U_i 变化 10% 时，输出电压 U_o 的相对变化量 $\Delta U_o / U_o$ 与输入电压变化量 ΔU_i 之比值，即

$$S_U = \left. \frac{\Delta U_o / U_o}{\Delta U_i} \times 100\% \right|_{\substack{\Delta I_o=0 \\ \Delta T=0}}$$

【知识拓展】　开关电源

随着全球对能源问题的重视，电子产品的耗能问题将愈来愈突出，如何

开关稳压电源

降低其待机功耗、提高供电效率，成为一个急待解决的问题。

传统的线性稳压电源虽然电路结构简单、工作可靠，但它存在着效率低（只有 $40\%\sim50\%$）、体积大、铜铁消耗量大、工作温度高及调整范围小等缺点。为了提高效率，人们研制出了开关式稳压电源，它的效率可达 85% 以上，稳压范围宽，除此之外，还具有稳压精度高、不使用电源变压器等特点，是一种较理想的稳压电源。

串联线性电源与开关电源（见图 3-19）的区别：

（1）串联线性电源：电源调整管工作在放大状态；具有效率低、损耗大、温升高的特点。

（2）开关电源：电源调整管工作在开关状态；具有功率密度高、质量轻、体积小的特点。

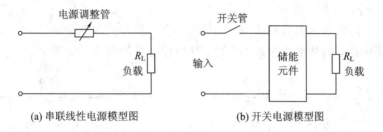

(a) 串联线性电源模型图　　　　(b) 开关电源模型图

图 3-19　串联线性电源与开关电源模型图

1. 开关电源的分类

按调整管与负载的连接方式，开关电源可分为串联型和并联型。

按稳压的控制方式，开关电源可分为脉冲宽度调制型（PWM）、脉冲频率调制型（PFM）和混合调制（即脉宽—频率调制）型。

按调整管是否参与振荡，开关电源可分为自激式和他激式。

按使用开关管的类型，开关电源可分为晶体管、VMOS 管和晶闸管。

按变换方式，开关电源可分为下列四大类：

第一大类：AC/DC 开关电源。

第二大类：DC/DC 开关电源。

第三大类：DC/AC 开关电源（亦称逆变器）。

第四大类：AC/AC 开关电源（亦称变频器）。

常见一次开关电源（AC/DC）如图 3-20 所示。

图 3-20　常见一次开关电源（AC/DC）

常见二次开关电源(DC/DC)如图 3-21 所示。

图 3-21　常见二次开关电源(DC/DC)

按开关管和输出之间是否有变压器隔离,开关电源可分为下列两大类:无变压器的非隔离式、有变压器的隔离式。

对于输入与输出电压之间不需隔离,只用一个工作开关 VT 和电感 L、二极管 VD、电容 C 组成的变换器,最基本的为如下三种,其原理电路如图 3-22 所示。

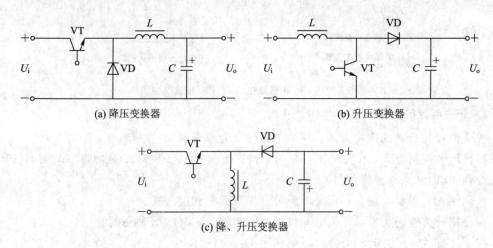

(a) 降压变换器　　　　　　　　　(b) 升压变换器

(c) 降、升压变换器

图 3-22　三种类型的开关电源变换器原理电路

2. 串联开关电源

1) 换能电路的基本原理

常见的开关电源就是将电网交流电压(220 V)交流电经变压器、整流滤波电路得到直流电压,再通过电路控制开关管进行高速的导通与截止,将直流电转化为高频脉冲,对高频脉冲进行滤波,得到直流电压,通过引入负反馈,控制占空比,获得稳定的输出电压。

转化为高频交流电的原因是高频交流在变压器变压电路中的效率要比工频 50 Hz 高很多,所以开关变压器可以做得很小,而且工作时自身损耗低,发热量少,成本低。故开关电源克服了线性电源的缺点,应用广泛。

构成开关电源的基本思路:AC ——→DC ——→AC ——→DC。

如前所述,按稳压的控制方式开关电源可分为脉冲宽度调制型(PWM)、脉冲频率调制型(PFM)和混合调制(即脉宽—频率调制)型。在实际的应用中,脉冲宽度调制型使用得较多,在目前开发和使用的开关电源集成电路中,绝大多数也为脉冲宽度调制型。因此,下面就主要介绍脉冲宽度调制型开关电源。高频开关电源基本结构如图 3-23 所示。

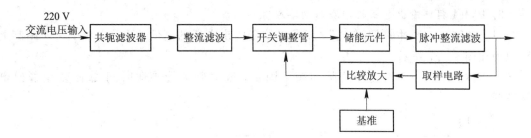

图 3-23 高频开关电源基本结构

2）进线抗电磁干扰电路（EMI）

进线抗电磁干扰电路如图 3-24 所示，通常由一个线圈和两个电容组成，其作用是双向滤波。

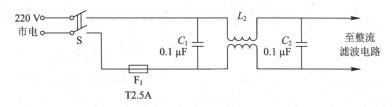

图 3-24 进线抗电磁干扰电路

对高频干扰信号而言，电容呈短路，而电感则呈开路。高频干扰被电容短路。对 50 Hz 低频而言，电容呈开路，而电感短路。因此，50 Hz 市电可以顺利通过。常用 EMI 电路通常有两级 EMI，如图 3-25、图 3-26 所示。

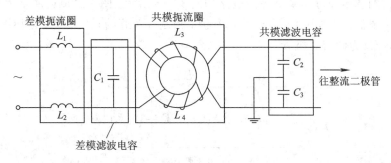

图 3-25 两级 EMI 电路

(a) 共模滤波电容、差模滤波电容、共模扼流圈

(b) 差模扼流圈

图 3-26 电器中常见的两级 EMI 电路

3）PWM 调整输出电压的方法与电路原理

只要改变开关脉冲的"占空比"，就可以改变输出电压的高低，开关电源 PWM 调制电路原理如图 3 - 27 所示。

在具体电路中，可以使开关脉冲频率固定，改变开关管导通时间 t_{on} 而改变输出电压高低。

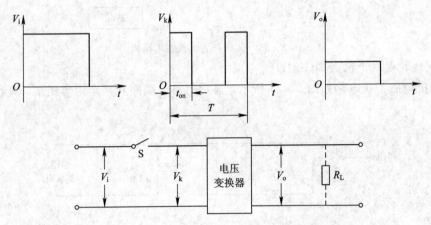

图 3 - 27　开关电源 PWM 调制电路原理

当输出电压比输入电压低时，这类电源称为 BUCK 转换器；当输出电压比输入电压高时，这类电源称为 BOOST 转换器。

3. BUCK 转换器

换能电路的基本原理图及其等效电路如图 3 - 28 所示。图 3 - 28(a)所示为基本原理图，晶体管 VT 为调整管，即开关管；u_B 为脉冲波，控制开关管的开关状态；电感 L 和电容 C 组成滤波电路，VD 为续流二极管。

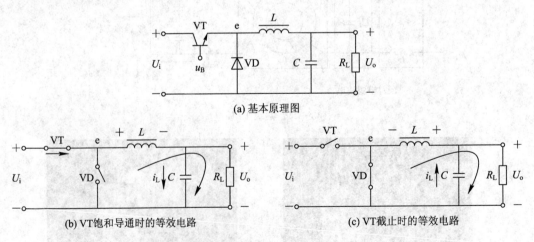

图 3 - 28　换能电路的基本原理图及其等效电路

当 u_B 为高电平时，VT 饱和导通，如图 3 - 28(b)所示，电感上的电压为

$$u_L = U_i - U_o \qquad (3 - 17)$$

电感的基本物理公式为

$$u_{\text{L}} = L \frac{\mathrm{d}i_{\text{L}}}{\mathrm{d}t} \qquad (3-18)$$

将式(3-17)代入式(3-18)中可得

$$\frac{\mathrm{d}i_{\text{L}}}{\mathrm{d}t} = \frac{U_{\text{i}} - U_{\text{o}}}{L} \qquad (3-19)$$

从该式中可看出电感充电电流斜率近似为常量。

当 u_{B} 为低电平时，VT 截止，等效电路如图 3-28(c)所示，电感上的电压为

$$u_{\text{L}} = -(U_{\text{o}} + U_{\text{D}}) \qquad (3-20)$$

将式(3-20)代入式(3-18)中可得

$$\frac{\mathrm{d}i_{\text{L}}}{\mathrm{d}t} = -\frac{U_{\text{o}} + U_{\text{D}}}{L} \qquad (3-21)$$

从式(3-19)、式(3-21)中可看出电感放电电流斜率也近似为常量。换能电路的波形分析如图 3-29 所示。

下面分析输出电压和输入电压的关系，根据 KCL，有

$$i_{\text{C}} = i_{\text{L}} - I_{\text{o}} = i_{\text{L}} - \frac{U_{\text{o}}}{R_{\text{L}}}$$

对等式两边积分，考虑到电容吸入的电流等于输出电流，所以电容电流的积分为 0。

$$\frac{1}{T}\int i_{\text{C}}\mathrm{d}t = \frac{1}{T}\int i_{\text{L}}\mathrm{d}t - I_{\text{o}} = 0$$

可得到 $\dfrac{1}{T}\displaystyle\int i_{\text{L}}\mathrm{d}t = I_{\text{o}}$，即电感平均电流等于负载电流。

电感是无损耗器件，只起到能量搬运的作用。根据上面分析，输入电流等于电感电流也等于负载电流，输入电压 U_{i} 接入电路中的时间为 $T \times D$（D 为占空比，$D = T_{\text{on}}/T$），所以根据能量守恒，有 $P_{\text{in}} \times D \times T = P_{\text{out}} \times T$，即 $U_{\text{i}} \times D \times T = U_{\text{o}} \times T$，则得到 $U_{\text{o}} = U_{\text{i}} \times D$。

从上面的分析可以看到 BUCK 转换器的一个重要电压关系：输出电压 U_{o} 等于输入电压 U_{i} 乘以占空比 D。

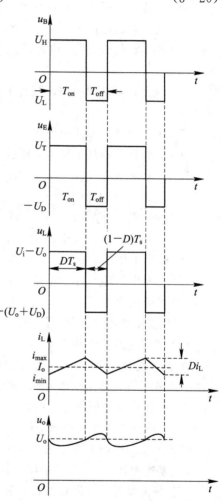

图 3-29　换能电路的波形分析

习　题　3

3.1　填空题。

(1) 在选用整流二极管时，主要考虑的两个参数是_____和_____。

（2）二极管具有_____特性，故可作为整流元件使用。

（3）串联型稳压电路由_____、_____、_____和_____等部分组成。

（4）开关稳压电源的主要优点是____较高，具有很宽的稳压范围；主要缺点是输出电压中含有较大的_____。

（5）功率较小的直流电源多数是将交流电经过_____、_____、____和_____后获得。

3.2　判断题。

（1）整流电路可将正弦电压变为脉动的直流电压。（　　）

（2）电容滤波电路适用于小负载电流，而电感滤波电路适用于大负载电流。（　　）

（3）在单相桥式整流、电容滤波电路中，若有一只整流管断开，输出电压平均值变为原来的一半。（　　）

（4）线性直流电源中的调整管工作在放大状态，开关型直流电源中的调整管工作在开关状态。（　　）

（5）因为串联型稳压电路中引入了深度负反馈，因此也可能产生自激振荡。（　　）

（6）在稳压管稳压电路中，稳压管的最大稳定电流必须大于最大负载电流。（　　）

3.3　选择题。

（1）整流的目的是（　　）。

A. 将交流变为直流　　　　　B. 将高频变为低频　　　C. 将正弦波变为方波

（2）在单相桥式整流电路中，若有一只整流管接反，则（　　）。

A. 输出电压约为 $2U_{VD}$　　　B. 变为半波直流　　　C. 整流管将因电流过大而烧坏

（3）直流稳压电源中滤波电路的目的是（　　）。

A. 将交流变为直流　　　　　B. 将高频变为低频

C. 将交、直流混合量中的交流成分滤掉

（4）滤波电路应选用（　　）。

A. 高通滤波电路　　　　　B. 低通滤波电路　　　　　C. 带通滤波电路

（5）若要组成输出电压可调、最大输出电流为 3 A 的直流稳压电源，则应采用（　　）。

A. 电容滤波稳压管稳压电路　　　　　B. 电感滤波稳压管稳压电路

C. 电容滤波串联型稳压电路　　　　　D. 电感滤波串联型稳压电路

（6）串联型稳压电路中的放大环节所放大的对象是（　　）。

A. 基准电压　　　B. 采样电压　　　C. 基准电压与采样电压之差

（7）开关型直流电源比线性直流电源效率高的原因是（　　）。

A. 调整管工作在开关状态　　　B. 输出端有 LC 滤波电路

C. 可以不用电源变压器

3.4　桥式整流电路滤波电路如图 3-30 所示。已知 $U_2 = 10$ V，试分析不同情况下的输出电压值：

（1）二极管 VD_1 虚焊。

（2）电容 C 虚焊。

（3）电阻 R_L 虚焊。

（4）正常焊接完成。

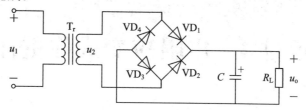

图 3 - 30　习题 3.4 图

3.5　单相桥式整流电容滤波电路如图 3 - 30 所示。已知交流电源频率 $f = 50$ Hz，u_2 的有效值 $U_2 = 15$ V，$R_L = 100$ Ω。试估算：

（1）输出电压 U_o 的平均值。

（2）流过二极管的平均电流。

（3）二极管承受的最高反向电压。

（4）滤波电容 C 容量的大小。

3.6　电路如图 3 - 30 所示，试分析该电路出现以下故障时，会出现什么现象。

（1）二极管 VD_1 的正负极性接反。

（2）VD_1 击穿短路。

（3）VD_1 开路。

3.7　电路如图 3 - 30 所示，电路中 u_2 的有效值 $U_2 = 20$ V。

（1）电路中 R_L 和 C 增大时，输出电压是增大还是减小？为什么？

（2）在 $R_L C = (3 \sim 5) \dfrac{T}{2}$ 时，输出电压 U_o 与 U_2 的近似关系如何？

（3）若将二极管 VD_1 和负载电阻 R_L 分别断开，各对 U_o 有什么影响？

（4）C 断开时，U_o 等于多少？

3.8　直流稳压电源如图 3 - 31 所示。

（1）说明电路的整流电路、滤波电路、调整管、基准电压电路、比较放大电路、采样电路等部分各由哪些元件组成。

（2）标出集成运算放大器的同相输入端和反相输入端。

（3）写出输出电压的表达式。

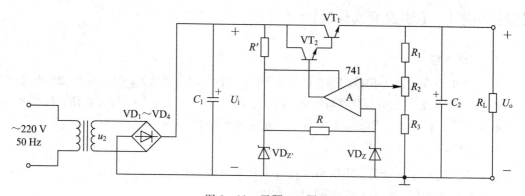

图 3 - 31　习题 3.8 图

项目 4　　电阻应变式称重计

电子秤在日常生活中经常用到，图 4-1 为厨房用高精度电子秤。本项目完成一个电阻应变式称重计。为完成本项目，下面主要学习集成运算放大器基础知识，以及由集成运放组成的各种基本运算电路，包含比例运算，加法、减法运算，积分、微分运算，以及仪表放大电路。

图 4-1　厨房用高精度电子秤

 能力目标

- 能熟练使用常规仪器对集成运算放大器组成的电路进行分析测试和故障处理。
- 会用 Multisim 或者 TINA 软件完成电子线路的仿真实验。
- 会对集成运放的基本运算电路进行识图。
- 会阅读集成运算放大器芯片资料。

知识目标

- 了解集成运算放大器的主要参数、性能特点及其使用方法。掌握集成运算放大器的基本运算电路的结构。
- 掌握由集成运算放大电路构成的基本运算电路的计算。

【项目导学】　电阻应变式称重计

1．实训内容

利用电阻应变式压力传感器制作简易电子秤，加深了解运算放大器构建信号调理电路的方法，掌握电子产品常见故障的检测与维修方法。电子应变式称重计电路原理图如图 4-2 所示，采用带有支架的 1 kg 量程、灵敏度为 1 mV/V 的称重传感器（见图 4-3）。

2．工作任务单

（1）小组制订工作计划，小组成员按分配任务开展工作。

（2）识别原理图，明确元件连接和电路连线。

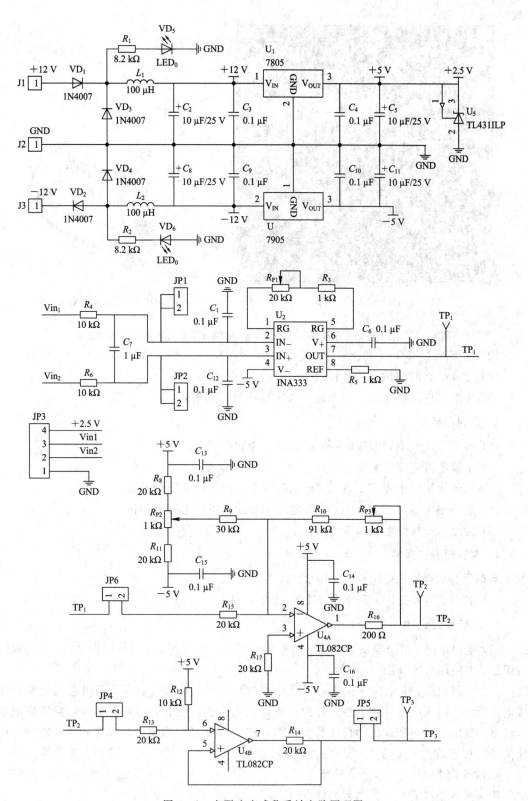

图 4-2　电阻应变式称重计电路原理图

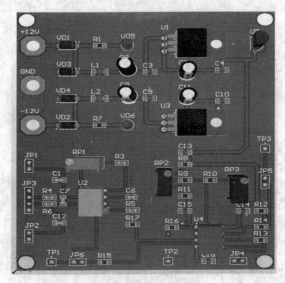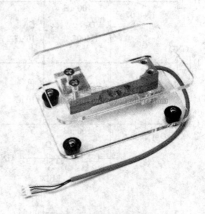

(a) 电阻应变式称重计PCB图　　　　　　　　(b) 1 kΩ电阻应变式传感器及支架

图 4-3　电阻应变式称重计 PCB 图、1 kg 电阻应变式传感器及支架传感器

（3）根据图 4-3(a)，焊接、制作电路。

（4）完成电路的测试及故障检测。

（5）小组讨论完成电路的详细分析及编写项目实训报告。

3. 实训目标

（1）增强专业知识，培养良好的职业道德和职业习惯。

（2）了解电阻应变式称重计电路的组成与工作原理。

（3）熟练使用电子焊接工具，完成电阻应变式称重计电路的装接。

（4）熟练使用电子仪器仪表，完成电阻应变式称重计电路的调试。

（5）能分析及排除电路故障。

4. 实训设备与器件

实训设备：直流稳压电源、万用表各 1 台及焊接工具 1 套。

实训器件：电路所需元件名称和数量见表 4-1。

5. 实训电路说明

（1）电路组成：电阻应变式称重计由电阻应变式压力传感器、信号调理电路、电源模块等组成。电路原理图如图 4-2 所示。

（2）电路原理：电阻应变式压力传感器的核心是电阻应变片，内部利用电阻应变片组成电桥形式。利用应变片将弹性元件的形变转换为阻值的变化，再通过转换电路转变成电压输出。利用电阻应变式压力传感器实现对一定范围重量的测量。电桥输出微弱的差分电压信号经仪表放大器 U_2：INA333 放大后，加到双运算放大器 U_{4A}：TL082 进行零点调节（R_{P2}）、满度调节（R_{P3}），输出信号经由 U_{4B}：TL082 将 $-5 \sim +5$ V 电压转换为 $0 \sim 5$ V电压，送单片机系统中处理，得到被测物体重量。

表 4-1　电阻应变式称重计电路的元件清单

名　称	数量	代　号	名　称	数量	代　号
10 kΩ 电阻	4	R_4、R_6、R_{12}、R_{13}	1N4007	4	VD_1、VD_2、VD_3、VD_4
1 kΩ 电阻	2	R_3、R_5	发光二极管	2	VD_5、VD_6
20 kΩ 电阻	4	R_8、R_{11}、R_{15}、R_{17}	1NA333	1	U_2
30 kΩ 电阻	1	R_9	TL082CN	1	U_4
91 kΩ 电阻	1	R_{10}	LM7805	1	U_1
200 Ω 电阻	11	R_{16}	LM7905	1	U_3
100 Ω 电阻	1	R_{14}	TL431	1	U_5
330 Ω 电阻	1	R_2	0.1 μF 瓷片电容	10	$C_4 \sim C_6$、C_{10}、C_{11}、$C_{13} \sim C_{17}$
8.2 kΩ 电阻	2	R_1、R_7	1 μF 瓷片电容	3	C_1、C_7、C_{12}
100 μH 电感	2	L_1、L_2	电解电容 10 μF/25 V	4	C_2、C_3、C_8、C_9
称重传感器	1		XH2.54-4P 插座	1	JP3
电源端子	3	J1、J2、J3	测试端子		
1 kΩ 滑动变阻器	2	R_{P2}、R_{P3}	20 kΩ 滑动变阻器	1	R_{P1}
砝码套装盒	1	1 g、2 g、2 g、5 g、10 g、20 g、20 g、50 g、100 g、200 g、200 g、500 g、1 kg			

6. 电阻应变式称重计电路的安装与调试

（1）识别与检测元件。

（2）元件插装与电路焊接。

（3）参考电源 2.5 V 的检测。

（4）仪表放大电路的检测。

（5）调零电路输出检测。

（6）满量程电路输出检测。

（7）电压转换电路检测。

7. 分析与报告

完成电路的详细分析测试报告。

8. 实训考核

表 4-2 为电阻应变式称重计电路的安装与制作考核表。

表 4-2　电阻应变式称重计电路的安装与制作考核表

项　目	内　容	配　分	考核要求	扣分标准	得　分
工作态度	1.工作的积极性 2.安全操作规程的遵守情况 3.纪律遵守情况	20	积极参与,遵守安全操作规程和劳动纪律,有良好的职业道德和敬业精神	违反安全操作规程扣10分,不遵守劳动纪律扣10分	
电路安装	1.元件的识别 2.电路的安装	15	电路安装正确且符合工艺规范	元器件识别错误,每个扣2分,组装错误扣5分	
电路功能验证	1.功能验证 2.测试结果记录	40	1.熟悉各电路功能 2.正确测试、验证各部分电路 3.正确记录测试结果	每部分电路测试方法不正确扣5分,记录测试结果不正确扣5分	
团队分数	团队协作	25	团队合作情况及完成答辩情况	团队中有一人未完成,扣5分	
合计		100			

注:各项配分扣完为止

4.1　集成运算放大器概述

在半导体制造工艺的基础上,把整个电路中的元器件制作在一块硅基片上,构成特定功能的电子电路,称为集成电路(IC)。集成电路体积虽小,但性能优越,因此其发展速度极为惊人。集成电路从问世至今,已经历了 4 个阶段,即小规模集成电路(SSI)、中规模集成电路(MSI)、大规模集成电路(LSI)和超大规模集成电路(VLSI)。目前,集成电路的应用几乎遍及所有产业的各种产品,已成为电子技术领域中的核心器件。

集成电路按其功能来分,有数字集成电路和模拟集成电路。模拟集成电路种类繁多,有运算放大器、宽频带放大器、功率放大器、模拟乘法器、模拟锁相环、模/数和数/模转换器、稳压电源和音像设备中常用的其他模拟集成电路等。在模拟集成电路中,集成运算放大器(简称集成运放)是应用极为广泛的一种,也是其他各类模拟集成电路应用的基础。

4.1.1　集成运算放大器的基础知识

1. 集成运算放大器的分类

集成运算放大器的种类很多,主要有以下几种分类方式:

(1) 按制作工艺分类,可分为 Bipolar(即双极性)、CMOS 型、BiMOS 型。

(2) 按供电方式分类,可分为双电源供电和单电源供电。

集成运放的
基础知识

（3）按集成度（即一个芯片上的运放个数）分类，可分为单运放、双运放和四运放。

（4）按输入和输出信号特点分类，按放大器增益分为电压放大型、电流放大型、跨导型和互阻型 4 类。

（5）按可控性分类，可分为可变增益运放、选通控制运放。

（6）按性能指标分类，可分为通用型、低噪声型、高速型、高精度型、超低功耗型。

（7）按功能分类，可分为音频运算放大器、4～20 mA 信号调节器、通用运算放大器、频率转换器、高速运算放大器、全差动放大器、功率运算放大器、电流感应放大器、精密运算放大器、比较器、差分放大器、线路驱动、仪表放大器、射频放大器、隔离放大器、采样保持放大器、对数放大器、跨导放大器、可编程变量增益放大器、互阻抗放大器、视频放大器和 TEC/激光 PWM 功率放大器。

2. 集成运算放大器的符号

集成运放的电路符号如图 4-4 所示（省略了电源端、调零端等），其中图 4-4(a)为国内符号，图 4-4(b)为国际符号。它有两个输入端，分别为同相输入端和反相输入端，电压表示对应为 u_P、u_N。这里的"同相"和"反相"是指运放的输入电压与输出电压之间的相位关系，当输入信号从同相端输入，输出电压与输入电压同相，否则反相。同相和反相在电路符号中分别用"＋""－"表示。输出端用电压表示为 u_o。常见的集成运放封装如图 4-5 所示。

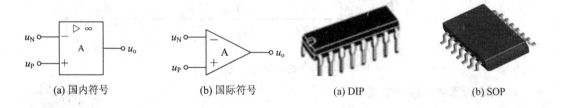

(a) 国内符号	(b) 国际符号	(a) DIP	(b) SOP

图 4-4　集成运放的电路符号　　　　　　图 4-5　集成运放常见封装

3. 集成运算放大器的结构

集成运算放大器的类型很多，电路也不尽相同，但结构具有共同之处，集成运算放大器的组成框图如图 4-6 所示。它主要由输入级、中间级、输出级和偏置电路组成。输入级一般是差分放大电路，其主要功能是抑制零点漂移。中间级多采用共射（共源）放大电路，为了提高电压放大倍数。输出级多采用互补输出电路，主要是起阻抗匹配、增强负载能力以及输出端保护作用。偏置电路为整个电路提供合适的静态工作点。

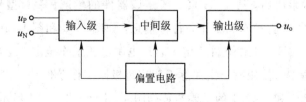

图 4-6　集成运算放大器的组成框图

简化的运算放大器电路图如图 4 - 7 所示。可以看出集成运放有如下特点：

（1）由于硅片上不能制作大电容，所以集成运放采用直接耦合方式。

（2）硅片上不宜制作高阻值电阻，所以在集成运放中常常用有源器件（晶体管或场效应管）取代电阻。

（3）集成运放采用各种差分放大电路（作输入级）和恒流源（作偏置电路或有源负载），目的是减少环境温度和干扰引起的变化。

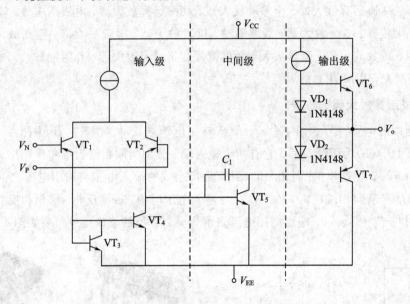

图 4 - 7　简化的运算放大器电路图

4. 集成运算放大器的主要参数

集成运算放大器的参数是正确、合理选择和使用集成运放的基本依据，现在以典型通用型运放 uA741 和精密型运放 OP07 为例，说明集成运算放大器的主要参数。

集成运放的
主要参数

想要查找集成电路的各种参数，需要获得对应器件的技术手册（或称技术文档）。首先将器件的型号输入到搜索引擎（例如 www.baidu.com）中，输入"OP07 PDF"一般可在搜索列表中得到该器件的技术手册链接，单击链接就可以打开 OP07 的技术手册了，如图 4 - 8 所示。同样可搜索 uA741 的技术手册。

打开 OP07 技术手册后，第 1～3 页一般是该器件的生产厂商、型号、功能、特点、综述、外形、内部结构、管脚排布和工作条件等信息，如图 4 - 9 和图 4 - 10 所示。其中以管脚排布、工作条件较为重要。工作条件决定了芯片电源电压工作范围、最大差分输入电压、焊接温度和焊接时间等等。使用时一定注意不能超过极限工作条件。

技术手册中 OP07 和 uA741 的主要参数如图 4 - 10 和图 4 - 11 所示。

图 4 - 8　利用搜索引擎获得技术手册

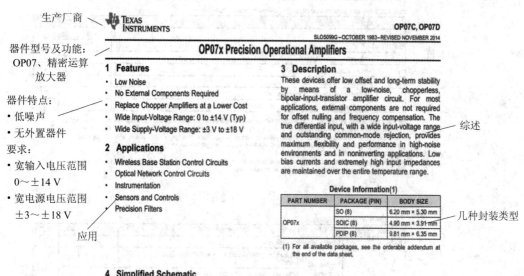

图 4 - 9　OP07 技术手册第 1 页

6　Pin Functions

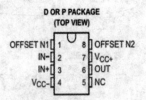

D OR P PACKAGE
(TOP VIEW)

```
OFFSET N1 [ 1      8 ] OFFSET N2
     IN– [ 2      7 ] V_CC+
     IN+ [ 3      6 ] OUT
    V_CC– [ 4     5 ] NC
```

NC – No internal connection

内部结构及
管脚分布

Pin Functions

PIN		TYPE	DESCRIPTION
NAME	NO.		
IN+	3	I	Noninverting input
IN–	2	I	Inverting input
NC	5	—	Do not connect
OFFSET N1	1	I	External input offset voltage adjustment
OFFSET N2	8	I	External input offset voltage adjustment
OUT	6	O	Output
V_CC+	7	—	Positive supply
V_CC–	4	—	Negative supply

7.1　Absolute Maximum Ratings

over operating free-air temperature range (unless otherwise noted)[1]

工作极限参数

		MIN	MAX	UNIT
V_{CC+} [2]	Supply voltage	0	22	V
V_{CC-} [2]		–22	0	
	Differential input voltage[3]		±30	V
V_I	Input voltage range (either input)[4]		±22	V
	Duration of output short circuit[5]		Unlimited	
T_J	Operating virtual-junction temperature		150	°C
	Lead temperature 1.6 mm (1/16 in) from case for 10 s		260	°C

(1) Stresses beyond those listed under *Absolute Maximum Ratings* may cause permanent damage to the device. These are stress ratings only, and functional operation of the device at these or any other conditions beyond those indicated under *Recommended Operating Conditions* is not implied. Exposure to absolute-maximum-rated conditions for extended periods may affect device reliability.
(2) All voltage values, unless otherwise noted, are with respect to the midpoint between V_{CC+} and V_{CC-}.
(3) Differential voltages are at IN+ with respect to IN–.
(4) The magnitude of the input voltage must never exceed the magnitude of the supply voltage or 15 V, whichever is less.
(5) The output may be shorted to ground or to either power supply.

7.2　Handling Ratings

PARAMETER		DEFINITION	MIN	MAX	UNIT
T_{STG}		Storage temperature range	–65	150	°C
$V_{(ESD)}$	Electrostatic Discharge	Human body model (HBM), per ANSI/ESDA/JEDEC JS-001, all pins[1]	0	1000	V
		Charged device model (CDM), per JEDEC specification JESD22-C101, all pins[2]	0	1000	

(1) JEDEC document JEP155 states that 500-V HBM allows safe manufacturing with a standard ESD control process.
(2) JEDEC document JEP157 states that 250-V CDM allows safe manufacturing with a standard ESD control process.

(a)

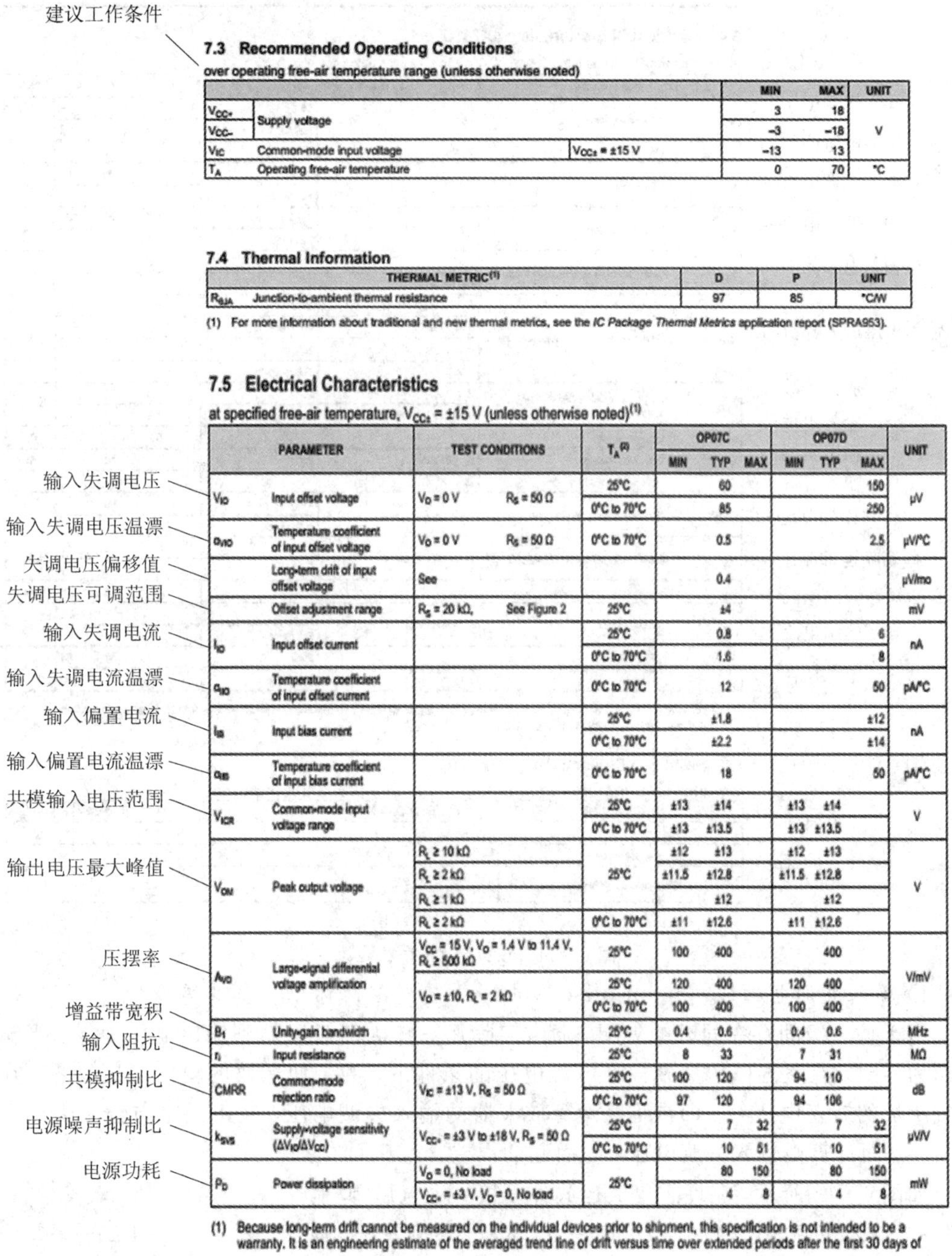

建议工作条件

7.3 Recommended Operating Conditions

over operating free-air temperature range (unless otherwise noted)

			MIN	MAX	UNIT
V$_{CC+}$	Supply voltage		3	18	V
V$_{CC-}$			−3	−18	
V$_{IC}$	Common-mode input voltage	V$_{CC±}$ = ±15 V	−13	13	
T$_A$	Operating free-air temperature		0	70	°C

7.4 Thermal Information

THERMAL METRIC[1]		D	P	UNIT
R$_{θJA}$	Junction-to-ambient thermal resistance	97	85	°C/W

(1) For more information about traditional and new thermal metrics, see the *IC Package Thermal Metrics* application report (SPRA953).

7.5 Electrical Characteristics

at specified free-air temperature, V$_{CC±}$ = ±15 V (unless otherwise noted)[1]

	PARAMETER	TEST CONDITIONS	T$_A$[2]	OP07C MIN	OP07C TYP	OP07C MAX	OP07D MIN	OP07D TYP	OP07D MAX	UNIT
输入失调电压 · V$_{IO}$	Input offset voltage	V$_O$ = 0 V　R$_S$ = 50 Ω	25°C		60				150	μV
			0°C to 70°C		85				250	
输入失调电压温漂 · α$_{VIO}$	Temperature coefficient of input offset voltage	V$_O$ = 0 V　R$_S$ = 50 Ω	0°C to 70°C		0.5				2.5	μV/°C
失调电压偏移值	Long-term drift of input offset voltage	See			0.4					μV/mo
失调电压可调范围	Offset adjustment range	R$_S$ = 20 kΩ,　See Figure 2	25°C		±4					mV
输入失调电流 · I$_{IO}$	Input offset current		25°C		0.8				6	nA
			0°C to 70°C		1.6				8	
输入失调电流温漂 · α$_{IIO}$	Temperature coefficient of input offset current		0°C to 70°C		12				50	pA/°C
输入偏置电流 · I$_{IB}$	Input bias current		25°C		±1.8				±12	nA
			0°C to 70°C		±2.2				±14	
输入偏置电流温漂 · α$_{IIB}$	Temperature coefficient of input bias current		0°C to 70°C		18				50	pA/°C
共模输入电压范围 · V$_{ICR}$	Common-mode input voltage range		25°C	±13	±14		±13	±14		V
			0°C to 70°C	±13	±13.5		±13	±13.5		
输出电压最大峰值 · V$_{OM}$	Peak output voltage	R$_L$ ≥ 10 kΩ	25°C	±12	±13		±12	±13		V
		R$_L$ ≥ 2 kΩ		±11.5	±12.8		±11.5	±12.8		
		R$_L$ ≥ 1 kΩ			±12			±12		
		R$_L$ ≥ 2 kΩ	0°C to 70°C	±11	±12.6		±11	±12.6		
压摆率 · A$_{VD}$	Large-signal differential voltage amplification	V$_{CC}$ = 15 V, 1.4 V to 11.4 V, R$_L$ ≥ 500 kΩ	25°C	100	400			400		V/mV
		V$_O$ = ±10, R$_L$ = 2 kΩ	25°C	120	400		120	400		
			0°C to 70°C	100	400		100	400		
增益带宽积 · B$_1$	Unity-gain bandwidth		25°C	0.4	0.6		0.4	0.6		MHz
输入阻抗 · r$_i$	Input resistance		25°C	8	33		7	31		MΩ
共模抑制比 · CMRR	Common-mode rejection ratio	V$_{IC}$ = ±13 V, R$_S$ = 50 Ω	25°C	100	120		94	110		dB
			0°C to 70°C	97	120		94	106		
电源噪声抑制比 · k$_{SVS}$	Supply-voltage sensitivity (ΔV$_{IO}$/ΔV$_{CC}$)	V$_{CC±}$ = ±3 V to ±18 V, R$_S$ = 50 Ω	25°C		7	32		7	32	μV/V
			0°C to 70°C		10	51		10	51	
电源功耗 · P$_D$	Power dissipation	V$_O$ = 0, No load	25°C		80	150		80	150	mW
		V$_{CC±}$ = ±3 V, V$_O$ = 0, No load			4	8		4	8	

(1) Because long-term drift cannot be measured on the individual devices prior to shipment, this specification is not intended to be a warranty. It is an engineering estimate of the averaged trend line of drift versus time over extended periods after the first 30 days of

(b)

图 4 - 10　OP07 的主要参数

6.4 Electrical Characteristics: μA741C

at specified virtual junction temperature, $V_{CC\pm}$ = ±15 V (unless otherwise noted)

PARAMETER		TEST CONDITIONS[1]		MIN	TYP	MAX	UNIT
输入失调电压 V_{IO}	Input offset voltage	V_O = 0	25°C		1	6	mV
			Full range			7.5	
输入失调电压偏移 $\Delta V_{IO(adj)}$	Offset voltage adjust range	V_O = 0	25°C		±15		mV
输入失调电流 I_{IO}	Input offset current	V_O = 0	25°C		20	200	nA
			Full range			300	
输入偏置电流 I_{IB}	Input bias current	V_O = 0	25°C		80	500	nA
			Full range			800	
共模输入电压范围 V_{ICR}	Common-mode input voltage range	25°C		±12	±13		V
		Full range		±12			
输出电压最大峰值 V_{OM}	Maximum peak output voltage swing	R_L = 10 kΩ	25°C	±12	±14		V
		$R_L \geq$ 10 kΩ	Full range	±12			
		R_L = 2 kΩ	25°C	±10			
		$R_L \geq$ 2 kΩ	Full range	±10			
放大倍数 A_{VD}	Large-signal differential voltage amplification	$R_L \geq$ 2 kΩ	25°C	20	200		V/mV
		V_O = ±10 V	Full range	15			
输入阻抗 r_i	Input resistance	25°C		0.3	2		MΩ
输出阻抗 r_o	Output resistance	V_O = 0; see[2]	25°C		75		Ω
输入容抗 C_i	Input capacitance	25°C			1.4		pF
共模抑制比 CMRR	Common-mode rejection ratio	V_{IC} = V_{ICRmin}	25°C	70	90		dB
			Full range	70			
电源噪声抑制比 k_{SVS}	Supply voltage sensitivity ($\Delta V_{IO}/\Delta V_{CC}$)	V_{CC} = ±9 V to ±15 V	25°C		30	150	μV/V
			Full range			150	
短路输出电流 I_{OS}	Short-circuit output current	25°C			±25	±40	mA
电源电流 I_{CC}	Supply current	V_O = 0; no load	25°C		1.7	2.8	mA
			Full range			3.3	
电源功耗 P_D	Total power dissipation	V_O = 0; no load	25°C		50	85	mW
			Full range			100	

(1) All characteristics are measured under open-loop conditions with zero common-mode input voltage unless otherwise specified. Full range for the μA741C is 0°C to 70°C.

6.6 Switching Characteristics: μA741C

over operating free-air temperature range, $V_{CC\pm}$ = ±15 V, T_A = 25°C (unless otherwise noted)

PARAMETER		TEST CONDITIONS	MIN	TYP	MAX	UNIT
上升时间 t_r	Rise time	V_I = 20 mV, R_L = 2 kΩ C_L = 100 pF; see Figure 1		0.3		μs
	Overshoot factor			5%		
压摆率 SR	Slew rate at unity gain	V_I = 10 V, R_L = 2 kΩ C_L = 100 pF; see Figure 1		0.5		V/μs

图 4 - 11　uA741 的主要参数

1) 输入失调电压 U_{os}（input offset voltage，有时也简称 U_{io}）及其漂移

由于输入级间存在固有的失配，通常实际运算放大器难以做到输出电压为零。当输入电压为零时，在室温（25℃）和标准电源电压的条件下，为了使运放的输出电压为零，在输入端所加的矫正电压 U_{os} 即被称为运算放大器的输入失调电压，输出误差与输入失调电压有关。下面计算由输入失调电压 U_{os} 引起的误差。

如图 4 - 12 所示，在理想集成运放外面接一个电压源"制造"一个输入失调电压，$U_o = U_{os}(1 + R_2/R_1)$。举例来说，通用型运放 uA741C 最大的 U_{os} 为 6 mV，若 R_2/R_1 值为 100，会产生 0.6 V 的误差，这个输出误差不能忽视。而精密运放 OP07C 只有 60 μV。现在一些精密运放 U_{os} 仅仅只有 μV 级别，甚至在精密测量时可选择可调零的运放。

输入失调电压温度漂移，是指输入失调电压随温度改变而改变的大小，一般都在 μV/℃ 的量级。

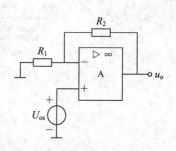

图 4 - 12　集成运放输入失调电压

2）输入偏置电流 I_B 和输入失调电流 I_{OS} 及其温漂

实际的运算放大器在输入管脚都会吸收或流出少量电流，这是由运算放大器的输入级结构（差动放大电路两边无法做到完全对称）决定的。定义运算放大器两输入端流进或流出直流电流的平均值为输入偏置电流 I_B，即

$$I_B = \frac{1}{2}(I_N + I_P)$$

比如输入级为双极型（bipolar）PNP 型晶体管的运放 OPA277，其 I_B 最大为 1 nA；输入级为 P 沟道 JFET 管的运放 OPA129，其 I_B 最大为 100 fA。

温度变化会引起输出电流产生漂移，通常把温度升高 1℃ 输出漂移折合到输入端的等效漂移电流，称为输入失调电流温漂。一般为几 pA。

集成运算放大器两个输入偏置电流之差的绝对值称为输入失调电流 I_{OS}，即

$$I_{OS} = |I_P - I_N|$$

根据图 4-13 输入失调电流示意图可知，由偏置电流、失调电流引起的误差为

$$E_O = \left(1 + \frac{R_2}{R_1}\right)\left[(R_1 /\!/ R_2)I_N - R_P I_P\right] + \left(1 + \frac{R_2}{R_1}\right)(R_1 /\!/ R_2 + R_P)\frac{I_{OS}}{2}$$

这说明没有输入信号，运放电路仍会产生一个非零输出。导致此输出误差产生的根本原因之一是输入端偏置电流、失调电流和外部电阻共同作用，所以为了减小此误差，一般反馈电阻不能取得太大。如果选择 $R_P = R_1 /\!/ R_2$，则可近似得到 $E_O = 2\left(1 + \frac{R_2}{R_1}\right)R_P I_{OS}$。在较老的器件中，由于 I_{OS} 数量级一般小于 I_B，此时平衡电阻 R_P 可大大减小偏置电流的误差，但在用最新工艺制造的一些器件中，由于芯片内部已经有 I_B 的补偿，使得 I_{OS} 与 I_B 的差别不大，这时采用这样的补偿方法就没有

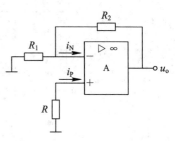

图 4-13　输入偏置电流示意图

意义，反而会引入额外的失调和电阻噪声。同时，减小电阻网络的值有助于减小失调电流带来的输出误差。然而，减小电阻会有增加功率耗散、输入阻抗减小、难以匹配阻值等缺点，需要某种折中。

3）最大差模输入电压 U_{idmax}

其指集成运算放大器的两个输入端之间所允许的最大输入电压值。

4）最大共模输入电压 U_{icmax}

其指运放输入端所允许的最大共模输入电压。若共模输入电压超过该值，则可能造成运放工作不正常，其共模抑制比 K_{CMR} 将明显下降。

5）增益带宽积 GBW

当运算放大器在小信号（V_{PP} 在 1 V 以下的信号时）环境下应用时，电压反馈运算放大器的带宽和增益的乘积是一个定值，即等于增益带宽积 GBW。一般情况下，选择芯片的 GBW 应该大于 100 倍的 $f \times G_c$，f 为被放大信号的最高频率，G_c 为被放大电路所决定的闭环增益。

因此在运放选型时，有如下简单经验：对于 Hz 级的输入信号，所选放大器带宽要达到 kHz；对于 kHz 级的信号，需要放大器带宽达到 MHz；对于 MHz 级的信号，需要考虑带宽

达到百 MHz、GHz 的放大器，或者电流反馈型的放大器。

6）压摆率 SR（slew rate）

压摆率是表征运算放大器全功率带宽的一个指标，它说明了当运算放大器在大信号输入输出时的带宽指标。它描述了运算放大器的最大输出电压摆幅与频率的关系，表示为下式：

$$SR = 2\pi f_{max} \times V_{PP}$$

其中，SR 为压摆率（数据手册上可查得）；f_{max} 为最大输出频率（Hz）；V_{PP} 为输入频率为 f_{max} 时的最大输出电压摆幅。当放大交流信号时要注意压摆率和最大输出电压摆幅。

比如 OP07 的压摆率为 0.3 V/μs，当输入信号为 10 kHz 时通过仿真可看到结果，如图 4 - 14 所示，可看到由于压摆率的限制，导致了在大信号条件下带宽不足的现象（输入信号为正弦波，输出为三角波）。

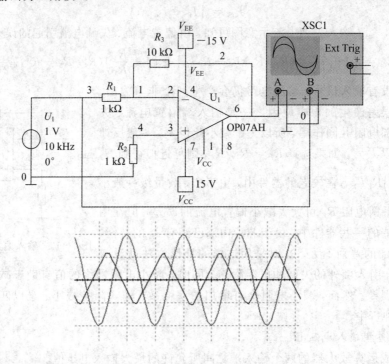

图 4 - 14　OP07 压摆率仿真

7）总谐波失真加噪声（total harmonic distortion plus noise 或 THD＋N）

总谐波失真加噪声，THD＋D，比较的是运放的输出波形和输入波形，通常用纯净的正弦波来测量这个指标。当给一个理想运放输入一个纯净的正弦波时，输出也是一个纯净的正弦波，不会存在高次谐波。但由于现实运放的非线性特征和噪声，输出不再会是一个纯净的正弦波，而出现一些高次谐波。

THD＋N 是以百分比的形式出现的，影响 THD＋N 的因素除了运放本身的设计外，输出信号的幅度和压摆率也很关键。当输出信号幅度超过运放的承受范围后，输出或被消顶和截底，这样就趋近于方波，而方波的频谱特点就是存在大量高次谐波；同样，当压摆率不满足条件时，输出趋近于三角波，其频谱也富含高次谐波。这样就会大大降低运放的

THD+N。

8）电源电流

电源电流 I_{CC} 是运放在没有负载情况下的静态吸收电流。它体现了运放的功耗，在运放中，通常以牺牲功耗为代价换取低的噪声和高的速度。当在低功耗电路中使用运放时，必须考虑运放自身的消耗电流。现在技术改进，一些芯片的消耗电流能达到微安级，在低功耗系统中，放大器的消耗电流是一个很重要的考量指标。

9）电源噪声抑制比

如果运算放大器的供电发生变化（用 ΔV_S 表示），那么就会改变内部晶体管的工作点，其结果就是 V_O 会发生一个微小的变化。用输入失调电压来模拟这种变化，定义电源噪声抑制比为

$$PSRR = \frac{\Delta V_{OS}}{\Delta V_S}$$

随着供电电源噪声的频率增大，PSRR 的性能会急剧变差。所以，在高精度的模拟电路中，一般不会采用开关电源供电，因为虽然效率很高，但是会产生 kHz 量级的电源纹波噪声，对高精度运放来说是一个隐患，因此常用线性稳压器给高精度电路供电。

10）共模抑制比 K_{CMR}

共模抑制比 K_{CMR} 被定义为差分电压放大倍数与共模电压放大倍数的比值，即

$$K_{CMR} = \frac{A_{DIF}}{A_{COM}}$$

因为理想状态下共模电压被完全抑制，所以这个比值应该会无穷大。英文全称是 common mode rejection ratio，因此一般用简写 CMRR 来表示，符号为 K_{CMR}，单位是分贝（dB）。

4.1.2　理想集成运算放大器

1. 理想集成运算放大器的技术指标

实际使用的集成运算放大器与理想的集成运算放大器的特性有一定的差异，但它的发展方向正趋于理想集成运算放大器。

在实际的电路设计或分析过程中，常常把集成运算放大器理想化。理想集成运算放大器具有以下技术指标：

（1）开环电压增益 $A_{od} \rightarrow \infty$。

（2）差模输入电阻 $r_{id} \rightarrow \infty$。

（3）输出电阻 $r_{od} = 0$。

（4）共模抑制比 $K_{CMR} \rightarrow \infty$，即没有温度漂移。

（5）增益带宽积 GBW $\rightarrow \infty$。

（6）输入端的偏置电流和失调电流相等且为零，即 $I_B = I_{OS} = 0$，失调电压为零。

（7）干扰和噪声均不存在。

在一定的工作参数和运算精度要求范围内，采用理想集成运算放大器进行设计或分析的结果与实际情况相差很小，误差可以忽略，这大大简化了设计或分析过程。

2. 理想集成运算放大器传输特性

表示集成运放输出电压 u_o 与输入电压 u_i 之间的关系曲线称为电压传输特性曲线，可分为线性区和饱和区，集成运放传输特性如图 4-15 所示，其中 U_{om} 为输出电压的最大值（芯片资料可查）。由于集成运放的电压放大倍数很大，线性区十分接近纵轴，理想情况下可认为与纵轴重合。

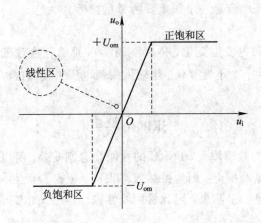

图 4-15　集成运放传输特性

（1）在深度负反馈作用下，运放工作在线性区（集成运算放大器的反相输入端与输出端有通路）。理想集成运算放大器工作在线性区时有以下两个重要特点：

① 理想集成运算放大器的差模输入电压等于零，即 $u_P = u_N$，称为"虚短"。这是因为

$$V_d = \frac{V_o}{A_{od}}, \text{而 } A_{od} \to \infty, V_o \text{ 为有限值，则 } V_d = u_P - u_N = 0, \text{即 } u_P = u_N。$$

② 理想集成运算放大器的输入电流等于零，即 $i_P = i_N = 0$，称为"虚断"。这是因为理想集成运放 $r_{id} \to \infty$，则流入正相和反相输入端的电流为零。

（2）如果集成运算放大器处于开环状态或正反馈状态（集成运算放大器的同相输入端与输出端有通路），则集成运算放大器工作在非线性区（饱和区），此时输出电压不再随着输入电压线性变化，输出电压是一个恒定的值。

理想集成运算放大器工作在非线性区时，也有以下两个重要的特点：

① 理想集成运算放大器的输出电压 u_o 的值有两种可能：当 $u_P > u_N$ 时，输出等于正的最大输出电压（$+U_{om}$）；当 $u_P < u_N$ 时，输出等于负的输出电压（$-U_{om}$）。$+U_{om}$ 或 $-U_{om}$ 在数值上接近集成运算放大器的正负电源值（具体值可查芯片资料），此时"虚短"现象不复存在。

② 理想集成运算放大器的输入电流等于零，"虚断"仍存在。

4.1.3　集成运算放大器应用技巧须知

OP（operational amplifier）放大器即集成运算放大器，应用很广，在选择、使用和调试时，应注意下列的一些问题。

1. OP 放大器的应用范围

OP 放大器是将模拟信号放大的电路，放大电路必须是负反馈电路，下

集成运算放大器
应用技巧须知

面是主要实现某种特性的电路：

- DC 放大器——DC～低频信号的放大器。
- 音频放大器——数十赫兹至数十千赫兹的低频信号的放大器。
- 视频放大器——数赫兹至数十兆赫兹的视频信号的放大器。
- 有源滤波器——数十千赫兹的高通滤波器、低通滤波器、带通滤波器、带阻滤波器等。
- 模拟运算——模拟信号的加法、减法、微分、积分、对数、开方等。
- 信号变换——电压-电流、电流-电压、绝对值变换、RMS 变换等。

以 ADC 采样电路为例，需要调理和转换被采样的信号主要分为两类电压：一类是输入范围包含正负电压的双极性电压，一类是只含正电平的单极性电压。在这些信号送入 ADC 进行转换之前，需要在信号输入和 ADC 输入之间放置一个运算放大器进行匹配。

放大器：提供信号增益，充分利用 ADC 的满量程输入电压范围。

加法器：提供正确的直流偏置，满足多数 ADC 正确工作所需的单极性输入要求。

缓冲器：当不知道信号源的阻抗时，为了防止高输入阻抗的信号源影响 ADC 的转换结果，需要高输入阻抗低输出阻抗的缓冲器完成阻抗变换的工作。

滤波器：抑制不需要频带中的干扰信号。

其他：单端转差分，电流转电压，绝对值变换等。

2. OP 放大器的电源电压

电源往往会很贵，市场上标准的集成产品很多，数字电路使用＋5 V，模拟电路使用 ±12 V 或 ±5 V。

包含直流的低频电路，通常输出电压为 5～10 V 或更低。如今使用 OP 放大器，电源电压一般选用 ±12 V。要求输出电压 10 V 以上时，±12 V 电源就有点吃力了（只有部分 OP 放大器能实现轨到轨输出），此时电源电压可选用 ±15 V。

由于高频电路中 OP 放大器的损耗电流在数毫安至数十毫安或更大，工作电压在 ±12 V 或 ±15 V 的 OP 放大器会发热，所以高频信号小于等于 1 V 时，工作电压选用 ±5 V 就可以。

所以，对于低频电路，OP 放大器的电源一般选用 ±12 V；对于高频电路，OP 放大器的电源一般选用 ±5 V。

3. 通用 OP 放大器

通用 OP 放大器并没有什么特别之处，主要是价格便宜，在一般的应用中具有良好的性能。初期具有代表意义的通用 OP 放大器有 uA709、uA741 及 LM301A 等，特别是 uA741，首次在 IC 内部使用了相位补偿，至今仍被大量应用，是长命不衰的产品。现在很多改造升级的通用运放出现，性能进一步改善，但是价格依然便宜。当测量精度要求不高时，考虑到经济效益，应尽量选择通用 OP 放大器。

4. 温度范围越宽的 OP 放大器其价格越高

一般的电子产品的使用温度，其范围大体为 0～50℃。而电路设计时要求组建的温度范围为 −20～+70℃。OP 放大器等 IC 类的温度范围如下：

- 一般用：0～70℃；

- 通信工业用：$-25\sim+85℃$；
- 军用规格：$-55\sim+125℃$。

5. 一个封装内可含有 1 个、2 个或 4 个 OP 放大器

从前的 OP 放大器，一个封装内只有 1 个放大器。但随着 IC 微细加工技术的进步，与其他 IC 同样，OP 放大器的封装尺寸变得更小，一个封装内可含有 2 个 OP 放大器或 4 个 OP 放大器（分别称为双路 OP 放大器、四路 OP 放大器，对应地，一个封装内含有 1 个 OP 放大器称为单路 OP 放大器）。图 4 - 16 给出了具有代表性的 OP 放大器的端子连接图。

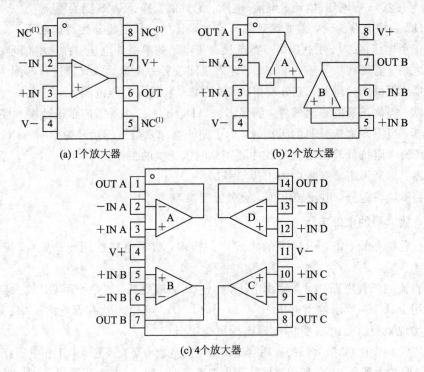

图 4 - 16　具有代表性的 OP 放大器的端子连接图

一个封装内装有多个 OP 放大器的 IC 具有以下特征：同一封装里的各个 OP 放大器的输入偏置电流、频率特性、转换速率特性可以做得非常近似。

另一方面，同一封装内部不可能制出相同的失调电压和失调电流。

四路 OP 放大器具有更好的面积利用率，但设计线路板比较困难，且相互间会有干扰。对于使用较多 OP 放大器的有源滤波器等，使用双路 OP 放大器 IC 非常有效。（一个封装内有 2 个或 4 个 OP 放大器时，有时会出现有多余或不使用的 OP 放大器的情况，需要将输出与反相输入连接，作为电压跟随器。）

6. 单路 OP 放大器的补偿电压较小

单路 OP 放大器比同型号的双路 OP 放大器、四路 OP 放大器的补偿电压小。对于必须进行补偿调整的电路，需要使用具有补偿调整端子的单路 OP 放大器。

7. 当驱动负载时使用容性负载强的 OP 放大器

容性负载是引起 OP 放大器振荡的原因，容性负载强的 OP 放大器是在输出电路上下

了功夫。一般在 OP 放大器的输出上加 100 pF，就可以引起振荡。连接示波器的探针时所引起的振荡就属于这种情况，因为探针上有数十皮法的电容。

8. 输出电流为数十毫安以上的 OP 放大器

通常的 OP 放大器的最大输出电流为 10～20 mA，而有时放大器需要为负载提供电压或电流，若负载需要数十毫安电流，这时 OP 放大器的输出不能直接与负载相接。可通过如图 4 - 17(a)所示的晶体管缓冲器来增大输出电流，也可采用如图 4 - 17(b)所示的多个 OP 放大器来增大输出电流。

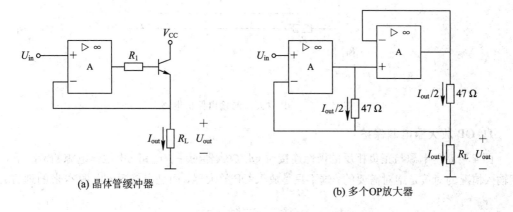

(a) 晶体管缓冲器　　　　　　　(b) 多个OP放大器

图 4 - 17　增大输出电流电路图

高速 OP 放大器的输出电流超过 50 mA 的并不少，其与通用 OP 放大器相比，因价格贵而不能使用。大电流输出的通用 OP 放大器有 AD8532(250 mA)、M5216(100 mA)等芯片。

9. 当输入可能过大时输入保护电路是必要的

一般地，如果 OP 放大器的输入端在印制电路板的外部，OP 放大器的输入保护电路是必要的，通常如图 4 - 18 所示，由电阻 R_1、二极管 VD_1 和 VD_2 构成保护电路。

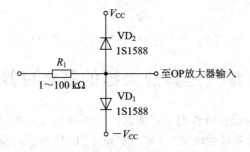

图 4 - 18　普通的 OP 放大器的输入保护电路

10. OP 放大器对外输出时的保护电路

OP 放大器对外输出时，通常加保护电路，输出保护的目的如下：

(1) 输出短路保护(过流保护)。

(2) 过压保护(与其他系统接触)。

(3) 抑制因容性负载而产生的自激振荡。

OP 放大器的输出保护电路如图 4 - 19 所示。

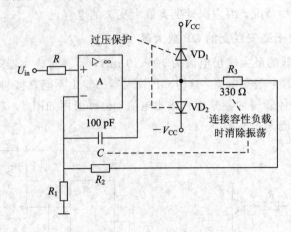

图 4 - 19　OP 放大器的输出保护电路

11. OP 放大器电源保护

图 4 - 20 是电源与正负相反的极性连接时 OP 放大器的保护电路。电池作电源的情况下，反相输入情况的对策是绝对需要的。这不只是放入 OP 放大器，而是应该插入电源本来的地方。

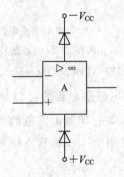

图 4 - 20　OP 放大器的电源保护电路

4.2　集成运算放大器的基本运算电路

当要利用集成运放的线性特性时，要使其工作在线性区，并引入深度负反馈。在分析这些电路时，可利用运放在线性区的"虚短"和"虚断"的特点进行分析。集成运放使用不同的输入形式，外加不同的反馈网络，可以实现多种数学运算。

本节主要介绍比例、加法和减法、积分和微分等基本运算电路，以及仪表放大器。

4.2.1　比例运算电路

实现输出信号与输入信号按一定比例运算的电路称为比例运算电路。比例运算电路包含反相比例运算电路和同相比例运算电路，它们是构成各种复杂运算电路的基础，是最基本的运算电路。

1. 反相比例运算电路

图 4 - 21 所示为反相比例运算电路，输入电压 u_i 通过 R_1 加到集成运放的反相输入端，故输出电压 u_o 与 u_i 反相。输出电压 u_o 经 R_f 反馈至反相输入端，形成深度的电压并联负反馈，运放工作在线性区。其同相输入端经电阻 R 接地，R 为补偿（平衡）电阻，为消除 OP 放大器的偏置电流在输出中产生的偏移，提高运算精度，补偿电阻阻值应为 $R = R_1 / R_f$。

反相比例
运算电路

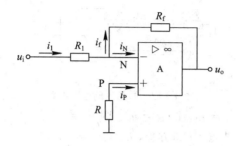

图 4 - 21　反相输入比例运算电路

根据"虚短"的特点，$u_N = u_P$ 且 $u_P = 0$，则 $u_N = 0$，故 N 端为"虚地"。

同时，根据"虚断"的特点，$i_P = i_N = 0$，及 N 节点的 KCL 方程，得到 $i_1 = i_f$，即

$$\frac{u_i - u_N}{R_1} = \frac{u_N - u_o}{R_f}$$

由于 N 点"虚地"，整理得出该电路的电压增益为

$$A_{uf} = \frac{u_o}{u_i} = -\frac{R_f}{R_1} \tag{4 - 1}$$

当 R_f 和 R_1 确定后，u_o 与 u_i 之间的比例（负值）关系也就确定了，因此该电路称为反相输入比例运算电路。

表 4 - 3 列举了反相比例运算电路的参数和大致的特性。从该表中可以看出输出电压误差 Δu_o 由 $A_{NF}V_{os}$ 和 $R_f I_{os}$ 引起。

表 4 - 3　使用 741 反相放大器的参数与特性（图 4 - 21）

A_{NF} 倍	$R_1/\text{k}\Omega$	$R_f/\text{k}\Omega$	$R/\text{k}\Omega$	$A_{NF}V_{os}/\text{V}$	$R_f I_{os}/\text{V}$	$\Delta u_o/\text{V}$	f_B/Hz
-1	10	10	5	6 m	3 m	9 m	1 M
-10	10	100	10	60 m	30 m	90 m	100 k
-100	1	100	1	600/60 m	30 m	630/90 m	10 k
-1000	1	1 M	1	6/0.6	300 m	6.3/0.9	1

如果放大倍数与正确计算时的不符，应检查一下电阻的精度而不是仅仅检查 OP 放大器。因为普及型的碳膜电阻的误差有的可达 10%，所以 A_{uf} 理所当然也不同。推荐在 OP 放大器电路中使用金属膜等稳定的电阻。造成比电阻的精度更大误差的原因是信号源内阻，若电路输入电阻为 $R_1 = 1\text{k}\Omega$，信号源内阻为 50Ω 左右，误差会达到 5%。

2. 同相比例运算电路

图 4-22 所示为同相比例运算电路，将图 4-22 中的输入端和接地端
互换，引入了电压串联负反馈，可以认为输入电阻无穷大，输出电阻为
零。其同相输入端电阻 R 为补偿电阻，补偿电阻阻值应为 $R = R_1 /\!/ R_f$。

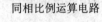

同相比例运算电路

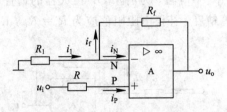

图 4-22　同相比例运算电路

根据"虚断"的特点，$u_N = u_P$ 且 $u_P = u_i$，则 $u_N = u_i$。

同时根据"虚断"和 N 节点 KCL 方程，$i_P = i_N = 0$，则

$$i_1 = i_f, \quad \frac{0 - u_N}{R_1} = \frac{u_N - u_o}{R_f}$$

由于 $u_N = u_i$，整理得出该电路的电压增益为

$$A_{uf} = \frac{u_o}{u_i} = 1 + \frac{R_f}{R_1} \qquad\qquad (4-2)$$

当 R_f 和 R_1 确定后，u_o 与 u_i 之间的比例（正值）关系也就确定了，因此该电路称为同相
比例运算电路。

正向放大器中，当 $u_o = u_i$ 即 $A_{uf} = 1$ 时，特称为电压跟随器。如图 4-23 所示的电路，
有的电压跟随器外接时要接特别的相位补偿、电阻等，所以要看产品的数据表。电压跟随
器具有输入阻抗高、输出电阻低的特点，所以在阻抗变换（匹配）中应用广泛。

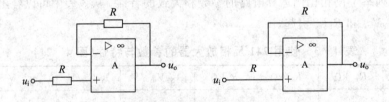

图 4-23　电压跟随器电路

反相比例运算电路与同相比例运算电路在性能上存在一定的差异。反相比例运算电路
为电压并联负反馈，其输入阻抗（为 R_1）较小，这对信号源不利，但由于出现"虚地"，放大
电路中不存在共模信号，允许输入信号中包含有较大的共模电压，对集成运算放大器的共
模抑制比要求也不高，但要注意信号源内阻，若信号源内阻很大，反相比例运算电路不可
直接使用（可前面加电压跟随器实现阻抗匹配）。同相比例运算电路为电压串联负反馈，其
输入阻抗极高，这对信号源有利，但由于两个输入端均不能接地或为"虚地"，放大电路中
存在共模信号，对集成运算放大器的共模抑制比要求较高。

显然，任何单一信号输入的线性放大器均可看作比例运算电路。

3. 放大电路电阻多大合适

要求：按照图 4 - 22 把满刻度 1 V 的传感器的输出电压放大到 +5 倍，连接到 8 比特的 AD 转换器中。电路使用高精度的 OP07，其电气特性如图 4 - 11 所示。

1）R_1 和 R_f 的电阻比

$A_{uf} = \dfrac{u_o}{u_i} = 1 + \dfrac{R_f}{R_1}$，要想得到 5 倍，则 $R_f : R_1 = 4 : 1$ 就是最初的条件。

【条件 1】　$R_f : R_1 = 4 : 1$

2）OP 放大器的输出驱动能力的限制

U_i 从传感器进入到输入端子，就会在输出中出现 5 倍于 U_i 的电压。此时，在 R_1 和 R_f 中都有 U_i/R_1 的电流流动。这种电流是由 OP 放大器的输出端子供给的。OP07 的最大输出电流为 20 mA，如果超过此值，输出就看作短路，内部的保护电路工作。

除此之外，OP 放大器的输出端子还必须对外部供给电流，不能在反馈电路浪费过剩的电流。如果把最大输出电流的一半 10 mA 作为限度，传感器最大输出电压为 1 V，则由 1 V/R_1 ≤ 10 mA 结合条件 1 可知，R_1 为 100 Ω 以上，R_f 为 400 Ω 以上。

【条件 2】　$R_1 \geqslant 100$ Ω，$R_f \geqslant 400$ Ω

3）OP 放大器的输入偏置电流的限制

电阻 R_1 和 R_f 因为偏置电流不能使用特别高的电阻值。任何 OP 放大器要想正常工作，都必须使微小偏置电流流向两个输入端子。

偏置电流流过 R_1 和 R_f，在电阻的两端产生电压，这就是电压误差。由于偏置电流小，平常使用时不太注意，如果硬要使用高电阻值，就会出现大的误差。

如果把反相输入端子的偏置电流设为 I_b，把输入电压设为 0 V，I_b 分为两部分电流：一部分从 R_1 流向 GND；另一部分经由 R_f 流入 OP 放大器的输出端子。因 R_f 是 R_1 的 4 倍，故 I_b 的 $\dfrac{4}{5}$ 流向 R_1，$\dfrac{1}{5}$ 流向 R_f。

因此，如果考虑 R_1，其两端将产生 $\dfrac{4}{5} \times R_1 \times I_b$ 的电压。由于 R_1 的一侧是 GND，所以要对 OP 放大器的反相输入端子加误差电压。即便此电压在 R_f 侧进行计算，也是相同的值。

还有，OP 放大器中有因两个输入端子不平衡引起的输入失调电压。这在 OP07 中特别小，仅为 250 μV，偏置电流引起的误差必须控制在该值以下。

OP07 的偏置电流在 8 nA 以下，根据 $\dfrac{4}{5} \times 14$ nA $\times R_1 \leqslant 250$ μV 进行计算，则 $R_1 \leqslant 22$ kΩ。

【条件 3】　$R_1 \leqslant 22$ kΩ，$R_f \leqslant 88$ kΩ

综上所述，要想设计放大电路，电阻 R_1 和 R_f 的值除满足比例关系外，电阻值不能太小，也不能太大。目前，OP 放大器电路中广泛使用 10 kΩ 左右的电阻，该阻值的电阻很容易高精度化，可以考虑上述条件。

【例 4 - 1】　设计一个反相输入比例运算电路，采用 uA741 芯片，放大倍数为 50 倍，输入信号为 100 mV，放大到 5 V。

解　（1）根据 4.2.1 的第 3 个内容（放大电路电阻多大合适），由反相输入比例运算电路的公式可知，$A_{uf} = -\dfrac{R_f}{R_1} = -50$。则电阻 $R_f : R_1 = 50$。同时，由图 $4-12$ 的 uA741 芯片参数可知，最大输出电流为 $40\ \text{mA}$，最大偏置电流为 $800\ \text{nA}$，最大补偿电压为 $7.5\ \text{mV}$，则根据计算可得 $5\ \Omega \leqslant R_1 \leqslant 9.6\ \text{k}\Omega$，$250\ \Omega \leqslant R_f \leqslant 480\ \text{k}\Omega$。

(2) 通常所用的电阻为 E24 系列，参照 1.1.2，可以选取：

$$R_f = 100\ \text{k}\Omega,\ R_1 = 2\ \text{k}\Omega,\ \text{或者}\ R_f = 150\ \text{k}\Omega,\ R_1 = 3\ \text{k}\Omega;$$

$$R_f = 10\ \text{k}\Omega,\ R_1 = 200\ \Omega,\ \text{或者}\ R_f = 15\ \text{k}\Omega,\ R_1 = 300\ \Omega;$$

$$R_f = 1\ \text{k}\Omega,\ R_1 = 20\ \Omega,\ \text{或者}\ R_f = 1.5\ \text{k}\Omega,\ R_1 = 30\ \Omega。$$

但还需要根据输入信号的内阻而定，基本上电阻 R_1 和 R_f 值大点较好。

4.2.2　加法和减法运算电路

1. 加法运算电路

如图 $4-24$ 所示的加法运算电路，对多个输入信号求和。它是在反相输入比例运算电路的基础上，在反相输入端增加输入信号，电路中以两个输入信号为例进行分析和计算。利用同相输入方式也可以组成加法运算电路，但由于同相加法运算电路存在共模电压，将造成几个输入信号之间的相互影响，所以这里重点介绍反相输入加法运算电路。

加法运算电路

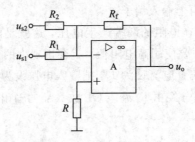

图 $4-24$　加法运算电路

该电路属于多端输入的电压并联负反馈电路。N 端为"虚地"，根据"虚地"和"虚断"的概念可知

$$u_P = 0,\ i_N = 0,\ u_N = 0$$

因此，在反相输入节点 N 可得节点电流 KCL 方程：

$$\frac{u_{s1} - u_N}{R_1} + \frac{u_{s2} - u_N}{R_2} = \frac{u_N - u_o}{R_f}$$

可得

$$u_o = -\left(\frac{R_f}{R_1}u_{s1} + \frac{R_f}{R_2}u_{s2}\right) \tag{4-3}$$

式 $(4-3)$ 就是加法运算电路的表达式，式中负号是由反相输入引起的。该结果实现了两信号 u_{s1} 与 u_{s2} 带加权系数（分别为 R_f/R_1 和 R_f/R_2）的相加。因为集成运算放大器工作在线性区，应用叠加定理也可得到上述结论。

取 $R_1 = R_2 = R_f$，则式（4-3）变为

$$u_o = -(u_{s1} + u_{s2})$$

如果在图 4-24 的输出端再接一级反相电路，则可消去负号，实现完全符合常规的算术加法。如图 4-25 所示的加法运算电路也可以扩展到实现多个输入电压相加的电路。

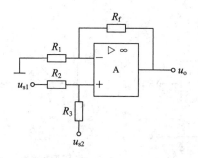

图 4-25 同相加法运算电路

如图 4-24 所示的同相加法运算电路也可以用叠加定理求得

$$u_o = \left(1 + \frac{R_f}{R_1}\right)\left(\frac{R_3}{R_2 + R_3}u_{s1} + \frac{R_2}{R_2 + R_3}u_{s2}\right)$$

2. 减法运算电路（差动放大器）

图 4-26 所示的减法运算电路所完成的功能是对反相输入端和同相输入端的输入信号进行减法运算，分析电路可知，它相当于由一个反相比例运算放大电路和一个同相比例运算放大电路组合而成。

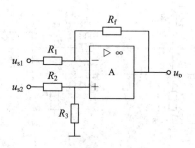

减法运算电路

图 4-26 减法运算电路

当输入信号 u_{s1} 单独作用时，电路相当于反相比例运算放大电路，这时输出信号为

$$u_{o1} = -\frac{R_f}{R_1}u_{s1}$$

当输入信号 u_{s2} 单独作用时，电路相当于同相比例运算放大电路，这时输入信号为

$$u_{o2} = \left(1 + \frac{R_f}{R_1}\right)u_P = \left(1 + \frac{R_f}{R_1}\right)\frac{R_f}{R_1 + R_f}u_{s2} = \frac{R_f}{R_1}u_{s2}$$

当两个输入端同时输入信号 u_{s1} 和 u_{s2} 时，由叠加定理可得 $u_o = u_{o1} + u_{o2}$，即

$$u_o = \frac{R_f}{R_1}(u_{s2} - u_{s1}) \tag{4-4}$$

但此电路重点并不在于放大，而在于信号的同相成分，即准确消除包含在两个输入信

号里的相同成分。

　　在工业系统中，许多传感器采用差分输出的方式来获得更好的噪声免疫力。在这些传感器的输出中包含了共模信号和差模信号。最为典型的几种差分输出的传感器就是电阻电桥、RTD 测温电阻和电流感应，如图 4 - 27 所示。

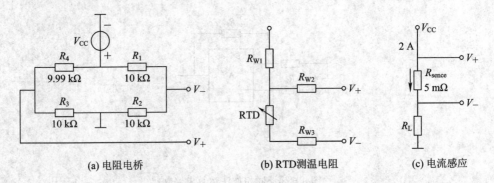

(a) 电阻电桥　　　　　　　(b) RTD测温电阻　　　　　　(c) 电流感应

图 4 - 27　常用的差分输出传感器

　　以电阻电桥为例（温度传感器、压力传感器，常常采用电桥形式），常用的差动放大器接法电路如图 4 - 28 所示。该电路利用 $C_u 50$ 温度传感器测量温度。注意：差动放大器的电阻网络值一般要为 10～100 倍的电桥桥臂电阻，否则会出现相当大的误差。

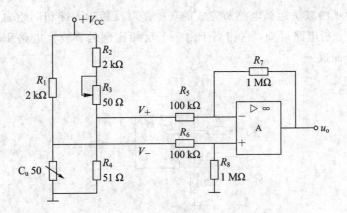

图 4 - 28　常用的差动放大器接法电路

　　但是，用运算放大器和外部电阻网络搭建的差动放大器 CMRR（共模抑制比）受外部电阻网络选择和信号源的输入电阻限制。因此，必要时可采用两级电路，高输入电阻的差分放大电路如图 4 - 29 所示。

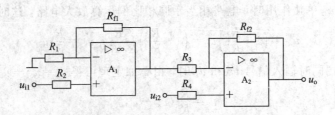

图 4 - 29　高输入电阻的差分放大电路

为了提高 CMRR,现在出现了很多集成型差动放大器,把电阻网络内置,使 CMRR 在直流处能达到 80 dB 以上,如 TI 公司的 INA157 系列芯片,内部电路图如图 4 - 30 所示。

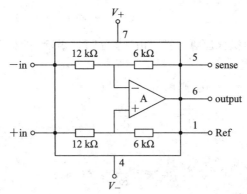

图 4 - 30   INA157 内部电路图

其中,引脚的连接不同,得到增益不同。如图 4 - 31 所示。

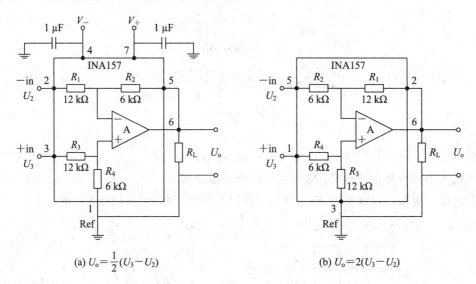

(a) $U_o = \frac{1}{2}(U_3 - U_2)$ (b) $U_o = 2(U_3 - U_2)$

图 4 - 31   INA157 不同增益

4.2.3   积分和微分运算电路

积分运算和微分运算互为逆运算,是模拟计算机的一种基本运算单元,常用于自控系统中作为调节环节,此外,它们还应用于波形的产生和变换以及仪器仪表中。

微分运算电路可把矩形波转换为尖脉冲波,微分运算电路的输出波形只反映输入波形的突变部分,即只有输入波形发生突变的瞬间才有输出。

积分运算电路可将矩形脉冲波转换为锯齿波或三角波,还可将锯齿波转换为抛物波。其主要用途是:

• 在电子开关中用于延迟。

- 波形变换，例如将方波变为三角波。
- A/D 转换中，将电压量变为时间量。
- 移相。

1. 积分运算电路

根据图 4-31 所示的积分运算电路，由"虚短"和"虚断"的概念有 $u_N = u_P$ 且 $u_P = 0$，则 $u_N = 0$。

同时根据"虚断"，$i_P = i_N = 0$，则由 $i_R = i_C$ 可得

$$i_R = \frac{u_i}{R} = i_C = C\frac{\mathrm{d}u_C}{\mathrm{d}t}$$

而 $u_C = -u_o$，可得

积分运算电路

$$u_o = -\frac{1}{RC}\int u_i\,\mathrm{d}t \qquad\qquad (4-5)$$

实际使用中，为了防止低频信号增益过大，需要在电容两端并联一个电阻，如图 4-32 虚线所示。

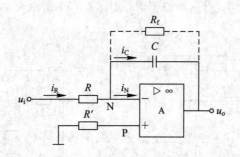

图 4-32　积分运算电路

当输入为方波和正弦波时，输出电压波形分别如图 4-33(a) 和 4-33(b) 所示。可见，利用积分运算电路可以实现方波-三角波的波形变换和正弦-余弦的移相功能。

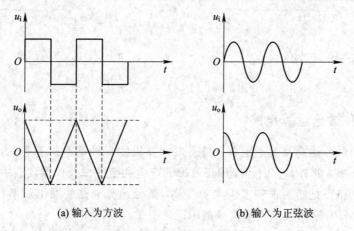

(a) 输入为方波　　　　　　　(b) 输入为正弦波

图 4-33　积分运算电路在不同输入情况下的波形

OP 放大器积分器的特性如图 4-34 所示。当输入信号频率小于 $f_{p1} = \dfrac{1}{2\pi R_f C}$ 时，此电

路放大倍数不变，其绝对值为 $\dfrac{R_f}{R}$；当频率为 $f_a = \dfrac{1}{2\pi R_1 C}$ 时放大倍数为 1；当频率高于 f_a 时，

OP 放大器本身 f_{p2} 的极点上出现问题，f_{p2} 上又出现了一个

极点，所以偏离直线出现了一条新的斜线，因此 f_{p2} 要比 f_a

高一位数以上比较安全。

实际的积分器处于图 4-34 中 f_{p1} 和 f_{p2} 之间的频率范围，就可以用式(4-5)表示的完全积分器进行处理。

图 4-34　OP 放大器积分器的特性

2. 微分运算电路

如图 4-35 所示的微分运算电路与积分电路相比，相当于电阻和电容元件互换位置。

同样，根据"虚地"和"虚断"的概念，有 $u_N = u_P$ 且 $u_P = 0$，则 $u_N = 0$。

同时，由电容的电压电流关系可知：

$$i_C = C \frac{\mathrm{d}u_i}{\mathrm{d}t}$$

同时有

$$i_R = -\frac{u_o}{R}$$

根据"虚断"，有 $i_P = i_N = 0$，则 $i_R = i_C$，可得

$$u_o = -RC \frac{\mathrm{d}u_i}{\mathrm{d}t} \qquad\qquad (4-6)$$

微分运算电路

式(4-6)表明，输出电压为输入电压对时间的微分。

但是，这种电路会出现振动，并没有实用价值。由于微分运算电路对输入信号中的快速变化分量敏感，易受外界信号的干扰，所以在实际应用电路中在电阻 R 上并联很小容量的电容，在输入端串联一个小阻值的电阻，如图 4-36 所示。

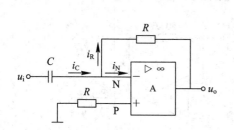

图 4-35　微分运算电路

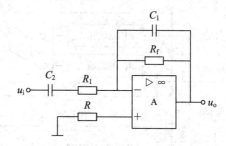

图 4-36　实用微分运算电路

4.2.4　仪表放大器

仪表放大器(instrumentation amplifier)也是一种差分放大器，可对两个输入信号的差模部分进行放大而抑制共模部分。和单运放差分放大器一样，它主要用来对微弱的并包含有较强共模噪声的信号进行放大。它的最大特点是输入阻抗非常高、共模抑制比高、输出阻抗低等。

仪表放大器

　　一般的仪表放大器都由 3 个运放构成，如图 4 - 37 所示。前两级运放构成两个同相放大器，提供高输入阻抗和电压增益；最后一级运放则为一个差分放大器，其中，$R_1 = R_2$，$R_3 = R_4$，$R_5 = R_6$。

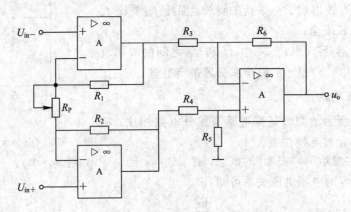

图 4 - 37　3 个运放构成的仪表放大器

仪表放大器的电压增益由一个外接电阻 R_G 来决定，省去推导过程得输入、输出关系式为

$$U_o = \frac{R_6}{R_3}\left(1 + 2\,\frac{R_1}{R_P}\right)(U_{in+} - U_{in-})$$

　　从该式中同样可发现仪表放大器抑制共模信号、放大差模信号。

　　对于图 4 - 37 中的仪表放大器，当然可以用 3 个普通运放与一些电阻来构造，但这样的共模抑制比不会令人特别满意，原因是其中几个要求阻值相同的电阻很难保证做到严格相等。所以，许多集成电路厂商专门开发了将 3 个运放与电阻集成在一起的仪表放大器集成电路，如图 4 - 38 所示为 INA333 型仪表放大器的内部结构。

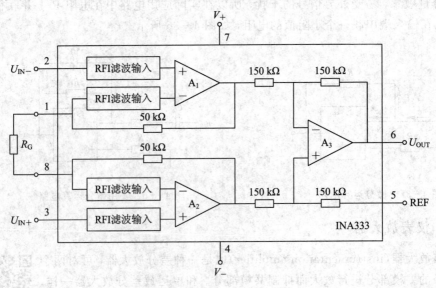

图 4 - 38　INA333 型仪表放大器

仪表放大器用于微弱信号，如前面所提的电桥、RTD、电流采集电路。注意：INA333 既可双电源使用也可单电源使用，当单电源使用时在 REF 引脚加上偏置电压，一般取 $\frac{1}{2}V_{\text{CC}}$。

【仿真任务 6】　积分运算电路的仿真测试

1. 目的

（1）识别积分运算电路，掌握积分运算电路在不同频率下的变化。

（2）熟练使用 Multisim 仿真软件。

2. 内容及要求

采用 Multisim 2010 连接电路图，如图 4-39 所示，完成积分运算电路的仿真测试，记录输出波形，并计算不同频率下的放大倍数，完成测试报告。

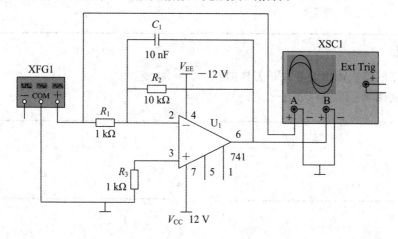

图 4-39　积分运算电路的仿真电路

3. 步骤

（1）按图 4-39 连好仿真电路。

（2）接入 u_s 为 1 V，100 Hz 的方波信号，用示波器观察输出电压波形，并在表 4-4 中记录放大倍数。

（3）接入 u_s 为 1 V，1 kHz 的方波信号，用示波器观察输出电压波形，并在表 4-4 中记录放大倍数。

（4）接入 u_s 为 1 V，3 kHz 的方波信号，用示波器观察输出电压波形，并在表 4-4 中记录放大倍数。

（5）接入 u_s 为 1 V，10 kHz 的方波信号，用示波器观察输出电压波形，并在表 4-4 中记录放大倍数。

将步骤（2）～（5）对应的输出电压波形记录在图 4-40 中。

表 4 - 4　积分运算电路测试值

输入信号频率 f/Hz	输入信号幅度 V_{ipp}/V	输出信号幅度 V_{opp}/V	放大倍数 A_u

4. 问题

（1）电路的输入输出关系式是怎样的？

（2）根据图 4 - 40 可得到什么结论？

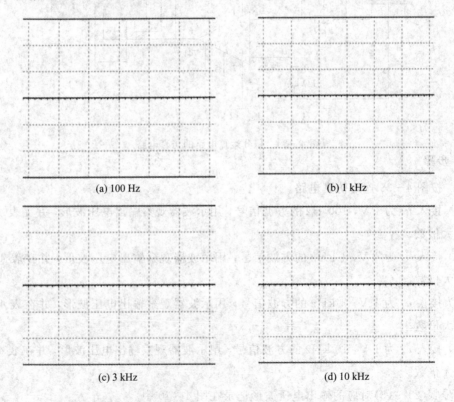

(a) 100 Hz　　　　　　　　　　　(b) 1 kHz

(c) 3 kHz　　　　　　　　　　　(d) 10 kHz

图 4 - 40　输出电压波形

【实训任务 7】　反相比例运算电路的设计与测试

1. 目的

(1) 熟练掌握反相比例运算电路的基本电路结构及基本电路运算。

(2) 熟练掌握常规仪器的使用。

(3) 掌握对电路故障的排除方法,培养独立解决问题的能力。

2. 实训仪器及元器件

仪器:直流稳压电源、万用表、信号发生器、示波器。

元器件:1 kΩ、2 kΩ、10 kΩ、20 kΩ、30 kΩ、100 kΩ 电阻;集成芯片 OP07、uA741;电容 0.01 μF、0.1 μF;面包板 1 块。

3. 内容及要求

完成反相比例运算电路的装配与调试,反相比例运算电路的测试电路如图 4-41 所示,完成测试并回答问题。

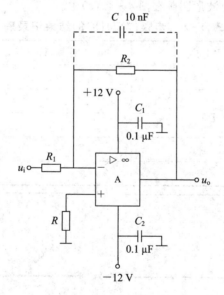

图 4-41　反相比例运算电路的测试电路

4. 步骤

(1) 按图 4-41 连接好电路。输入信号为直流信号,电压值为 0.1 V。

(2) 电阻 R_1、R_2 选择 10 Ω,测试输出端电压 U_{out},记录在表 4-5 中。

(3) 更改 R_1、R_2 电阻值,将 U_{out} 记录在表 4-5 中。

(4) 芯片改为 uA741,重新测试,记录在表 4-5中。

(5) 打开信号发生器,设定 1 kHz、$V_{ipp}=400$ mV 的正弦波,作为输入信号。

表 4 - 5　步骤(2)~(4)的结果记录表　　　　　　　　　$(U_{in} = 0.1\ V)$

R_1/Ω	R_2/Ω	U_{out}/V		计算 A_u		理论 A_u
		OP07	uA741	OP07	uA741	
10	20					
1 k	2 k					
1 M	2 M					
20	100					
20 k	100 k					
200 k	1 M					
10	100					
1 k	10 k					
1 M	10 M					

(6) 电阻 R_1、R_2 选择 1 kΩ，连接好电路，其中示波器接入电路输出端。

(7) 观测示波器波形，记录示波器数值，计算并同时理论计算电路放大倍数，记录在表 4 - 6 中。同时，将输入输出波形图画在图 4 - 42(a) 中。

表 4 - 6　步骤(7)和(8)的结果记录表　　　　　　　　　$(V_{opp} = 400\ mV)$

$R_2/k\Omega$	V_{opp}/V	计算 A_u	理论 A_u
2			
10			
20			
30			
( )			

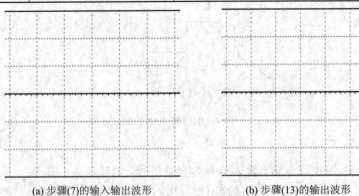

(a) 步骤(7)的输入输出波形　　　　　　　(b) 步骤(13)的输出波形

图 4 - 42　输入输出波形图

(8) 改变 R_2 的值分别为 2 kΩ、10 kΩ、20 kΩ 和 30 kΩ，将示波器数值记录于表 4 - 6 中，计算并同时理论计算电路放大倍数，记录于表 4 - 6 中。

(9) R_1 值不变，改变 R_2 为 20 kΩ。

（10）改变输入信号为 50 Hz、$V_{ipp}=200$ mV 的正弦波。用示波器观察输出波形，将示波器数值记录于表 4 - 7 中，计算并同时理论计算电路放大倍数，记录于表 4 - 7 中。

（11）改变信号发生器频率为 1 kHz，重复第（10）步，将数据记录于表 4 - 7 中。

（12）R_2 两端并联接入 0.01 μF 电容，输入信号幅度不变，频率分别 50 Hz 及 1 kHz 的正弦波信号，同时用示波器观察输出波形，在表 4 - 7 中记录示波器数值，计算并同时理论计算电路放大倍数，记录在表 4 - 7 中。

表 4 - 7　步骤(10)～(12)的结果记录表　　　　　　　　　($V_{opp}=200$ mV)

有无 C_1	频率/Hz	V_{opp}/V	计算 A_u	理论 A_u
无	50			
无	1 k			
有	50			
有	1 k			

（13）断开 0.01 μF 电容，信号发生器改为 $1V_{pp}$、1 kHz 的正弦波，观测示波器波形，并画在图 4 - 42(b)中。

5. 问题

（1）观察表 4 - 5 中的数据，说明为什么理论上放大倍数一样，结果却不同。哪种电路值最匹配？

（2）依据表 4 - 6 中的数据，说明 0.01 μF 电容的作用是什么。当有电容时，此电路的功能是什么？

（3）说明在步骤(13)中波形出现此种情况的原因。

【实训任务 8】　电阻应变式称重计的测试

1. 目的

（1）熟练掌握仪表放大器、比例运算电路的基本电路结构及基本电路运算。

（2）熟练掌握常规仪器的使用。

（3）掌握对电路故障的排除方法，培养独立解决问题的能力。

（4）掌握称重计电路的调试方法。

2. 实训仪器及元器件

（1）仪器：直流稳压电源，万用表。

（2）元器件：见表 4 - 2。

3. 内容及要求

根据实验步骤，完成图 4 - 43 所示测试并回答问题。

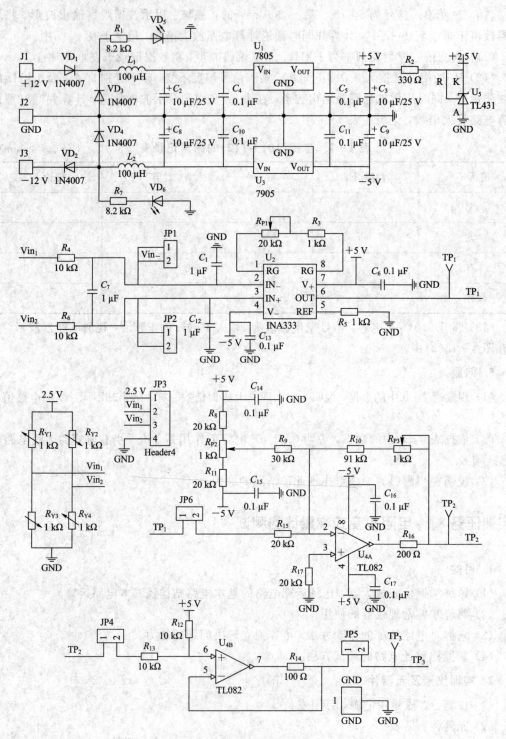

图 4-43　称重计电路的测试电路

4. 步骤

（1）打开直流稳压电源，调整电压源为双电源±12 V。此时直流稳压电源未输出。

（2）按图 4-43 焊接好电路，用万用表电阻挡测试电源是否短路。若电路正常，将直流稳压电源接入。注意：电源千万不要接反。

（3）打开直流稳压电源，用万用表测试输出电压+5 V、2.5 V 是否正常。若正常往下做，不正常的话排除故障。

（4）将称重计电路接到电路板 JP3 上。

（5）托盘未加载物品的情况下，调整滑动变阻器 R_{P2} 使 TP_3 输出为零。

（6）托盘加上 1 kg 砝码，调整滑动变阻器 R_{P1}、R_{P3} 使 TP_3 输出电压为 2.5 V。

（7）按照表 4-8 加载不同质量的砝码，读取输出电压和数字显示表显示的质量，记录在表 4-8 中。

表 4-8　称重电路测试记录表

测量砝码值	0 g	5 g	10 g	20 g	200 g	500 g	1 kg
输出电压值							
智能终端显示值							

5. 问题

（1）根据表 4-8 中的数据，在坐标轴上描出质量与输出电压的关系曲线。

（2）粗大误差应如何处理？

【知识拓展】　集成运放的单电源供电

经典的运算放大器供电电路一般采用正负电源对称的双电源供电，而这种架构需要同时提供两个电源。在现在电池供电设备、便携产品越来越流行的今天，对单电源供电运放需求越来越多，因此为了使用方便，很多集成运放都支持单电源供电结构。下面通过 Multisim 仿真，介绍几种常用单电源供电电路。

1. 单电源运放

所有的运算放大器都有两个电源引脚，分别表示为 $+V_{CC}$、$-V_{CC}$（或 $-V_{EE}$），常见的双电源供电由一个正电源和一个电压绝对值与之相等的负电源组成，通常为 ±15 V、±12 V 或 ±5 V，此时输入和输出都是相对于 GND 进行计算。单电源供电由一个正电源和 GND 组成，当使用单电源供电运放调理双极性信号时，必须为其提供"直流偏置电压"（类似于三极管放大电路中的 U_{CEQ}），使得输出电压以一个正确的电平（通常为 $+V_{CC}/2$，或后端 ADC 满量程输入的 1/2）为中心摆动，一方面是使得输入的负电压能够被正确地输出，另一方面可以获得最大的动态范围。

2. 单电源运放电路的基本偏置方法

单电源供电根据提供偏置方法的不同，可以分成交流耦合和直流耦合两种。交流耦合在输入信号端加入耦合电容，隔离直流信号，仅对交流信号起到放大作用。

1）直流耦合（输入信号不带 DC 分量）

首先看双电源供电的例子，通过仿真，输入输出信号如图 4-44 所示，可以看到当输入信号为正弦波时，经过反相放大，输入输出信号均以系统的 0 电位作为中心、正负半周进行波动。

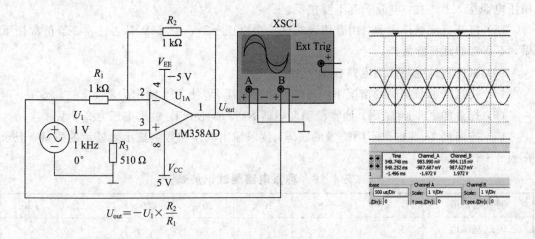

$$U_{out} = -U_1 \times \frac{R_2}{R_1}$$

图 4-44　双电源运放供电电路及其输出波形

　　如果此时将图 4-44 中双电源中的负电源直接改成 GND，输入相同的信号，可看到如图 4-45 所示的输入输出波形，输出信号的负半周无法被输出，为了解决这个问题，需要在输入端加入一定的直流偏置，从而将整个输出电压抬高，如图 4-46 所示。

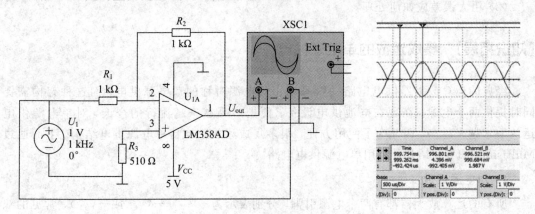

图 4-45　单电源运放供电电路（未加偏置）及其输出波形

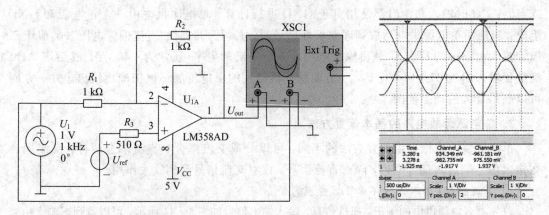

图 4-46　单电源（不含 DC 分量）运放供电电路（加上偏置）及其输出波形

通过正确的直流偏置，可以使得单电源供电的放大器输出能够以 $+V_{CC}/2$ 为中心，得到较好的动态范围。

根据叠加定理，得到

$$u_o = V_{ref}\left(1 + \frac{R_2}{R_1}\right) - \frac{R_2}{R_1}u_i$$

因为 $R_1 = R_2$，整理得到

$$u_o = 2V_{ref} - u_i$$

为了使输出信号在 $+V_{CC}/2 = 2.5\ V$ 上摆动，可以求得 $V_{ref} = 1.25\ V$。

2）直流耦合（输入信号带有 DC 分量）

输入信号中带有 DC 分量的单电源运放供电电路的输出电压可以表示为

$$u_o = U_{ref2}\left(1 + \frac{R_5}{R_4}\right) - \frac{R_5}{R_4}(U_{AC} + U_{DC})$$

其中，U_{DC} 为前级的输出。

假设用于两级放大（如图 4-47 所示），前级输出的 $U_{DC} = 2.5\ V$，根据上式计算，只需把第二级的 U_{ref2} 设为 2.5 V 即可。

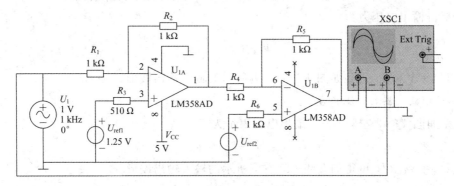

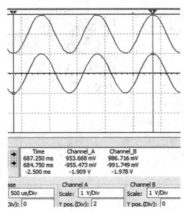

图 4-47　单电源（含 DC 分量）运放供电电路（加上偏置）及其输出波形

3）交流耦合型

从上面的分析可知，当放大倍数很大或较小时，U_{ref} 难以取整，或输入信号本身不是以

GND 为中心，也带有直流偏置的时候，计算会变得复杂。此时，若对信号的直流信号不感兴趣，可以采用交流耦合的方式，更为简单地让输出准确地在 $+V_{CC}/2$ 上摆动。

在信号输入端加入耦合电容，形成一个高通滤波器，隔离直流信号，仅对交流信号起到放大作用，如图 4-48 左侧所示。

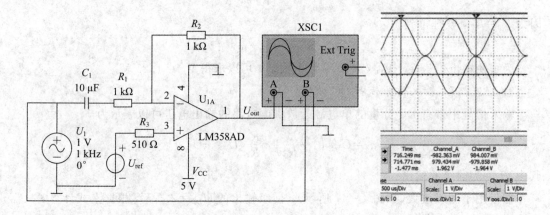

图 4-48　单电源运放供电电路(交流耦合)及其输入输出波形

分析得输出电压力为

$$u_o = U_{ref} - \frac{R_2}{R_1} u_i$$

直接取 $U_{ref} = V_{CC}/2$，得到如图 4-48 右侧所示的输入输出波形。

4）同相放大器，直流耦合

电路如图 4-49 左侧所示，输出电压表示为

$$u_o = U_{ref} + u_i$$

直接取 $U_{ref} = V_{CC}/2$，可得如图 4-49 右侧所示的输入输出波形。

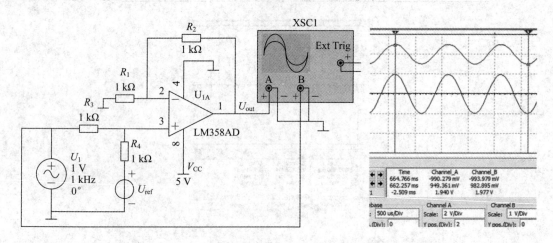

图 4-49　单电源运放供电电路(直流耦合+偏置)及其输出波形

5）同相放大器，交流耦合

电路如图 4 - 50 左侧所示，隔离电容 C_1 使得反馈环路值放大交流信号，这样输出电压为

$$u_o = U_{ref} + 2u_i$$

输入输出波形如图 4 - 50 右侧所示。

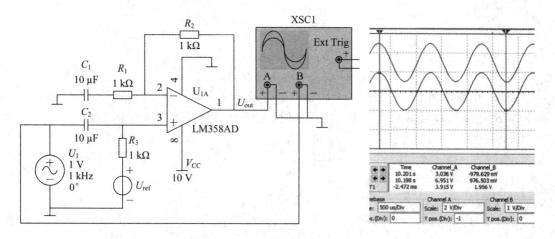

图 4 - 50　单电源运放供电电路（交流耦合＋偏置）及其输出波形

习　题　4

4.1　填空题。

(1)＿＿＿＿＿运算电路可实现 $A_u > 1$ 的放大。

(2)＿＿＿＿＿运算电路可实现 $A_u < 0$ 的放大。

(3)＿＿＿＿＿运算电路可将方波电压转换成三角波电压。

(4)＿＿＿＿＿运算电路可将方波电压转换成尖脉冲波电压。

(5)反相输入比例运算电路中，若反馈电阻 R_f 与电阻 R_1 相等，则 u_o 与 u_1 大小＿＿＿＿＿，相位＿＿＿＿＿。

(6)同相输入比例运算电路中，若反馈电阻 R_f 等于零，则 u_o 与 u_i 大小＿＿＿＿＿，相位＿＿＿＿＿，电路称为＿＿＿＿＿。

4.2　判断题。

(1)集成运算放大器是一种采用阻容耦合方式的放大电路。　　　　　　(　　)

(2)理想集成运算放大器的开环差模电压增益无穷大，共模抑制比非常小。　(　　)

(3)对于理想运放，无论它工作在线性状态还是非线性状态，均有"虚短""虚断"存在。

　　　　　　　　　　　　　　　　　　　　　　　　　　　　　　(　　)

(4)集成运放只能放大直流信号，不能放大交流信号。　　　　　　　　(　　)

4.3　写出如图 4 - 51 所示各电路的名称，分别计算它们的电压放大倍数 A_u。

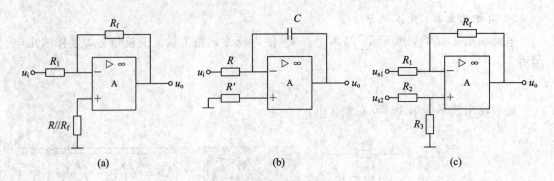

图 4-51 习题 4.3 图

4.4 电路图如图 4-52 所示,理想运放的最大输入电压为 ± 12 V, $R_1 = 1$ kΩ, $R = 1$ kΩ, $R_f = 30$ kΩ,当输入电压等于 0.2 V 时,求下列各种情况的输出电压值。

(1) 正常。

(2) R_1 开路。

(3) R_1 短路。

(4) R_f 开路。

(5) R_f 短路。

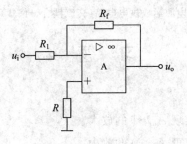

图 4-52 习题 4.4 图

4.5 写出图 4-53 所示各电路的名称,分别计算它们的电压放大倍数 A_u。

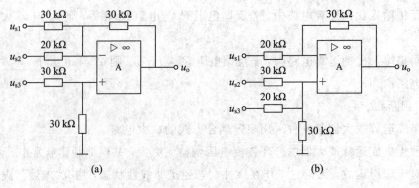

图 4-53 习题 4.5 图

4.6　已知电路如图 4-54 所示，试求输出电压 u_o。

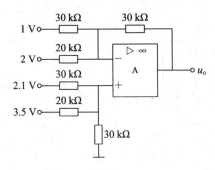

图 4-54　习题 4.6 图

4.7　分别求出图 4-55 所示各电路输出电压与输入电压的运算关系。

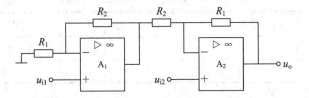

图 4-55　习题 4.7 图

4.8　由运放组成的两级放大电路如图 4-56 所示，求该电路的电压放大倍数。

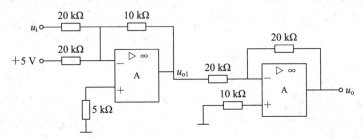

图 4-56　习题 4.8 图

4.9　有一个减法运算电路，其输出电压 $u_o = 10u_{s2} - 10u_{s1}$。试画出其电路图，并配置相应的电阻。

4.10　电路如图 4-57 所示，$R_1 = 10$ kΩ，$R_{f1} = 20$ kΩ，$R_2 = 20$ kΩ，$R_{f2} = 100$ kΩ，$R_3 = 10$ kΩ，$R_4 = 90$ kΩ，$u_i = 2$ V。求输出电压 u_o

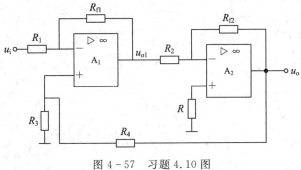

图 4-57　习题 4.10 图

4.11　电路如图 4-58 所示，集成运放输出电压的最大幅值为±10 V，计算输出电压并填在表 4-9 中。

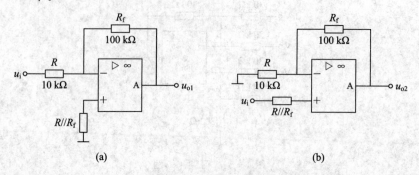

(a)　　　　　　　　　　　　　　(b)

图 4-58　习题 4.11 图

表 4-9　习题 4.11 数据记录表

u_i/V	0.2	0.5	1.0	2.0
u_{o1}/V				
u_{o2}/V				

项目 5　简易照明线路探测仪

在建筑物采用暗线装修并缺失工程图纸的情况下，贸然进行墙体装修和家居装饰都可能损坏家庭供电系统，甚至危害个人生命安全，图 5-1 为一个商用的线路探测仪，不仅能够探测金属，还能探测带电和不带电的电缆。本项目完成一个简易的照明线路探测仪，当检测到带电电缆后能声光报警提示。为完成本项目，需要学习集成运算放大器组成的有源滤波器，包含低通、高通、带通、带阻四种滤波电路，以及集成运放实现的其他信号变换电路、精密整流电路和电压-电流转换电路，以及集成运放的非线性应用——电压比较电路。

图 5-1　商用的线路探测仪

 能力目标

- 能熟练使用常规仪器对集成运算放大器组成的电路进行分析测试和故障处理。
- 会阅读集成运算放大器芯片资料。
- 会对滤波器、精密整流电路和比较电路进行读图识图。
- 会用 Multisim 或者 TINA 软件完成电子线路的仿真实验。

知识目标

- 认识有源滤波电路，了解有源滤波电路的类型和用途。
- 认识精密整流电路和电压－电流转换电路并会相应的电路计算。
- 认识电压比较电路并会判断电路输出情况。

【项目导学】　简易照明线路探测仪

1. 实训内容

设计与制作一个简易照明线路探测仪，当检测到 50～60 Hz 通电线路时声光报警指示。简易照明线路探测仪电路如图 5-2 所示。

2. 工作任务单

（1）小组制订工作计划，小组成员按分配任务开展工作。

（2）识别原理图，明确元件连接和电路连线。

（3）完成电路所需元件的检测。

（4）根据 PCB 图，完成电路焊接、测试工作。

（5）自主完成电路功能检测和故障排除。

（6）小组讨论完成电路的详细分析及编写项目实训报告。

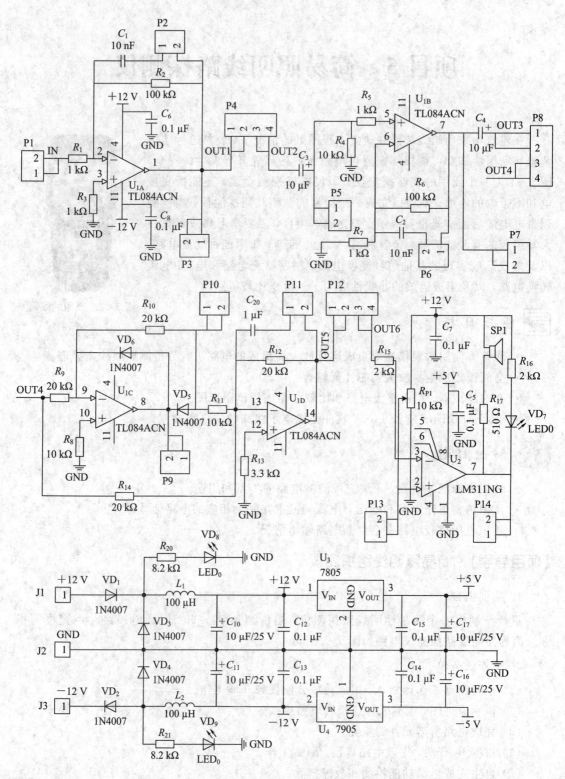

(a) 简易照明线路探测仪原理图

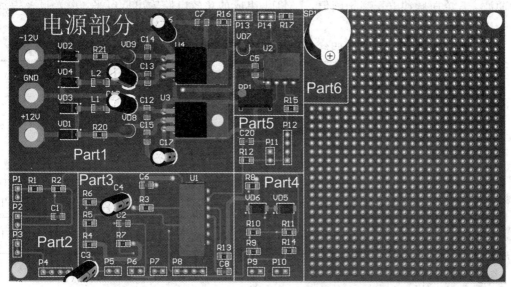

(b) 简易照明线路探测仪PCB图

图 5-2 简易照明线路探测仪电路

3. 实训目标

(1) 增强专业知识，培养良好的职业道德和职业习惯。

(2) 了解简易照明线路探测仪电路组成与工作原理。

(3) 熟练使用电子焊接工具，完成简易照明线路探测仪电路装接。

(4) 熟练使用电子仪器仪表，完成简易照明线路探测仪电路的调试。

(5) 能分析及排除电路故障。

4. 实训设备与器件

实训设备：信号发生器、示波器、直流稳压电源、万用表各 1 台及焊接工具 1 套。

实训器件：电路所需元件名称、规格型号和数量见表 5-1。

5. 实训电路说明

(1) 当通电时通电线路产生交变电磁场，作为线路探测仪必须检测到信号，可用电感、电容感应交变电磁场电压，也可采用收音机模块感应。本设计采用 470 μH 工字电感。

(2) 电路组成：采用 TL084 中的 U_{1A} 和 U_{1B} 两个运放构成两级高增益滤波放大器，将电感感应通电线路辐射的 50 Hz 微弱信号放大（有效值达到 1～5 V）。其中，第一级为反相输入低通滤波放大电路，放大倍数最大为 100；第二级为带通滤波放大电路，放大倍数最大为 101。则两级放大倍数将近 10 000。TL084 的 U_{1C}、U_{1D} 和二极管组成精密整流电路。LM311 组成电压比较电路。

(3) 电路原理：通过 470 μH 工字电感感应到通电线路上的交变电磁场电压，由于信号很微弱，通过 TL084 中的两个运放构成的两级高增益滤波放大器，将线路辐射的 50 Hz 正弦波放大到有效值 1～5 V，同时滤除高频和几赫兹低频杂波。若放大后有效值不到 1～5 V，则可通过提高 R_2、R_6 值实现。然后，通过精密整流电路将放大的正弦波转变成单向脉冲波，若单向脉冲电压高于阈值，LM311 组成的比较电路输出低电平，声光报警指示，表示检测到了通电线路。

表 5 - 1　简易照明线路检测仪电路的元件清单与相关测试设备

名　称	数　量	代　号	名　称	数　量	代　号
1 kΩ 电阻	4	R_1、R_3、R_5、R_7	1 μF 电容	1	C_{20}
100 kΩ 电阻	2	R_2、R_6	100 μH 电感	2	L_1、L_2
10 kΩ 电阻	3	R_4、R_8、R_{11}	1N4007	6	VD_1、VD_2、VD_3、VD_4、VD_5、VD_6
20 kΩ 电阻	4	R_9、R_{10}、R_{12}、R_{14}	发光二极管	1	VD_7、VD_8、VD_9
2 kΩ 电阻	2	R_{15}、R_{16}	喇叭	1	SP1
3.3 kΩ 电阻	1	R_{13}	TL084	1	U_1
8.2 kΩ 电阻	2	R_{20}、R_{21}	LM311	1	U_2
510 Ω 电阻		R_{17}	LM7805	1	U_3
10 kΩ 滑动变阻器	2	R_{P1}	LM7905	1	U_4
10 nF 电容	2	C_1、C_2	插针	17	
10 μF/25 V 电容	2	C_3、C_4、C_{10}、C_{11}、C_{16}、C_{17}	二号金属接线柱	3	J1、J2、J3
0.1 μF 电容	7	C_5、C_6、C_7、C_{12}、C_{13}、C_{14}、C_{15}			

6. 简易照明线路检测仪的安装与调试

（1）识别与检测元件。

（2）元件插装与电路焊接。

（3）反相输入低通滤波电路的检测与测试。

（4）同相输入低通滤波电路的检测与测试。

（5）精密整流电路的检测与测试。

（6）比较器电路的检测与测试。

（7）整机电路的调试。

TL084 是四运放集成电路，采用 14 脚双列直插塑料封装，内部包含四组形式相同的运算放大器，除电源公用外，四组运放相互独立，其引脚排列如图 5 - 3 所示。TL084 具有宽共模电压、低输入偏置电流、高转化率、低失调电压及输出短路保护等优点，被广泛应用于各种电路中。

LM311 是单片集成的电压比较器,LM311 的引脚排列如图 5 - 4 所示。其工作电源电压范围大(±5 V、±15 V)、偏置电流小、失调电流小、差分输入电压范围大(±30V),其输出与 TTL、DTL 及 MOS 电路相容,并可驱动指示灯和继电器,可以单电源供电,也可以双电源供电,有集电极输出和发射极输出两种形式。该类比较器还具有外部平衡调节端和选通控制端,在使用时根据情况选择或调节。

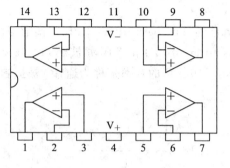

图 5 - 3 TL084 的引脚排列

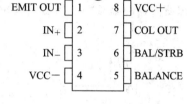

图 5 - 4 LM311 的引脚排列

7. 分析与报告

完成电路的详细分析测试报告。

8. 实训考核

表 5 - 2 为简易照明线路探测仪的安装与测试考核表。

表 5 - 2 简易照明线路探测仪的安装与测试考核表

项 目	内 容	配分	考核要求	扣分标准	得 分
安全操作规范	1.安全用电(3分) 2.环境整洁(3分) 3.操作规范(4分)	10	积极参与,遵守安全操作规程和劳动纪律,有良好的职业道德和敬业精神	安全用电和 7S 管理	
电路安装工艺	1.元件的识别 2.电路的安装	10	电路安装正确且符合工艺规范	印刷线路板焊接工艺	
任务与功能验证	1.功能验证 2.测试结果记录	70	1.熟悉各电路功能 2.正确测试验证各部分电路 3.正确记录测试结果	依照测试报告分值	
团队分数	团队协作	10	团队每人负责 1 个电路并完成答辩	团队合作与职业岗位要求	
合计		100			

注:各项配分扣完为止

5.1 有源滤波器

对于信号的频率有选择性的电路称为滤波电路,也称滤波器,它的功能是使特定频率的信号通过，而阻止其他频率的信号通过。

　　传感器领域中有检测温度、振动、光、距离等物理量的各种传感器，在很多情况下，从传感器获得的信号中，不仅有希望得到的信息，同时也混有不需要的噪声。噪声会使信号的值漂动，信号的准确度下降，这时需要滤波器。有源滤波器是应用广泛的信号处理电路。

有源滤波器

5.1.1　滤波器概述

　　滤波器按能通过的频率范围分为低通滤波器（low pass filter，LPF）、高通滤波器（high pass filter，HPF）、带通滤波器（band pass filter，BPF）和带阻滤波器（band stop filter，BSF）。理想滤波器的幅频特性如图 5-5 所示。被保留的频率带称为通带，被抑制的频率带称为阻带。

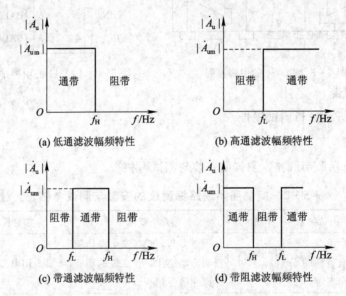

(a) 低通滤波幅频特性　　　　　(b) 高通滤波幅频特性

(c) 带通滤波幅频特性　　　　　(d) 带阻滤波幅频特性

图 5-5　理想滤波器的幅频特性

　　实际上，任何滤波器都不可能具备如图 5-5 所示的幅频特性，通带与阻带之间存在着过渡带。低通滤波器的实际幅频特性如图 5-6 所示。

　　$\dot{A}_{um}$ 是频率等于零时输出电压与输入电压之比，使 $|\dot{A}_u| = 0.707|\dot{A}_{um}|$ 的频率称为通带截止频率 f_H，从 f_H 到 $|\dot{A}_u|$ 接近零的频带称为过渡带，使 $|\dot{A}_u|$ 趋于零以后的频带称为阻带。过渡带愈窄，电路的选择性愈好，滤波特性愈理想。

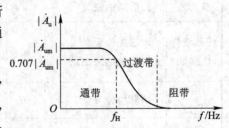

图 5-6　低通滤波器的实际幅频特性

1. 滤波器的种类

　　按照幅频特性的不同，滤波器可分为以下几种。

　　（1）低通滤波器（LPF）。设截止频率为 f_H，频率低于 f_H 的信号能够通过、频率高于

f_H 的信号被衰减的滤波器电路称为低通滤波器。其可以作为直流电源整流后的滤波电路，以便得到平滑的直流电压。比如有些传感器输出的信号是直流信号，但掺杂直流电源的 50 Hz 杂波信号，此时可用到低通滤波器。

（2）高通滤波器（HPF）。设截止频率为 f_L，频率高于 f_L 的信号能够通过、频率低于 f_L 的信号被衰减的滤波器称为高通滤波器。音频范围内，电话频率是 300 Hz～3 kHz，HiFi（high fidelity，高保真）频率是 20 Hz～20 kHz，如果有意外的振动混入麦克风中变换为电信号，就会成为一种干扰声音，或者使声音失真，这时高通滤波电路能起到阻断意外低频的作用。

（3）带通滤波器（BPF）。设低频段截止频率为 f_L，高频段截止频率为 f_H，频率在 f_L 和 f_H 之间的信号能够通过、频率低于 f_L 和高于 f_H 的信号被衰减的滤波器称为带通滤波器。其常用于载波通信信号提取等场合，以提高信噪比。比如音响，要想通过音频信号（几百赫兹到十几千赫兹），需要用到带通滤波器。

（4）带阻滤波器（BSF）。设低频段截止频率为 f_L，高频段截止频率为 f_H，频率低于 f_L 或高于 f_H 的信号能够通过、频率在 f_L 和 f_H 之间的信号被衰减的滤波器称为带阻滤波器。带阻滤波器可用于在已知干扰或噪声频率的情况下，阻止其通过。

2. 无源滤波电路和有源滤波电路

若滤波电路仅由无源器件（电阻、电容、电感）组成，则称为无源滤波电路。若滤波电路由无源器件和有源器件（双极性管、单极性管、集成运放）共同组成，则称为有源滤波电路。

如图 5-7 所示为 RC 无源低通滤波器。当不接负载 R_L 时，其放大倍数为

$$\dot{A}_u = \frac{\dot{U}_o}{\dot{U}_i} = \frac{\dfrac{1}{j\omega C}}{R + \dfrac{1}{j\omega C}} = \frac{1}{1 + j\omega RC} \qquad (5-1)$$

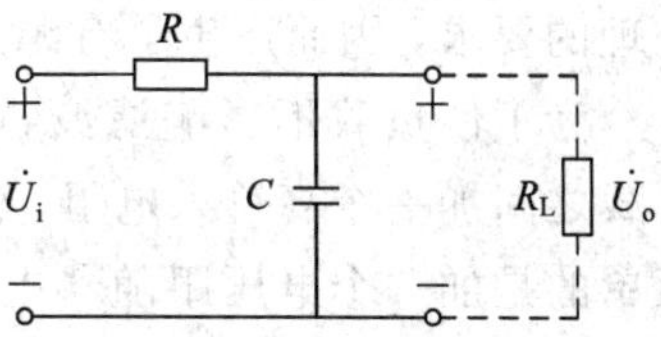

图 5-7　RC 无源低通滤波电路

令 $f_H = \dfrac{1}{2\pi RC}$，则上式变换为

$$\dot{A}_u = \frac{1}{1 + j\dfrac{f}{f_H}} = \frac{\dot{A}_{um}}{1 + j\dfrac{f}{f_H}} \qquad (5-2)$$

当信号频率为零时，$\dot{A}_u = \dot{A}_{um} = 1$。其模为

$$|\dot{A}_u| = \frac{|\dot{A}_{um}|}{\sqrt{1 + \left(\dfrac{f}{f_H}\right)^2}} \qquad (5-3)$$

当 $f = f_H$ 时，有

$$|\dot{A}_u| = \frac{|\dot{A}_{um}|}{\sqrt{2}} \approx 0.707 |\dot{A}_{um}| \qquad (5-4)$$

当输入信号的频率使电路的放大倍数为最大值的 $1/\sqrt{2}$ 即 0.707 倍时，称此频率为电路的截止频率 f_H。由于当频率高于 f_H 时，低通滤波器的增益降低，此频率称为上限截止频率。则上限截止频率为

$$f_H = \frac{1}{2\pi RC} \qquad (5-5)$$

　　由上式可知，随着信号频率增大，放大倍数减少，即输出信号 u_o 中的高频成分随频率的增大而下降，直至降到零，而低频成分的衰减较少，易于通过，所以称为低通滤波器，其幅频特性曲线如图 5-6 所示。

　　当如图 5-7 所示电路带上负载后（如图中虚线所示），通常放大倍数变为

$$\dot{A}_u = \frac{\dot{U}_o}{\dot{U}_i} = \frac{R_L / \dfrac{1}{j\omega C}}{R + R_L / \dfrac{1}{j\omega C}} = \frac{\dfrac{R_L}{R + R_L}}{1 + j\omega (R/R_L)C} \qquad (5-6)$$

　　同理可写成以下形式：

$$\dot{A}_u = \frac{\dot{U}_o}{\dot{U}_i} = \frac{\dot{A}_{um}}{1 + j\dfrac{f}{f_H}}$$

则可知

$$\dot{A}_{um} = \frac{R_L}{R + R_L} \qquad (5-7)$$

$$f_H = \frac{1}{2\pi(R/R_L)C} \qquad (5-8)$$

　　上式表明，带负载后，通常放大倍数的数值减小，通带截止频率升高。可见，无源滤波电路的通带放大倍数及其截止频率都随负载而变化，这一缺点常常不符合信号处理的要求，因而产生了有源滤波电路。

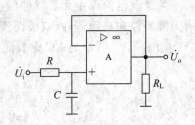

图 5-8　有源滤波电路

　　为了使负载不影响滤波特性，可在无源滤波电路和负载之间加一个高输入电阻、低输出电阻的隔离电路，最简单的是加一个电压跟随器电路，如图 5-8 所示，这样就构成了有源滤波电路。

5.1.2　有源低通滤波器

1. 一阶有源低通滤波器

　　由于集成运算放大器的开环电压增益和输入阻抗均很高，输出阻抗又很低，与无源滤波器相比，构成的有源滤波器具有一定的信号放大和带负载能力。一阶有源低通滤波电路如图 5-9 所示。

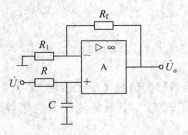

低通滤波器

图 5-9　一阶有源低通滤波电路

该电路为无源低通滤波器和同相比例放大电路的组合,同相比例放大电路输出为

$$\dot{U}_o = \left(1 + \frac{R_f}{R_1}\right)\dot{U}_P \tag{5-9}$$

而由同相端电流虚断及无源滤波电路,可得

$$\dot{U}_P = \frac{\frac{1}{j\omega C}}{R + \frac{1}{j\omega C}}\dot{U}_i = \frac{1}{1 + j\omega RC}\dot{U}_i \tag{5-10}$$

将式(5-10)代入式(5-9)得到

$$\dot{A}_u = \frac{\dot{U}_o}{\dot{U}_i} = \left(1 + \frac{R_f}{R_1}\right)\frac{1}{1 + j\omega RC} \tag{5-11}$$

可以看出有源滤波器在无源滤波器的基础上放大了 $1 + \frac{R_f}{R_1}$ 倍,正是同相比例放大电路的放大倍数。

上限截止频率为

$$f_H = \frac{1}{2\pi RC} \tag{5-12}$$

当频率为零时,通带放大倍数为

$$\dot{A}_{um} = 1 + \frac{R_f}{R_1} \tag{5-13}$$

通常情况下采用波特图表示放大器的幅频特性曲线,一阶低通滤波电路幅频特性如图 5-10 所示。其中, $\dot{A} = \frac{\dot{A}_u}{\dot{A}_{um}} = \frac{1}{\sqrt{1 + \left(\frac{f}{f_H}\right)^2}}$,则可知当 $f = f_H$ 时, $20\lg|\dot{A}| = -3$ dB;当

$f = 10f_H$ 时, $20\lg|\dot{A}| = -20$ dB。可得到结论 $f \gg f_H$,频率每升高 10 倍, $20\lg|\dot{A}|$ 下降 20 dB,波特图的斜率为 20 dB/10 倍频。

如图 5-11 所示的反相输入有源低通滤波电路,即实用型的积分运算电路,它的幅频特性的形状与图 5-10 一致。当信号频率为零时,其电压放大倍数为

$$\dot{A}_{um} = -\frac{R_f}{R_1} \tag{5-14}$$

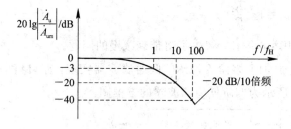

图 5-10　一阶低通滤波器的幅频特性

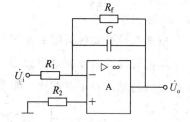

图 5-11　反相输入有源低通滤波器

随着频率的变化，电路的放大倍数为

$$\dot{A}_u = \frac{\dot{U}_o}{\dot{U}_i} = \frac{R_f}{R_1} \frac{1}{1+j\omega R_f C} \qquad (5-15)$$

截止频率为

$$f_H = \frac{1}{2\pi R_f C} \qquad (5-16)$$

一阶低通滤波电路的特点是电路简单，但阻带衰减慢。

【例 5-1】 设计一个低通滤波器，电路如图 5-11 所示，截止频率为 500 Hz，要求放大 100 倍，写出电阻 R_1、R_f 和 C 的值。

　　解　根据低通滤波器的公式以及电路可知

$$\dot{A}_{um} = -\frac{R_f}{R_1} = -100$$

$$f_H = \frac{1}{2\pi R_f C}$$

低通滤波器
电路的设计

假设 $R_1 = 100\ \Omega$，$R_f = 10\ k\Omega$，则可推导 $C = \dfrac{1}{2\pi R_f f_H}$，$C = 33\ nF$。

2. 二阶有源低通滤波器

为了解决阻带衰减慢的问题，在一阶有源低通滤波器的基础上，再加一级 RC 无源低通滤波电路，就构成了简单二阶有源低通滤波器，如图 5-12 所示。其电压放大倍数为

$$\dot{A}_u = \frac{\dot{U}_o}{\dot{U}_i} = \frac{\dot{A}_{um}}{1+3j\dfrac{f}{f_H} - \left(\dfrac{f}{f_H}\right)^2} \qquad (5-17)$$

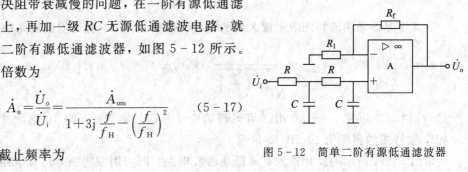

图 5-12　简单二阶有源低通滤波器

其中，上限截止频率为

$$f_H = \frac{1}{2\pi RC} \qquad (5-18)$$

当频率为零时，通带放大倍数为

$$\dot{A}_{um} = 1 + \frac{R_f}{R_1} \qquad (5-19)$$

根据推导可知过渡带衰减可达 -40 dB/10 倍频，解决了阻带衰减慢的问题。

高阶有源低通滤波器可以通过单个运放加上多阶无源 RC 低通滤波器实现，亦可将多个有源低通滤波器串联起来，如图 5-13 所示为四阶低通滤波器的方框图。

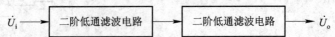

图 5-13　四阶低通滤波器的方框图

5.1.3　有源高通滤波器

高通滤波器

同相型高通滤波电路的幅频特性如图 5-14(b)所示。它表明允许频率高于 f_L 的高频信号通过,频率低于 f_L 的低频信号则被抑制,f_L 称为下限截止频率。高通滤波器与低通滤波器具有对偶关系,所以将低通滤波器中滤波元件 R 和 C 的位置互换即可得到高通滤波器,同相输入型高通滤波电路如图 5-14(a)所示。

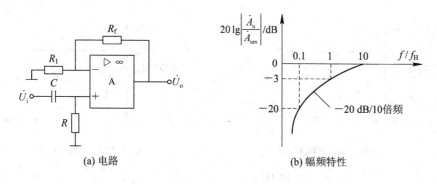

(a) 电路　　　　　　　　　　　　(b) 幅频特性

图 5-14　同相输入型高通滤波电路及幅频特性

对其分析,得

$$\dot{A}_u = \frac{\dot{U}_o}{\dot{U}_i} = \left(1 + \frac{R_f}{R_1}\right)\frac{1}{1 - j\dfrac{1}{\omega RC}} = \frac{\dot{A}_{um}}{1 - j\dfrac{f_L}{f}} \tag{5-20}$$

其中,同相放大倍数为

$$\dot{A}_{um} = 1 + \frac{R_f}{R_1} \tag{5-21}$$

高通滤波电路的下限截止频率为

$$f_L = \frac{1}{2\pi RC} \tag{5-22}$$

二阶有源高通滤波电路如图 5-15 所示。

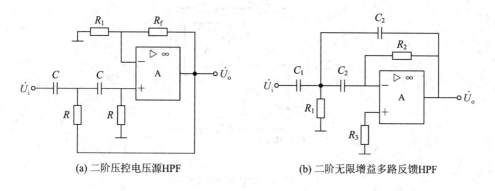

(a) 二阶压控电压源HPF　　　　　　　　(b) 二阶无限增益多路反馈HPF

图 5-15　二阶有源高通滤波电路

5.1.4　有源带通滤波器

带通滤波电路幅频特性如图 5-16(c)所示，频率 f 满足 $f_L < f < f_H$ 的 信号可以通过，而在这范围外的信号则被阻断。该电路只允许某一频段内的信号通过，有上限和下限两个截止频率。将高通滤波器与低通滤波器进行适当组合，就可获得带通滤波器。图 5-16 表示了高通滤波器与低通滤波器串联构成带通滤波器。

带通、带阻
滤波器

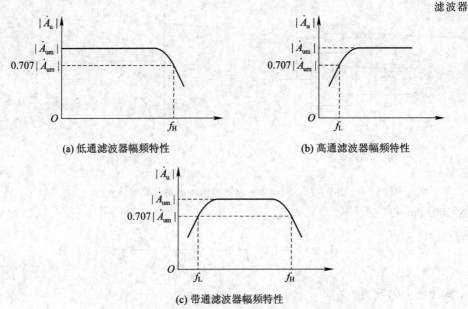

(a) 低通滤波器幅频特性　　　　(b) 高通滤波器幅频特性

(c) 带通滤波器幅频特性

图 5-16　高通滤波器与低通滤波器串联构成带通滤波器

图 5-17 为二阶有源带通滤波器，图中 R、C 组成低通滤波电路，C、$2R$ 组成高通滤波电路，明显低通滤波电路的截止频率 f_L 大于高通滤波电路的截止频率 f_H，两者之间形成了一个通频带，从而构成了带通滤波器。

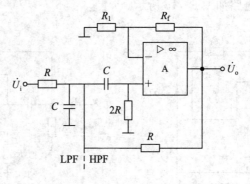

图 5-17　二阶有源带通滤波器

5.1.5　有源带阻滤波器

有源带阻滤波电路阻止某一频段的信号通过，而让该频段之外的所有信号通过，从而达到抗干扰的目的。带阻滤波器可由低通滤波器和高通滤波器并联组成，图 5-18 为有源带阻滤波器，其中，低通滤波器的截止频率 f_H 应小于高通滤波器的截止频率 f_L。因此，该电路的阻频带为 $f_L - f_H$。

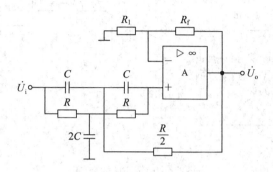

图 5-18　有源带阻滤波器

【仿真任务 7】　有源滤波器的仿真测试

1. 目的

（1）识别三种基本滤波器，掌握滤波器在不同频率下的变化。

（2）熟练使用 Multisim 仿真软件。

2. 内容及要求

在 Multisim 2010 中连接电路图，分别如图 5-19、图 5-20、图 5-21 所示，完成低通、高通和带通滤波器的仿真测试，并计算各滤波器在不同频率下的放大倍数，以及各滤波器的截止频率。

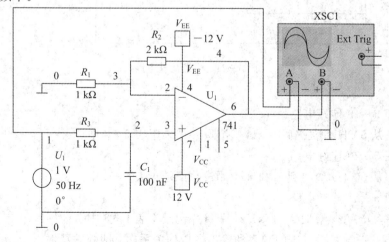

图 5-19　低通滤波电路

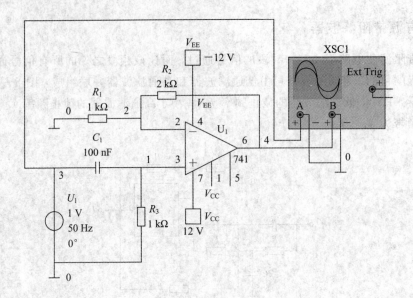

图 5-20　高通滤波电路

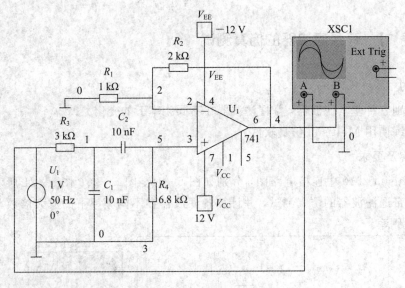

图 5-21　带通滤波电路

3. 步骤

（1）按图 5-19 连好电路。

（2）频率从 50 Hz 增加到 10 kHz，测量并记录于表 5-3 中。

（3）按图 5-20 连好电路。

（4）频率从 50 Hz 增加到 10 kHz，测量并记录于表 5-3 中。

（5）按图 5-21 连好电路。

（6）频率从 50 Hz 增加到 10 kHz，测量并记录于表 5-3 中。

（7）画出三张电路图对应的频率和输出电压的关系图，即幅频特性。

表 5 - 3　三个滤波电路测试数据

图 5 - 19			图 5 - 20			图 5 - 21		
频率	输出电压 U_{pk}/V	放大倍数	频率	输出电压 U_{pk}/V	放大倍数	频率	输出电 U_{pk}/V	放大倍数
50 Hz			50 Hz			50 Hz		
100 Hz			100 Hz			100 Hz		
200 Hz			200 Hz			200 Hz		
500 Hz			500 Hz			500 Hz		
1 kHz			1 kHz			1 kHz		
2 kHz			2 kHz			2 kHz		
3 kHz			3 kHz			3 kHz		
4 kHz			4 kHz			4 kHz		
5 kHz			5 kHz			5 kHz		
6 kHz			6 kHz			6 kHz		
7 kHz			7 kHz			7 kHz		
8 kHz			8 kHz			8 kHz		
9 kHz			9 kHz			9 kHz		
10 kHz			10 kHz			10 kHz		

4. 问题

（1）分别说明低通滤波器、高通滤波器的截止频率，以及带通滤波器的通频带。

（2）如何改变滤波器的放大倍数（比如放大 10 倍）？

【实训任务 9】　线路探测仪前级放大电路的装配与测试

1. 目的

（1）熟练掌握低通滤波器的基本电路结构及基本电路运算。

（2）熟练掌握常规仪器的使用。

（3）掌握对电路故障的排除方法，培养独立解决问题的能力。

2. 仪器及元器件

仪器：直流稳压电源，万用表，信号发生器，示波器。

元器件：集成芯片 TL084；1 kΩ 电阻 4 个，100 kΩ 电阻 2 个，10 kΩ 电阻 1 个；10 nF 电容 2 个；10 μF 电解电容 2 个；插针若干个，短接帽 2 个；PCB 电路板 1 块。

3. 内容及要求

完成线路探测仪前级放大电路的装配与调试，线路探测仪前级放大电路的测试图如图 5 - 22 所示（Altium Designer 软件绘制），完成测试并回答问题。进一步熟悉低通滤波电路的性能和特点。

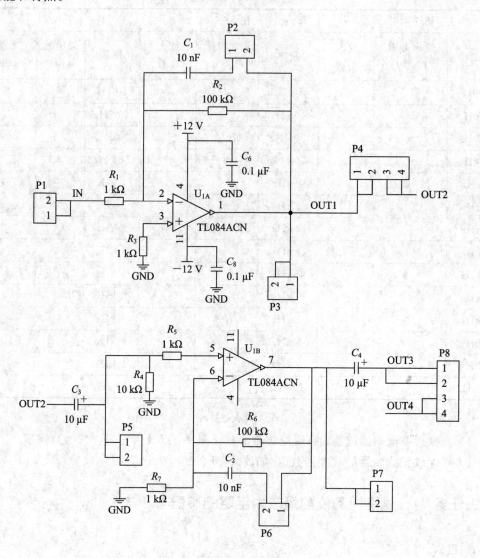

图 5 - 22　线路探测仪前级放大电路的测试图

4. 步骤

（1）按图 5 - 22 安装好电路。

（2）打开直流稳压电源，CH1、CH2 设定±12 V，作为整个电路的电源电压，连接到电路板电源端子上（注意不要接反），此时电源未开通输出电压。

（3）打开信号发生器，设定 $f=1$ kHz、$V_{ipp}=10$ mV 的正弦波作为输入信号，此时信号发生器未开通输出信号。

（4）信号发生器正极接到 P1 上，示波器正极接到 P3 上，信号发生器和示波器负极接地。

（5）打开电源和信号发生器输出，观测示波器波形，记录示波器数值，计算并同时理论计算电路放大倍数，记录在表 5 - 4 中。

（6）改变输入信号为 $f=50\ \text{Hz}$、$V_{\text{ipp}}=10\ \text{mV}$ 的正弦波，记录示波器数值，计算并同时理论计算电路放大倍数，记录在表 5-4 中。

（7）P2 用短接帽连接，即 R_2 两端并联接入 $0.01\ \mu\text{F}$ 电容，输入信号为幅度不变、频率先后分别为 50 Hz 及 1 kHz 的正弦波信号，同时用示波器观察输出波形，记录示波器数值，计算并同时理论计算电路放大倍数，记录在表 5-4 中。

表 5-4　测试结果一　　　　　　　　$(V_{\text{ipp}}=10\ \text{mV})$

有无 C_1	频率/Hz	V_{opp}/V	计算 A_u	理论 A_u
无	50			
无	1 k			
有	50			
有	1 k			

（8）关闭电源和信号发生器，信号发生器正极接到 P5 上，示波器正极接到 P7 上，信号发生器和示波器负极接到 P15(P16)上。

（9）打开电源和信号发生器输出，观测示波器波形，记录示波器数值，计算并同时理论计算电路放大倍数，记录在表 5-5 中。

表 5-5　测试结果二　　　　　　　　$(V_{\text{ipp}}=10\ \text{mV})$

有无 C_2	频率/Hz	V_{opp}/V	计算 A_u	理论 A_u
无	50			
无	1 k			
有	50			
有	1 k			

（10）改变输入信号为 $f=50\ \text{Hz}$、$V_{\text{ipp}}=10\ \text{mV}$ 的正弦波，记录示波器数值，计算并同时理论计算电路放大倍数，记录在表 5-5 中。

（11）P6 用短接帽连接，即 R_6 两端并联接入 $0.01\ \mu\text{F}$ 电容，输入信号为幅度不变、频率先后分别为 50 Hz 及 1 kHz 的正弦波信号，同时用示波器观察输出波形，记录示波器数值，计算并同时理论计算电路放大倍数，记录在表 5-5 中。

（12）短接帽连接 P4 的 2、3 脚，把两级放大电路连接在一起，同时接入工字电感作为传感器，用电感靠近电力线路，用示波器观测输出信号，若低于 V_{pp}，则增大 R_2 或者 R_6，使输出电压大于 V_{pp}。

5. 问题

（1）观测表 5-4、表 5-5 中的数据，说明有、无电容输出的区别。

（2）观测表 5-4、表 5-5 中的数据，分析 $0.01\ \mu\text{F}$ 电容的作用。当有电容时，此电路功能如何？

（3）列出有、无电容时，两个电路放大倍数的公式。

5.2　利用集成运放实现的信号转换电路

利用集成运放可实现信号的转换，如电压-电流转换电路，电流-电压转换电路、电压-频率转换电路以及精密整流电路等。本节主要介绍精密整流电路和电压-电流转换电路。

在实际电路中需要对电路的电压或电流信号进行采样，以确保电路中的电压、电流等参数值在合理范围内，精密整流电路可实现将采样得到的小信号交流电压转换成单向的脉动电信号。

长距离传输模拟信号时，以电压方式输出会引起电压衰减，需将电压输出转换成电流输出。许多常规工业仪表中，以电流方式配接，要求输出端将电压输出转换成电流输出。电压-电流转换电路就是把电压输出信号转换成电流输出信号，有利于信号长距离传输。

5.2.1　精密整流电路

整流电路输入输出波形如图 5-23 所示，输入信号 u_i 为正弦波，输出波形 u_{o1} 为半波整流波形，u_{o2} 为全波整流波形。

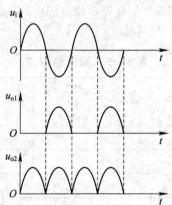

精密整流电路

图 5-23　整流电路输入输出波形

在图 5-24(a)所示的一般半波整流电路中，由于二极管的伏安特性如图 5-24(b)所示，当输入电压 u_i 幅值小于二极管的开启电压 U_{on} 时，二极管在信号的整个周期中处于截止状态，输出电压始终为零。即使 u_i 幅值足够大，输出电压也只反映 u_i 大于 U_{on} 的那部分电压的大小。因此，该电路不能对微弱信号整流。

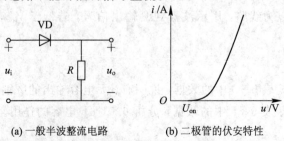

(a) 一般半波整流电路　　　　　(b) 二极管的伏安特性

图 5-24　一般半波整流电路及二极管的伏安特性

1. 半波精密整流电路

半波精密整流电路如图 5-25 所示。由于输入信号从反相端输入，则 u_i、u_{o1} 成反相关系，同时 $u_N = u_P = 0$。

当 $u_i > 0$ 时，必然使集成运放的输出 $u_{o1} < 0$，从而二极管 VD_1 导通，VD_2 截止，R_f 中电流为零，因此输出电压 $u_o = 0$。

当 $u_i < 0$ 时，必然使集成运放的输出 $u_{o1} > 0$，从而二极管 VD_2 导通，VD_1 截止，电路实现反相比例运算，输出电压为

$$u_o = -\frac{R_f}{R_1} u_i \tag{5-23}$$

当输入正弦波时，可得到图 5-23 中的半波整流波形 u_{o1}。

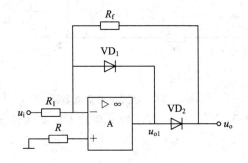

图 5-25　半波精密整流电路

【例 5-2】　在图 5-25 基础上，若两个二极管方向相反，判断输出电压，并画出输入输出波形，其中输入信号为正弦波。

解　当输入为上半周，即 $u_i > 0$ 时，$u_{o1} < 0$，则二极管 VD_2 导通，VD_1 截止，电路实现反相比例运算，输出电压为

$$u_o = -\frac{R_f}{R_1} u_i$$

当输入为下半周，即 $u_i < 0$ 时，$u_{o1} > 0$，此时二极管 VD_1 导通，VD_2 截止，输出电压 $u_o = 0$。波形如图 5-26 所示。

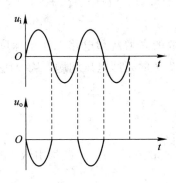

图 5-26　例 5-2 波形图

2. 全波精密整流电路

全波精密整流电路如图 5 - 27 所示。该电路由半波精密整流电路和加法运算电路结合而成。

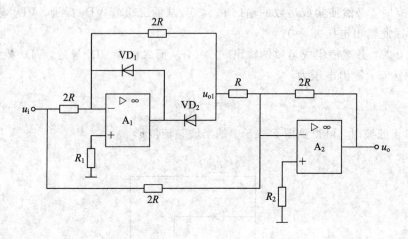

图 5 - 27　全波精密整流电路

当 $u_i > 0$ 时，VD_2 导通，VD_1 截止，A_1 为反相输入比例运算电路，A_2 为反相加法运算电路，输出电压为

$$u_{o1} = -\frac{2R}{2R} u_i = -u_i$$

则

$$u_o = -\frac{2R}{R} u_{o1} - \frac{2R}{2R} u_i = 2u_i - u_i = u_i$$

当 $u_i < 0$ 时，VD_1 导通，VD_2 截止，$u_{o1} = 0$，A_2 为 u_i 的反相输入比例运算电路，则

$$u_o = -u_i$$

综上可知

$$u_o = |u_i| \tag{5 - 24}$$

该电路实现了全波整流。当输入正弦波时可得到如图 5 - 23 所示的全波整流波形 u_{o2}，此电路也称为绝对值电路。

精密整流电路利用集成运放的高增益和电路工作于深度负反馈及二极管的导引作用，解决了二极管整流时存在约 0.7 V 的死区电压问题，从而使整流的误差大大减小，整流特性接近理想特性。

5.2.2　电压-电流转换电路

电压-电流转换电路如图 5 - 28 所示，A_1、A_2 均引入了负反馈，A_1 为电压跟随器，A_2 为同相加法运算电路。

对于 A_1，由于是电压跟随器，因此

$$U_{o1} = U_o \tag{5 - 25}$$

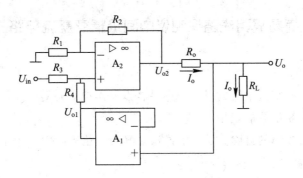

图 5 - 28　电压-电流转换电路

对于 A_2，由公式可得

$$U_{o2} = \left(1 + \frac{R_2}{R_1}\right)\left(\frac{R_4}{R_3 + R_4}U_{in} + \frac{R_3}{R_3 + R_4}U_{o1}\right)\qquad(5-26)$$

当 $R_1 = R_2 = R_3 = R_4$ 时，可得

$$U_{o2} = U_{in} + U_{o1}$$

将式(5-25)代入上式可得

$$U_{o2} = U_{in} + U_o\qquad(5-27)$$

而根据电阻 R_o 的欧姆定律，可以得到

$$I_o R_o = U_{o2} - U_o\qquad(5-28)$$

A_1 电流虚断，因此负载 R_L 上的电流为 I_o，所以负载上电流为

$$I_o = \frac{U_{in}}{R_o}\qquad(5-29)$$

确定好输入电压 U_{in} 和电阻 R_o 即可得到恒流源，即可实现电压—电流转换。但此电路电流最大为几十毫安，若想得到大的恒定电流，可采用图 5 - 29 所示的集成运放和场效应管组成的恒流源电路。

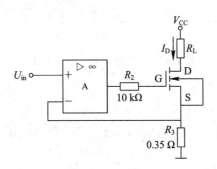

图 5 - 29　集成运放和场效应管组成的恒流源电路

集成运放虚短，$u_P = u_N$，即电阻 R_3 两端电压为 U_{in}，则其上电流即为场效应管的电流。即

$$I_D = \frac{U_{in}}{R_3}\qquad(5-30)$$

【实训任务 10】 简易照明线路探测仪中间级精密整流电路的装配与调试

1. 目的

（1）熟练掌握精密整流电路的基本电路结构及基本电路运算。

（2）熟练掌握常规仪器的使用。

（3）掌握对电路故障的排除方法，培养独立解决问题的能力。

2. 仪器及元器件

仪器：直流稳压电源，万用表，信号发生器，示波器。

元器件：集成芯片 TL084；20 kΩ 电阻 4 个，10 kΩ 电阻 2 个，3.3 kΩ 电阻 1 个；插针若干个；PCB 电路板 1 块。

3. 内容及要求

完成线路探测仪中间级精密整流电路的装配与调试，精密整流电路的测试图如图 5-30所示（Altium Designer 软件绘制），完成测试并回答问题。

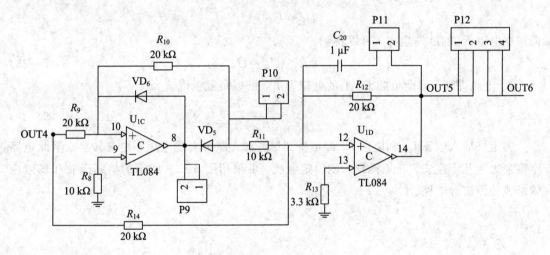

图 5-30 精密整流电路的测试图

4. 步骤

（1）按图 5-30 安装好电路。

（2）打开直流稳压电源，调整电压源 CH1、CH2 为双电源 ±12 V，CH3 为 2.5 V，此时直流稳压电源未输出。

（3）打开信号发生器，设定 $f=1$ kHz、$V_{pp}=1$ V 的正弦波，此时信号发生器未输出。

（4）CH1、CH2 连接到电路板的电源端子上（注意不要接反），CH3 正极连接到 P8 引脚的 3 或者 4 引脚（OUT4 端口），负极接地。打开直流稳压电源。

（5）用万用表直流电压挡测量 u_{o1}（P9）、u_o（P10）的大小，并判断二极管 VD5 和 VD6 的工作状态，记录在表 5-6 中。

（6）关闭直流稳压电源，CH3 负极连接到 P6，正极连接到 P9。打开直流稳压电源。

（7）用万用表测量 u_{o1}(P9)、u_o(P10) 的大小，并判断二极管 VD$_5$ 和 VD$_6$ 的工作状态，记录在表 5 - 6 中。

（8）关闭信号发生器和直流稳压电源，断开 CH3 连接。

（9）信号发生器正极接到 P8 引脚的 3 或者 4 引脚（OUT4 端口），示波器正极接到输出端 P12(1 或 2 引脚) 上，信号发生器和示波器负极接地。

（10）打开信号发生器和直流稳压电源，用示波器观察输出波形，记录示波器数值，计算并同时理论计算电路放大倍数，记录于表 5 - 6 中。

表 5 - 6　精密整流电路测试结果

P6	u_{o1}	u_o	VD$_5$	VD$_6$
2.5 V				
−2.5 V				
	输入信号 电压幅值	输入信号 频率	P12 输出 电压幅值	放大倍数

5. 问题

（1）分别描述 U$_{1C}$ 和 U$_{1D}$ 的电路功能。

（2）根据整流电路测试数据，分析测试结果及产生误差的原因。

5.3　集成运算放大器的非线性应用——电压比较器

当集成运放处于开环或正反馈状态时，运放的工作范围将跨越线性区，进入非线性区，这就是集成运放的非线性应用——电压比较器。电压比较器的主要用途是进行电平检测，它是模拟信号和数字信号间的桥梁，在数字仪表、自动控制、电平检测、波形发生诸多方面应用极广。其可分为简单电压比较器、迟滞电压比较器和窗口比较器三类。

5.3.1　电压比较器概述

1. 电压比较器的电压传输特性

电压比较器简称比较器，其输出电压 u_o 与输入电压 u_i 的函数关系 $u_o = f(u_i)$ 一般用曲线来描述，称为电压传输特性。输出电压 u_o 只有两种可能的状态，不是高电平 U_{OH}，就是低电平 U_{OL}，用来表示比较的结果。使 u_o 从 U_{OH} 跃变为 U_{OL}，或者从 U_{OL} 跃变为 U_{OH} 的输入电压称为阈值电压，或转折电压，记作 U_T。

为了正确画出电压传输特性，必须求出以下三个元素：

（1）输出电压高电平 U_{OH} 和输出电压低电平 U_{OL}。

（2）阈值电压 U_{T}。

（3）当 u_i 变化且经过 U_T 时，u_o 跃变的方向是从 U_{OH} 跃变为 U_{OL}，还是从 U_{OL} 跃变为 U_{OH}。

2. 集成运放的非线性工作区

电压比较器一般工作在开环或正反馈状态，如图 5-31(a) 和 5-31(b) 所示。对于理想运放，由于差模增益无穷大，只要同相输入端与反相输入端之间有无穷小的差值电压，输出电压就将达到正的最大值或者负的最大值，此时输出电压 u_o 与输入电压 $u_P - u_N$ 不再是线性关系，称集成运放工作在非线性工作区，电压比较器电压传输特性如图 5-31(c) 所示。

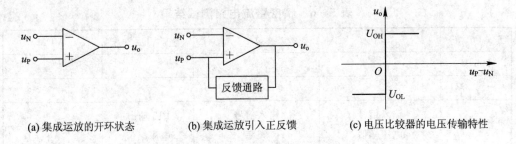

(a) 集成运放的开环状态　　　　(b) 集成运放引入正反馈　　　(c) 电压比较器的电压传输特性

图 5-31　集成运放工作在非线性区的电路特点及其电压传输特性

5.3.2　简单电压比较器

简单电压比较器电路如图 5-32(a) 所示，集成运放工作在开环状态。该电路只有一个阈值电压 U_R，所以该电路也称为单限电压比较器。

由集成运放的电压传输特性特点可知：若 $u_i > u_R$，则输出为低电平 U_{OL}；若 $u_i < u_R$，则输出为高电平 U_{OH}。因此，其电压传输特性如图 5-32(b) 所示。

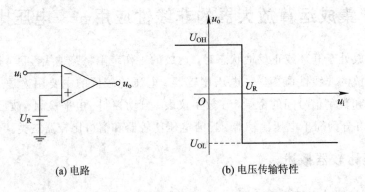

(a) 电路　　　　　　　　　　(b) 电压传输特性

图 5-32　简单电压比较器电路及电压传输特性

若参考电压为零，即 $U_R = 0$，则输入电压每次过零时，输出电压就要产生一次跳变，从一个电平跳变到另一个电平，这种比较器称为过零比较器。利用过零比较器可以把正弦波变为方波（正、负半周对称的矩形波）。

【例 5-3】 在图 5-32 中，假设 $U_R = 2$ V，输入波形如图 5-33(a) 所示，集成运放的最大输出为 +5 V，最小输出为 -5 V，试画出输出波形。

解　阈值电压 $U_R = 2\,V$，在输入波形上，画出 $2\,V$ 横线作为基准线，找到几个交点。根据电压比较电路的传输特性，有：$u_i < 2\,V$，$u_o = +5\,V$；$u_i > 2\,V$，$u_o = -5\,V$。接着从横线虚线中的交点画纵向虚线，然后得到图 $5-33$(b)所示的输出波形。

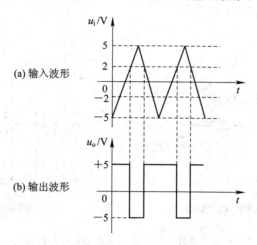

(a) 输入波形

(b) 输出波形

图 $5-33$　例 $5-3$ 波形图

简单电压比较器结构简单、灵敏度高，利用它还可以将任意波形的信号转换为矩形波，例如，可以将正弦波转换为周期性矩形波，但其抗干扰能力差。

5.3.3　迟滞电压比较器

迟滞电压比较器

当输入信号 u_i 在阈值电压 U_R 附近包含有干扰或噪声而自身并没有实质性变化时，输出电压将反复从一个电平跳变到另一个电平，而这种情况在实际运用时是不允许出现的。采用迟滞电压比较器可以解决这一问题。

迟滞电压比较器电路如图 $5-34$(a)所示。因该电路中引入了一个正反馈，运放工作在非线性区。为限制和稳定输出电压的幅值，在该电路的输出端并接了两个反向串联的稳压二极管，稳压二极管的稳压值为 U_Z，忽略正向导通电压，则比较器输出高电平 $+U_Z$，输出低电平 $-U_Z$。此时，作为基准电压的同相输入端电压不再固定，而是随输出电压而变。

由叠加定理可得

$$u_P = \frac{R_2}{R_1 + R_2} u_{REF} + \frac{R_1}{R_1 + R_2} u_o$$

当输出电压为高电平 $+U_Z$ 时，同相输入端电压记为 U_{T+}。当输入电压升高到这个值时，比较器发生翻转。此时，输出电压由 $+U_Z$ 跳变为 $-U_Z$，这时的输入电压值称为上限门限电压。

$$U_{T+} = \frac{R_2}{R_1 + R_2} u_{REF} + \frac{R_1}{R_1 + R_2} U_Z \tag{5-31}$$

当输出电压为低电平 $-U_Z$ 时，同相输入端电压记为 U_{T-}。当输入电压下降到这个值时，比较器发生翻转。此时，输出电压由 $-U_Z$ 跳变为 $+U_Z$，这时的输入电压值称为下限门限电压。

$$U_{\mathrm{T-}}=\frac{R_2}{R_1+R_2}u_{\mathrm{REF}}-\frac{R_1}{R_1+R_2}U_Z \tag{5-32}$$

该电路的电压传输特性如图 5-34(b)所示，该比较器的电压传输特性与磁滞回线类似，故称为迟滞（或滞回）电压比较器。

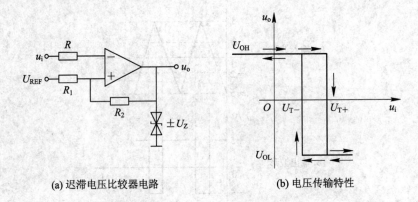

(a) 迟滞电压比较器电路　　　　(b) 电压传输特性

图 5-34　迟滞电压比较器电路图及电压传输特性

【例 5-4】　在图 5-34 所示电路中，已知 $R_1=20\ \mathrm{k\Omega}$，$R_2=30\ \mathrm{k\Omega}$，$U_{\mathrm{REF}}=0\ \mathrm{V}$，稳压管 $U_Z=5\ \mathrm{V}$，输入波形如图 5-35(a)所示，画出输出波形。

解　根据其传输特性，首先求上下门限值，由公式有

$$U_{\mathrm{T+}}=\frac{R_2}{R_1+R_2}U_{\mathrm{REF}}+\frac{R_1}{R_1+R_2}U_Z$$

$$U_{\mathrm{T-}}=\frac{R_2}{R_1+R_2}U_{\mathrm{REF}}+\frac{R_1}{R_1+R_2}U_Z$$

代入参数，得到

$$U_{\mathrm{T+}}=2\ \mathrm{V}$$

$$U_{\mathrm{T-}}=-2\ \mathrm{V}$$

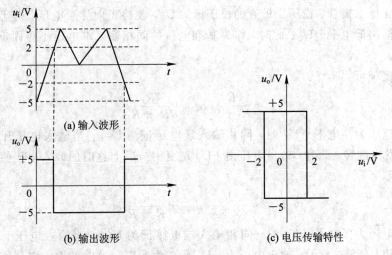

(a) 输入波形

(b) 输出波形　　　　　　(c) 电压传输特性

图 5-35　例 5-4 波形图

由于迟滞电压比较器输出高、低电平翻转的阈值不同，当输入的信号值在某一阈值附近时，只要干扰量不超过两个阈值之差，输出电压就可保持高电平或低电平不变，因此具有一定的抗干扰能力。

另外，由于迟滞电压比较器输出高、低电平翻转的过程是在瞬间完成的，即具有触发器的特点，因此又将其称为施密特触发器。

5.3.4　窗口比较器

如图 5-36(a)所示为一种窗口比较器，外加参考电压 $U_{RH} > U_{RL}$，电阻 R_1、R_2 和稳压管 VD_Z 构成限幅电路。

当输入电压 u_i 大于 U_{RH} 时，必然大于 U_{RL}，集成运放 A_1 的输出电压为 $u_{o1} = U_{OH}$，A_2 的输出电压为 $u_{o2} = U_{OL}$，使得二极管 VD_1 导通，VD_2 截止。稳压管工作在稳压状态，输出电压为 $u_o = +U_Z$。

当输入电压 u_i 小于 U_{RL} 时，必然小于 U_{RH}，集成运放 A_1 的输出电压为 $u_{o1} = U_{OL}$，A_2 的输出电压为 $u_{o2} = U_{OH}$，使得二极管 VD_1 截止，VD_2 导通。稳压管工作在稳压状态，输出电压为 $u_o = +U_Z$。

当 $U_{RL} < u_i < U_{RH}$ 时，集成运放 A_1 的输出电压为 $u_{o1} = U_{OL}$，A_2 的输出电压为 $u_{o2} = U_{OL}$，使得二极管 VD_1、VD_2 都截止。稳压管工作在截止状态，输出电压为 $u_o = 0$ V。

U_{RH} 和 U_{RL} 分别为比较器的两个阈值电压，设 U_{RH} 和 U_{RL} 都大于 0，则电路对应的电压传输特性如图 5-36(b)所示。

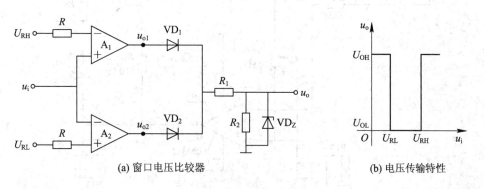

(a) 窗口电压比较器　　　　　　　　　(b) 电压传输特性

图 5-36　窗口电压比较器及其电压传输特性

通过对以上三种电压比较器的分析，可得出如下结论：

(1) 在比较器中，集成运放多工作在非线性区，输出电压只有高电平和低电平两种可能的情况。

(2) 通常用电压传输特性来描述输出电压与输入电压的函数关系。

(3) 电压传输特性的三个要素是输出电压的高、低电平，阈值以及输出电压的跃变方向。输出电压的高、低电平决定于限幅电路；令 $u_P = u_N$ 所求出的 u_i 就是阈值电压；u_i 等于阈值电压时，输出电压的跃变方向决定于输入电压作用于同相输入端还是反相输入端。

电压比较电路的测试

【实训任务11】　线路探测仪末级电压比较器的装配与调试

1. 目的

(1) 熟练掌握电压比较器的基本电路结构及电路判断。

(2) 熟练掌握常规仪器的使用。

(3) 掌握对电路故障的排除方法,培养独立解决问题的能力。

2. 仪器及元器件

仪器:直流稳压电源,万用表,信号发生器,示波器。

元器件:集成芯片 LM311;2 kΩ 电阻 1 个,510 Ω 电阻 2 个;10 kΩ 滑动变阻器 1 个;插针若干个;PCB 电路板 1 块。

3. 内容及要求

完成线路探测仪末级电压比较器的装配与调试,电压比较器的测试图如图 5 - 37 所示 (Altium Designer 软件绘制),完成测试并回答问题。进一步熟悉电压比较电路的性能和特点,掌握电路故障的排除方法,培养独立解决问题的能力。

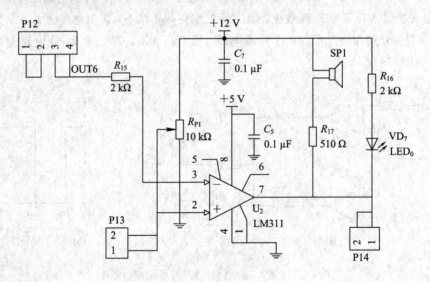

图 5 - 37　电压比较器的测试图

4. 步骤

(1) 按图 5 - 37 安装好电路。

(2) 打开直流稳压电源,调整电压源 CH1、CH2 为双电源±12 V,CH3 为 2.5 V,此时直流稳压电源未输出。

(3) 打开信号发生器,设定 1 kHz、$V_{pp} = 1$ V 的正弦波,此时信号发生器未输出。

(4) CH1、CH2 连接到电路板电源端子上(注意不要接反),CH3 正极连接到 P12(3 或 4 引脚上),负极接地。打开直流稳压电源。

（5）万用表放在 P13 上，调节滑动变阻器 R_{P1}，使万用表读数为 3 V 左右，并将数据记录在表 5－7 中。

（6）用万用表测量 P14 上的电压，并记录在表 5－7 中，同时记录发光二极管和蜂鸣器的工作状态。

（7）关闭直流稳压电源，CH3 调整到＋5 V。打开直流稳压电源。

（8）万用表放在 P13 上，并将数据记录在表 5－7 中，同时记录发光二极管和蜂鸣器的工作状态。

（9）关闭直流稳压电源，断开 CH3 连接。

（10）万用表放在 P13 上，调节滑动变阻器，使万用表读数为 1 V 左右。

（11）将精密整流电路和电压比较电路联合调试，在 P6 端输入 1 kHz、$V_{pp}=3$ V 的正弦波，示波器观测 P14，记录波形，并记录发光二极管和蜂鸣器的工作状态。

（12）将 P4、P8、P12 的 2、3 引脚短接，P1 连接工字电感，靠近通电线路，综合测试电路工作情况。注意：此时 P2、P6 短接。

（13）附加功能：将 0～5 V 脉冲电压转换为 0～3.3 V 脉冲电压，电路焊接在空白区域。

表 5－7　电压比较器测试结果

步骤	P13 电压	P14 电压	发光二极管工作状态	蜂鸣器工作状态
6				
8				
11				

5. 问题

（1）描述电路功能。

（2）根据整流电路测试数据，分析测试结果及产生误差的原因。

（3）绘制附加功能的电路图。

【知识拓展】　了解信号处理电路

1. 信号处理电路的作用

一个典型的电子系统应该包含三个部分：信号获取、信号放大与处理、信号执行。图 5－38是一个微机组成的测控系统框图。

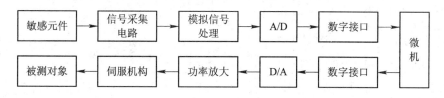

图 5－38　一个微机组成的测控系统框图

　　信号处理电路通常由放大器、滤波器、信号变换电路、预处理电路和补偿电路等电路组成，它是 A/D 转换器或显示器之前的必不可少的电路。根据不同的传感器要求，信号处理电路能完成各种处理，如电荷-电压变换、电流-电压变换、频率-电压变换、阻抗变换等，并对变换后的电信号实现放大、有源滤波或运算。

　　2. 常用的信号处理电路

　　(1) 峰值检测电路、有效值检测电路。当输入信号为交流信号时，峰值检测电路、有效值检测电路可以分别检测到峰值、有效值，并将之转换为相应的直流值。有效值检测电路可用集成芯片 AD637 和 AD737(Analog Devices Inc.)(精密整流电路是 5.2 节的内容)。

　　(2) 信号与预处理电路。如仪表放大电路，再如 AD620、INA333 等集成芯片(在测重、测温等电路中经常应用)。

　　(3) 比较器。实现输出为数字信号，在 5.3 节中讲过。

　　(4) 滤波器。传感器输出的信号掺杂各种干扰和噪声时，需要用到滤波器。根据干扰和噪声的频率分析，选择合适的滤波器类型。滤波器内容在 5.1 节中。

　　(5) 功能放大器，包含程控增益放大器、压控增益放大器。程控增益放大器的增益可以由程序控制。图 5-39 为 PGA103 程控增益放大器参数设置，增益由 1、2 脚逻辑电平控制。而该逻辑电平可由数字电路提供，也可由开关提供。压控增益放大器，顾名思义，增益由外部电压控制。图 5-40 所示压控增益放大器的增益由 3 脚控制。

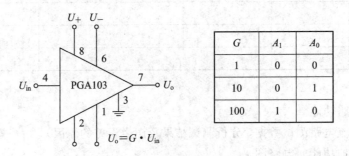

G	A_1	A_0
1	0	0
10	0	1
100	1	0

图 5-39　PGA103 程控增益放大器参数设置

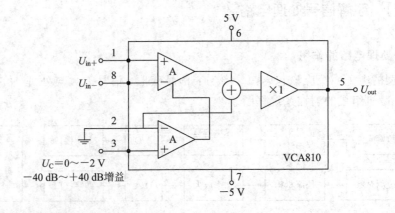

图 5-40　压控增益放大器

（6）信号变换电路。如电流-电压、电压-电流、频率-电压、电荷-电压变换电路等。

目前，信号处理电路已设计成专用集成电路（ASIC），它们有：可编程数据放大器、高共模抑制比隔离放大器模块、集成调制解调器、模拟开关、采样/保持器、开关电容滤波器等。

习 题 5

5.1 填空题。

（1）滤波器按其通过信号的频率范围，可以分为＿＿＿＿＿滤波器、＿＿＿＿＿＿＿＿＿＿＿＿滤波器、＿＿＿＿＿滤波器、＿＿＿＿＿滤波器和全通滤波器。

（2）在某个信号处理系统中，若要求输入信号中频率为 100 Hz～15 kHz 的信号通过，则应选用＿＿＿＿＿滤波器；若要抑制 50 Hz 的干扰信号，不使其通过，则应选用＿＿＿＿＿滤波器。

（3）在有源滤波器中，运算放大器工作在＿＿＿＿＿＿＿＿＿区；在电压比较器中，运算放大器工作在＿＿＿＿＿＿＿＿＿区。

（4）简单电压比较器与迟滞电压比较器相比，＿＿＿＿＿的抗干扰能力强，＿＿＿＿＿的灵敏度高。

（5）对于电压比较器，当同相端电压大于反相端电压时，输出＿＿＿＿＿电平；当反相端电压大于同相端电压时，输出＿＿＿＿＿电平。

（6）一单限电压比较器，其饱和输出电压为 ± 12 V，若反相端输入电压为 3 V，则当同相端输入电压为 4 V 时，输出＿＿＿＿＿V；当同相端输入电压为 2 V 时，输出为＿＿＿＿＿V。

（7）一电压比较器，输入信号大于 6 V 时，输出低电平，输入信号小于 6 V 时，输出高电平。由此判断，输入信号从集成运放的＿＿＿＿＿相端输入，为＿＿＿＿＿限电压比较器，门限电压为＿＿＿＿＿。

（8）一迟滞电压比较器，当输入信号增大到 3 V 时输出信号发生负跳变，当输入信号减小到 -1 V 时发生正跳变，则该迟滞电压比较器的上限门限电压是＿＿＿＿＿，下限门限电压是＿＿＿＿＿。

5.2 选择题。

（1）一阶低通或高通有源滤波电路，其截止频率 f_H 或 f_L 与无源低通或高通滤波电路的 RC 有关，其关系式为（ ）。

A. $\dfrac{1}{RC}$ B. $\dfrac{1}{2\pi \sqrt{RC}}$ C. $\dfrac{1}{2\pi RC}$

（2）由集成运放组成的电压比较器，其运放电路必须处于（ ）。

A. 自激振荡状态

B. 开环或负反馈状态

C. 开环或正反馈状态

（3）下面说法正确的是（ ）。

A. 单限电压比较器只有一个门限电压，迟滞比较器有两个门限电压

B. 当电压从小到大逐渐增大时，单限电压比较器的输出发生一次跳变，迟滞比较器的输出发生两次跳变

C. 门限电压的大小与输入电压的大小有关

D. 只要有两个门限电压就是迟滞电压比较器

（4）某迟滞电压比较器的回差电压为 6 V，其中一个门限电压为 −3 V，则另一门限电压为（　　）。（请选择一个最恰当的答案）

A. 3 V　　　　　　B. −9 V　　　　　C. 3 V 或 −9 V　　　　D. 9 V

（5）一过零比较器的输入信号接在反相端，另一过零比较器的输入信号接在同相端，则二者的（　　）。

A. 传输特性相同　　　　　　　　　　B. 传输特性不同，但门限电压相同

C. 传输特性和门限电压都不同　　　　D. 传输特性和门限电压都相同

5.3　电路如图 5−41 所示，试画出 $\dot{A}_u = \dot{U}_o/\dot{U}_i$ 的幅频特性渐近波特图，求出截止频率及通带增益，并指出电路名称。

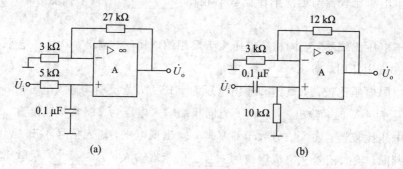

(a)　　　　　　　　　　　　　　　　　(b)

图 5−41　习题 5.3 图

5.4　图 5−42 是监控报警装置电路原理图。对温度进行监控时，可由传感器取得监控信号 u_i，U_R 表示预期温度的参考电压。当 u_i 超过预期温度时，报警灯亮，试说明其工作原理。二极管 VD_1 和电阻 R_3 在电路中起何作用？

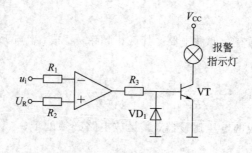

图 5−42　习题 5.4 图

5.5　图 5−43 是电压比较器原理图。已知 $u_i = 5\sin\omega t\,V$，$U_R = 2.5\,V$，$U_R = 2.5\,V$，运放 $U_{OL} = -10\,V$，$U_{OH} = 10\,V$。试画出其输出电压 u_o 的波形，并计算占空比。

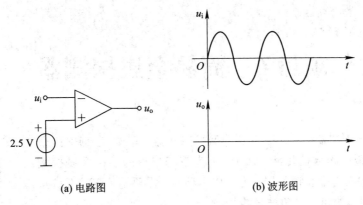

(a) 电路图   (b) 波形图

图 5 - 43 习题 5.5 图

5.6 在图 5 - 44(a)中，已知 $R_1 = 20$ kΩ，$R_2 = 30$ kΩ，$U_{REF} = 0$ V，稳压管 $U_Z = 5$ V，输入电压波形如图 5 - 44(b)所示，画出输出波形。

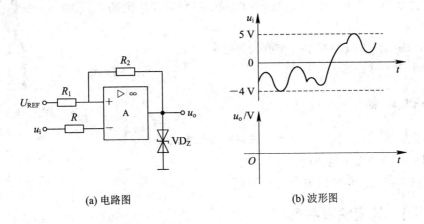

(a) 电路图   (b) 波形图

图 5 - 44 习题 5.6 图

项目 6　简易金属探测器

手持式金属探测器、木材探钉器、手机探测器、车站/考场安检仪等用于对常见金属物体的探测。图 6 - 1 为市场出售的手持金属探测器。本项目制作简易金属探测器，为完成本项目，需要学习 RC、LC 正弦波振荡器，以及方波、三角波发生器。

 能 力 目 标

- 能熟练使用常规仪器对正弦波、方波、三角波发生电路进行测试分析。
- 能识别正弦波、方波、三角波变换电路。
- 能解决一般电路故障问题。

知 识 目 标

- 掌握正弦波、方波、三角波振荡器的常见电路结构。
- 理解正弦波振荡电路的工作原理。
- 理解方波、三角波的波形变换原理。

图 6 - 1　手持金属探测器

【项目导学】　简易金属探测器

1. 实训内容与说明

使用套件装接一个简易金属探测器，如图 6 - 2 所示，安装好后接上电源，调节电位器到刚好不发声(不靠近金属的情况下)，在装置下方放置一枚 1 元的硬币，当检测距离小于 2 cm 时，蜂鸣器发声报警，远离后停止发声，同时适当地改变 C_5 的容量，以改变发声的频率。

图 6 - 2　简易金属探测器

2. 工作任务单

（1）小组制订工作计划，小组成员按分配任务开展工作。

（2）识别原理图，明确元件连接和电路连线。

（3）完成电路所需元件的检测。

（4）根据 PCB 图，焊接、制作电路。

（5）自主完成电路功能检测和故障排除。

（6）小组讨论完成电路的详细分析及编写项目实训报告。

3. 实训目标

（1）增强专业知识，培养良好的职业道德和职业习惯。

（2）了解简易金属探测器电路的组成与工作原理。

（3）熟练使用电子焊接工具，完成简易金属探测器电路的装接。

（4）熟练使用电子仪器仪表，完成简易金属探测器电路的调试。

（5）能分析及排除电路故障。

4. 实训设备与器件

实训设备：信号发生器、示波器、直流稳压电源、万用表各 1 台，焊接工具 1 套。

实训器件：元件清单见表 6 - 1。

表 6 - 1　元 件 清 单

名　称	数　量	用途或代号	名　称	数　量	用途或代号
10 kΩ 电阻	2	R_2、R_4	1 μF 电容	1	C_5
220 kΩ 电阻	1	R_1	2200 pF 电容	2	C_2、C_3
1 MΩ 电阻	1	R_3	0.1 μF 电容	2	C_1、C_4
100 Ω 电位器	1	R_P	100 μF/50 V 电解电容	1	C_6
三极管 9012	1	VT_3	双面玻纤印刷电路板 1 块	1	
三极管 9015	1	VT_2、VT_4	5 号电池	2	1.5 V
三极管 9013	1	VT_5	蜂鸣器	1	SP
三极管 9018	1	VT_1	推拉式开关	1	S_1

5. 实训电路与说明

（1）电路组成：该电路主要由高频振荡电路、检测电路、音频振荡电路三部分电路组成，如图 6 - 3 所示。

（2）电路原理：简易金属探测器的设计原理是电涡流传感器探测线圈靠近金属物体时，会在金属导体中产生涡电流，使振荡回路中的能量损耗增大，正反馈减弱，处于临界态的振荡器振荡减弱，甚至无法维持振荡所需的最低能量而停振，控制音频振荡输出至蜂鸣器，根据蜂鸣器声音有无，提示是否探测到金属。

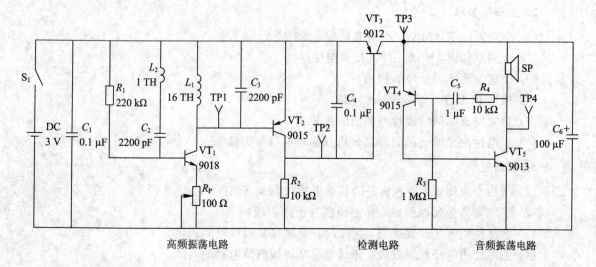

图 6-3　简易金属探测器原理图

（3）电路说明：VT_1、L_1、L_2、C_2、C_3、R_1、R_P 组成高频振荡电路，调节电位器 R_P，可以改变振荡级增益，使振荡器处于临界振荡状态，也就是说刚好使振荡器起振。VT_2、VT_3 组成检测电路，电路正常振荡时，振荡电压交流电压超过 0.6 V 时，VT_2 就会在负半周导通，将 C_4 放电短路，结果导致 VT_3 截止；当探测线圈 L_1 靠近金属物体时，会在金属导体中产生涡电流，使振荡回路中的能量损耗增大，正反馈减弱，处于临界态的振荡器振荡减弱，甚至无法维持振荡所需的最低能量而停振，使 VT_2 截止，R_2 给 C_4 充电，VT_3 导通，给 VT_4、VT_5 组成的音频振荡电路供电工作，推动蜂鸣器发声。根据声音有无，就可以判定探测线圈下面是否有金属物体了。

问题及解决方法：通电后长响，这是因为前面振荡级没有起振，有可能是线路板线圈中有匝间短路或者开路，请用放大镜仔细检查。另外，VT_2 放大倍数太低，不足以让 VT_3 关断也会长响，可更换 VT_2 或者将 R_2 阻值换大至 10 kΩ 左右（推荐，这样比较省电且对前级影响会更小）。

6. 简易金属探测器的安装与调试

（1）识别与检测元件。

（2）元件插装与电路焊接。

（3）高频振荡电路的安装与测试。

（4）检测电路的安装与测试。

（5）音频振荡电路的安装与测试。

7. 分析与报告

完成电路的详细分析及编写项目实训报告。

8. 实训考核

表 6-2 为简易金属探测器的安装与制作考核表。

表 6 - 2　简易金属探测器的安装与制作考核表

项　目	内　容	配　分	考核要求	扣分标准	得　分
安全操作规范	1.安全用电(3 分) 2.环境整洁(3 分) 3.操作规范(4 分)	10	积极参与，遵守安全操作规程和劳动纪律，有良好的职业道德和敬业精神	安全用电和 7S 管理	
电路安装工艺	1.元件的识别 2.电路的安装	10	电路安装正确且符合工艺规范	印刷线路板焊接工艺	
任务与功能验证	1.功能验证 2.测试结果记录	70	1.熟悉各电路功能 2.正确测试、验证各部分电路 3.正确记录测试结果	依照测试报告分值	
团队分数	团队协作	10	团队合作并完成答辩	团队合作与职业岗位要求	
合计		100			

注：各项配分扣完为止

6.1　正弦波振荡电路

正弦波振荡电路是在没有外加输入信号的情况下，依靠电路自激振荡而产生正弦波输出电压的电路。它广泛地应用于测量、遥控、通信、自动控制、热处理和超声波电焊等加工设备之中，也作为模拟电子电路的测试信号。

6.1.1　正弦波振荡电路的基本概念

1. 正弦波振荡电路的工作原理

前面项目 2 中已介绍过，在不加输入信号的情况下，负反馈放大电路仍会产生一定频率的信号输出的现象，称为自激振荡。与负反馈放大电路中的自激振荡不同，正弦波振荡电路的振荡频率是人为的、确定的。正弦波振荡电路的方框图如图 6 - 4 所示。

正弦波振荡电路的工作原理

图 6 - 4　正弦波振荡电路的方框图

当电路与电源接通时，会激起一个很小的电扰动(如接通电源瞬间在电路中产生很窄的脉冲，放大器内部的热噪声等），等同于放大电路的输入端获得一个微弱的电压 u_i，经放大电路放大、正反馈、再放大、再反馈……就能产生自激振荡，如此循环，输出信号的幅度很快增加。这个微弱的电压包含各种频率成分，为了能得到需要的频率信号，必须增加选频网络，使得只有选频网络中心频率的信号才能自激振荡，其他频率信号不满足要求不能振荡，在输出端就会得到图 6-5 中 ab 段所示的起振波形；另外，当振荡电路的输出达到一定幅度后，就需要维持一个相对稳定的稳幅振荡，如图 6-5 中 bc 所示，这就需要稳幅环节。因此，正弦波振荡器一般由放大电路、正反馈网络、选频网络和稳幅环节四部分组成。

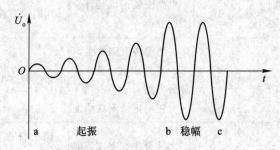

图 6-5 振荡的起振波形

2. 正弦波振荡电路的平衡条件和起振条件

1）平衡条件

由图 6-4 可知，反馈信号与净输入信号相等，即 $\dot{U}_f = \dot{U}'_i$，转换为

正弦波振荡的条件

$$\frac{\dot{U}_f}{\dot{U}_i} = \frac{\dot{U}_o}{\dot{U}_i} \cdot \frac{\dot{U}_f}{\dot{U}_o} = 1$$

而 $\dot{A} = \dfrac{\dot{U}_o}{\dot{U}'_i}$，$\dot{F} = \dfrac{\dot{U}_f}{\dot{U}_o}$，因此可推导得

$$\dot{A}\dot{F} = 1 \qquad\qquad (6-1)$$

因 $\dot{A} = |\dot{A}| \angle \varphi_A$，$\dot{F} = |\dot{F}| \angle \varphi_F$，上式可变为

$$|\dot{A}\dot{F}| \angle \varphi_A + \varphi_F = 1 \qquad\qquad (6-2)$$

由此可见，正弦波振荡电路的平衡条件如下：

（1）幅值平衡条件。由式（6-2）得到振荡电路平衡后有

$$|\dot{A}\dot{F}| = 1 \qquad\qquad (6-3a)$$

（2）相位平衡条件。由式（6-2）可得

$$\varphi_A + \varphi_F = 2n\pi \quad (n = 0, 1, 2, \cdots) \qquad\qquad (6-3b)$$

上式说明，放大器和反馈网络的总相移必须等于 2π 的整数倍，使反馈信号 $\dot{U}_f$ 与输入信号 $\dot{U}_i$ 的相位相同，以保证反馈为正反馈。

2）起振条件

式（6-1）是维持振荡的平衡条件，是对振荡电路进入稳态振荡而言的。为使振荡电路在接通直流电源后能够自动起振，在相位上要求反馈电压与输入电压同相，在幅度上要求

$\dot{U}_{\mathrm{f}} > \dot{U}_{\mathrm{i}}$，则可得

$$\dot{A}\dot{F} > 1 \qquad\qquad (6-4)$$

起振条件也包含相位条件和振幅条件两个方面，即

$$|\dot{A}\dot{F}| > 1 \qquad\qquad (6-5a)$$
$$\varphi_{\mathrm{A}} + \varphi_{\mathrm{F}} = 2n\pi \quad (n = 0, 1, 2, \cdots) \qquad\qquad (6-5b)$$

3. 正弦波振荡电路的组成及作用

（1）放大电路：主要作用是满足振荡电路的振幅条件，如果没有放大电路，振荡电路就会逐渐衰减，不能产生持续的正弦波振荡。

（2）正反馈网络：主要作用是形成正反馈，满足振荡电路的相位条件。

RC 正弦波振荡
电路的组成

（3）选频网络：主要作用是选取单一频率的正弦波信号。选频网络所确定的频率一般就是正弦波振荡电路的振荡频率。

（4）稳幅环节：主要作用是使振荡幅值稳定，可通过二极管的非线性实现，也可通过热敏电阻实现。

4. 正弦波振荡电路能否振荡的判断方法

（1）检查电路是否具有放大电路、正反馈网络、选频网络和稳幅环节。

（2）检查电路是否工作在放大状态，即是否有合适的静态工作点，且动态信号是否能输入、输出和放大。

（3）分析电路是否满足自激振荡条件。先检查相位平衡条件，主要看能否构成正反馈，一般用瞬时极性法判断，若输入信号和反馈信号同相位，则平衡条件满足。再看振幅平衡条件，主要看晶体管能否正常工作，能否工作在放大工作状态。若不满足条件，可改变放大电路的放大倍数或反馈系数，使电路满足 $|\dot{A}\dot{F}| > 1$。一般来说：若 $|\dot{A}\dot{F}| < 1$，不可能振荡；若 $|\dot{A}\dot{F}| > 1$，能振荡；稳定后，$|\dot{A}\dot{F}| = 1$。（注意 $|\dot{A}\dot{F}|$ 不能太大，稍大于 1 即可，否则，输出信号可能失真。）

5. 正弦波振荡电路类型

正弦波振荡电路根据选频网络所使用的元件的不同，可分为 RC 正弦波振荡电路、LC 正弦波振荡电路和石英晶体振荡电路三种。主要介绍前两种电路。

（1）RC 正弦波振荡电路：选频网络由 R、C 元件组成，RC 正弦波振荡电路工作频率较低，一般工作在 1 Hz～1 MHz，常用于低频电子设备中。

（2）LC 正弦波振荡电路：选频网络由 L、C 元件组成，LC 正弦波振荡电路工作频率较高，一般工作在 1 MHz 以上，常用于高频电子电路和设备中。

（3）石英晶体振荡电路：选频主要依靠石英晶体谐振器来完成，振荡电路的工作频率取决于石英晶体的振荡频率，频率稳定性较高，多用于时基电路和电子测量设备中。

6.1.2　RC 正弦波振荡电路

1. RC 串并联网络的选频特性

RC 正弦波振荡电路适用于低频振荡，大多采用 RC 串并联选频

RC 正弦波振荡电路

网络作为选频网络。图 6-6 为 RC 串并联选频网络，R、C 并联后与 R、C 串联而成，具有选频作用。设与 R、C 串联阻抗用 Z_1 表示，R、C 并联阻抗用 Z_2 表示，则

$$Z_1 = R + \frac{1}{j\omega C}, \quad Z_2 = \frac{R}{1 + j\omega RC}$$

则可得电压传输系数 $\dot{F}$ 为

$$\dot{F} = \frac{\dot{U}_f}{\dot{U}_o} = \frac{Z_2}{Z_1 + Z_2} = \frac{1}{3 + j\left(\omega RC - \frac{1}{\omega RC}\right)} \tag{6-6}$$

令 $\omega_0 = \dfrac{1}{RC}$，则

$$f_0 = \frac{1}{2\pi RC} \tag{6-7}$$

上式变为

$$\dot{F} = \frac{\dot{U}_f}{\dot{U}_o} = \frac{1}{3 + j\left(\dfrac{f}{f_0} - \dfrac{f_0}{f}\right)} \tag{6-8}$$

根据式(6-8)可得到幅频特性为

$$|\dot{F}| = \frac{1}{\sqrt{3^2 + \left(\dfrac{f}{f_0} - \dfrac{f_0}{f}\right)^2}} \tag{6-9}$$

相频特性为

$$\varphi_F = -\arctan\frac{1}{3}\left(\frac{f}{f_0} - \frac{f_0}{f}\right) \tag{6-10}$$

由理论计算可知，当 $f = f_0$ 时，传输系数 $\dot{F}$ 达到最大值，即 $|\dot{F}| = \dfrac{1}{3}$，而且此时 $\dot{U}_f$ 与 $\dot{U}_o$ 同相($\varphi_F = 0$)。RC 串并联选频网络的频率特性如图 6-7 所示。所以，RC 串并联选频网络具有选频特性。

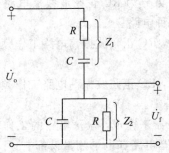

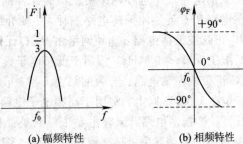

图 6-6　RC 串并联选频网络　　　　　　　图 6-7　RC 串并联选项网络的频率特性

2. RC 正弦波振荡电路的工作原理

RC 正弦波振荡电路如图 6-8 所示。它由一个同相比例放大电路(集成运放 A、R_1 和 R_f)和 RC 串并联选频网络(兼正反馈网络)组成。

振荡信号由同相端输入，构成同相放大器，故输出电压 $\dot{U}_o$ 与输入电压 $\dot{U}_i$ 同相，$\varphi_A = 0$。而 RC 串并联选频网络在 $f = f_0$ 时，$\dot{F} = 1/3$，此时 $\dot{U}_f$ 与 $\dot{U}_o$ 同相，$\varphi_F = 0$，可知输入信号 $\dot{U}_i$ 和反馈信号 $\dot{U}_f$ 同相（$\varphi_A + \varphi_F = 0$），满足了相位平衡条件；而 $\dot{A}_u = 1 + \dfrac{R_f}{R_1}$，只要放大倍数大于 3 即可满足起振振幅条件。则只要调整反馈电阻 R_f 略大于 $2R_1$，即可使电路起振，且波形失真最小。如不能起振，则说明负反馈太强，应适当加大 R_f；如波形失真严重，则应适当减小 R_f，使 $|\dot{A}_u|$ 适当减小到略大于 1 即可。

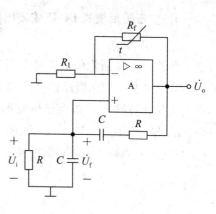

图 6 - 8　RC 正弦波振荡电路

改变选频电路的参数 C 或 R，即可调节振荡频率。一般采用改变电容 C 进行频率量程切换，而调节 R 进行量程内的频率细调。

在电路中，R_f 采用了负温度系数的热敏电阻（电阻值随着温度的升高而降低），用以改善振荡波形、稳定振荡幅度。刚开始起振时，热敏电阻 R_f 上电流小，则阻值较大，只要保证此时冷态阻值 $R_f > 2R_1$，随着振荡幅度的增大，流过 R_f 上的电流增大，则温度升高，其阻值下降，$|\dot{A}_u|$ 下降，在运算放大器未进入非线性工作区时，振荡电路达到平衡条件 $|\dot{A}\dot{F}| = 1$，正弦波振荡电路平衡。

【例 6 - 1】　在图 6 - 8 所示电路中，已知 $R_1 = 4.7\ \text{k}\Omega$，$R_f$ 为负温度系数的热敏电阻，$R = 8.2\ \text{k}\Omega$，$C = 0.02\ \mu\text{F}$，求正弦波振荡频率并选择合适的 R_f 阻值。

解　根据公式 $f_0 = \dfrac{1}{2\pi RC}$，代入已知值，可得 $f_0 = 971\ \text{Hz}$。

根据振荡的起振幅值条件 $|\dot{A}\dot{F}| > 1$，则 $R_f > 2R_1$。为了保证输出波形不失真，R_f 不能大太多，所以选择冷态电阻为 $10\ \text{k}\Omega$ 的负温度系数的热敏电阻。

6.1.3　LC 正弦波振荡电路

LC 正弦波振荡电路采用 LC 并联电路作为选频网络，它主要用来产生频率为 1 MHz 以上的高频正弦波信号。

LC 并联谐振电路如图 6 - 9 所示。

由电路知识可得电路的谐振频率为

$$f_0 = \frac{1}{2\pi\sqrt{LC}}$$

电路的幅频和相频特性与图 6 - 7 类似，当 $f = f_0$ 时，LC 并联谐振电路发生谐振，阻抗最大，呈现纯阻性；当 $f < f_0$ 或 $f > f_0$ 时，电路失谐，阻抗很小。LC 并联谐振电路具有区别不同信号的能力，即具有选频特性。

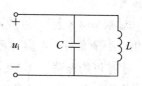

图 6 - 9　LC 并联谐振电路

按反馈电路形式的不同，常见的 LC 正弦波振荡电路有变压器反馈式、电感三点式、电容三点式。

1. 变压器反馈式 LC 正弦波振荡电路

1）电路组成

如图 6-10 所示的电路是变压器反馈式 LC 正弦波振荡电路。振荡电路由分压式共发射极放大电路、变压器反馈电路和 LC 选频电路三部分组成。图 6-10 中三个线圈做变压器耦合，并联回路 L_1C 作为三极管的集电极负载，是振荡电路的选频网络；L_2 要引入正反馈，L_3 与负载相连；R_{B1}、R_{B2} 和 R_E 为共发射极放大电路的直流偏置电阻，C_1 为耦合电容，C_E 为发射极旁路电容，对振荡频率而言，C_1、C_E 容抗很小，可看成短路。

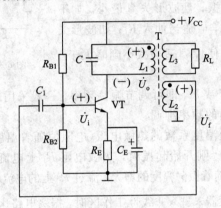

图 6-10　变压器反馈式 LC 正弦波振荡电路

2）振荡条件

假设从基极引入输入信号 $\dot{U}_i$ 为（+），当 $\dot{U}_i$ 的频率与 L_1C 谐振回路谐振频率相同时，L_1C 回路的等效阻抗为纯电阻，且为最大，此时各点的瞬时极性如图 6-10 所示，集电极输出信号 $\dot{U}_o$ 与输入信号 $\dot{U}_i$ 相反，$\varphi_A = 180°$。通过变压器的适当连接（注意在交流通路中，直流电源相当于接地-零电位）使 $\dot{U}_f$ 和 $\dot{U}_o$ 反相（$\varphi_F = 180°$），此时满足相位条件，$\dot{U}_f$ 和 $\dot{U}_i$ 同相。当产生并联谐振时，谐振频率为

$$f_0 = \frac{1}{2\pi \sqrt{L_1 C}} \tag{6-11}$$

图 6-10 中，若 L_1、L_2 的同名端接错，则为负反馈，就不满足相位平衡条件，不能自激振荡。

对频率 $f \neq f_0$ 的信号，L_1C 回路对信号会产生附加相移，造成 $\varphi_F \neq 180°$，于是不能满足相位平衡条件，电路也不可能产生振荡。由此可见，LC 正弦波振荡电路只有在 $f = f_0$ 时，才有可能振荡。

在变压器反馈式 LC 正弦波振荡电路中，由于变压器耦合，容易实现阻抗匹配要求，输出信号大，且起振容易。需指出的是：线圈 L_2 形成正反馈支路，其极性（即同名端）是关键，不能接错，如果没有正反馈电路，反馈信号将很快衰减，所以使用中要特别注意。

3）电路的应用特点

（1）电路结构简单，易起振，输出电压较大。由于采用变压器耦合，易满足阻抗匹配的

要求。

（2）调谐方便。一般在 LC 回路中采用接入可变电容器的方法来实现振荡频率的调节，改变电容的大小可以方便地调节频率。调频范围较宽，工作频率通常在几兆赫兹左右。

（3）输出波形不理想。由于反馈电压取自电感两端，它对高次谐波的阻抗大，反馈也强，因此在输出波形中含有较多高次谐波成分。

这类振荡电路工作频率不太高，输出正弦波形不理想。针对这些缺点，改进电路常采用电感三点式 LC 正弦波振荡电路。

2. 电感三点式 LC 正弦波振荡电路

1）电路组成

如图 6-11 所示，L_1、L_2 和 C 组成振荡回路，其作用是选频和反馈，实际就是一个具有抽头的电感线圈，类似于自耦变压器。把并联 LC 回路中的 L 分成两个，则 LC 回路就有三个端点。把这三个端点分别与晶体管的三个极相连，故称为电感三点式 LC 正弦波振荡电路，又称哈特莱振荡电路。

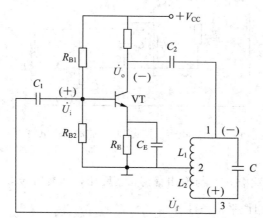

图 6-11   电感三点式 LC 正弦波振荡电路

2）振荡条件分析

设基极瞬时极性为正，当电路谐振时，由于共射放大器的倒相作用，集电极电位为负，与基极电位相反，则电感的 1 端为负，2 端为公共端，3 端为正，各点瞬时极性如图 6-11 所示。此时，$\dot{U}_i$ 与 $\dot{U}_o$ 反相，$\dot{U}_f$ 和 $\dot{U}_o$ 反相，则 $\dot{U}_i$ 与 $\dot{U}_f$ 同相，反馈电压由 3 端引至晶体管的基极，故为正反馈，满足相位平衡条件。

电路的振荡频率为

$$f_0 = \frac{1}{2\pi\sqrt{LC}} = \frac{1}{2\pi\sqrt{(L_1+L_2+2M)C}} \tag{6-12}$$

式中，L_1+L_2+2M 为 LC 回路的总电感，M 为 L_1 与 L_2 间的互感系数。

3）电路的应用特点

（1）容易起振。由于 L_1 和 L_2 之间耦合很紧，故电路易起振，输出幅度大。

（2）调谐方便。电容 C 改为可变电容器，就能获得较大的频率调节范围。

（3）由于反馈信号取自 L_2 电感，电感对高次谐波感抗大，所以高次谐波的正反馈比基波强，因此使输出波形含有较多的高次谐波成分，波形较差。电感三点式 LC 正弦波振荡电路常用于对波形要求不高的设备中，如收音机的本级振荡以及高频加热器等。

3. 电容三点式 LC 正弦波振荡电路

1）电路组成

如图 6-12 所示，电容三点式 LC 正弦波振荡电路与电感三点式 LC 正弦波振荡电路相比，只是把 LC 回路中的电感和电容的位置互换。电容三点式 LC 正弦波振荡电路又称考毕兹振荡电路。

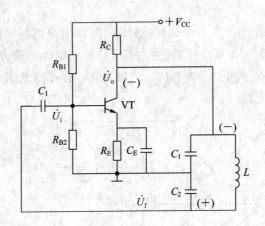

图 6-12　电容三点式 LC 正弦波振荡电路

2）振荡条件分析

当电路谐振时，输入信号 $\dot{U}_i$ 与输出信号 $\dot{U}_o$ 反相，反馈信号 $\dot{U}_f$ 和输出信号 $\dot{U}_o$ 反相，则 $\dot{U}_i$ 与 $\dot{U}_o$ 同相，满足相位平衡条件。

电路的振荡频率由 LC 回路谐振频率确定，电路的振荡频率为

$$f_0 \approx \frac{1}{2\pi\sqrt{LC}} = \frac{1}{2\pi\sqrt{L\dfrac{C_1 C_2}{C_1 + C_2}}} \tag{6-13}$$

3）电路的应用特点

（1）振荡波形较好。由于反馈电压取自电容 C_2，它对高次谐波分量的阻抗较小，所以波形较好。

（2）频率稳定性较高。与电感三点式 LC 正弦波振荡电路相比，电容三点式 LC 正弦波振荡电路受晶体管极间电容的影响比较小，故稳定性高。

（3）频率调节不变，调节范围小。一般用于高频振荡器中。为了克服调节范围小的缺点，常在 L 支路中串联一个容量较小的可调电容，用它来调节振荡频率。电容三点式 LC 正弦波振荡电路适用于频率固定的高频振荡电路。

【例 6-2】 判断如图 6-13 所示电容三点式振荡电路能否产生振荡，若能振荡，试求出振荡频率 f_0。

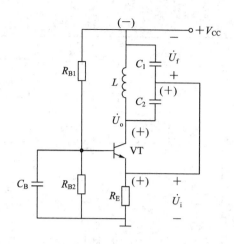

图 6-13　例 6-1 电路图

解　由于晶体管基极通过旁路电容 C_B 接地，电路构成共基极放大电路，断开反馈，给放大电路加频率为 f_0 的输入电压，u_i 极性为上"+"下"−"；因共基放大电路输出电压与输入电压同相，故集电极动态电位为"+"；选频网络的电压方向为上"+"下"−"，因此，从 C_1 上获得的反馈电压为上"−"下"+"，与输入电压 u_i 同相，所以电路满足正弦波振荡的相位平衡条件。

振荡频率为

$$f_0 = \frac{1}{2\pi\sqrt{LC}} = \frac{1}{2\pi\sqrt{L\dfrac{C_1 C_2}{C_1 + C_2}}}$$

【实训任务 12】　RC 正弦波振荡电路的连接与测试

正弦波振荡
电路的测试

1. 目的

（1）进一步学习 RC 正弦波振荡电路的组成及其振荡条件。

（2）学会测量、调试振荡器。

2. 设备与元器件

直流稳压电源，双踪示波器，信号发生器，正弦波振荡电路板。

3. 实验内容与要求

图 6-14 为 RC 正弦波振荡实验测试电路。观察选频特性时，将 RC 串并联选频网络与放大电路断开，用函数信号发生器把正弦信号输入 RC 串并联选频网络，保持输入信号的幅度不变（约 3 V），频率从低到高变化，RC 串并联选频网络输出幅值将随之变化，当信号源达某一频率时，RC 串并联选频网络的输出电压达到最大值（约 1 V 左右），且输入、输出同相位，此时信号源频率为

$$f = f_0 = \frac{1}{2\pi RC}$$

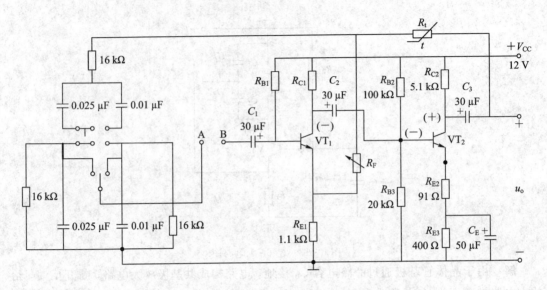

图 6 - 14　RC 正弦波振荡实验测试电路

4. 步骤

（1）打开直流稳压电源，调整输出＋12 V 电压。（此时未连接到电路板上。）

（2）AB 不连接，观察 RC 串并联选频网络的幅频特性。

（3）u_o 输出端接入函数信号发生器的正弦信号，信号发生器的幅度为 3 V，输入 RC 串并联选频网络。示波器接到 U_A 端（RC 串并联选频网络输出端），同时示波器另一端口接到 u_o 上。信号发生器频率从低到高变化，示波器即 U_A 将随之变化，当信号源达某一频率时，U_A 达到最大值（约 1 V 左右），且输入、输出同相位，将信号发生器的频率值记录于表 6 - 3 中。

表 6 - 3　RC 串并联选频网络的测试值

开关位置(C 值)	信号源频率/Hz	f 理论频率/Hz
0.01 μF		
0.025 μF		

（4）信号发生器和示波器断开。直流稳压电源接入电路板。

（5）AB 连接，示波器接到 u_o 端。开关位置调到 0.01 μF 处，调节 R_F 使电路起振，用示波器观察输出无失真的正弦信号，记录示波器上输出信号的频率，同时计算 f 的理论值，记录于表 6 - 4 中。

（6）关闭电源，断开 AB，即断开 RC 串并联选频网络，从 B 端接入信号发生器，输出端接上示波器。输入信号幅度记录于表 6 - 4 中，频率为步骤（4）中的频率值，打开直流稳压电源，观测示波器中输出信号的幅度，计算放大电压放大倍数并记录在表 6 - 4 中。

（7）开关位置调到 0.025 μF 处，重复步骤（3）和（4）。

（8）开关位置调到 0.025 μF 处，重复步骤（5）。

表 6 - 4　正弦波振荡电路幅值测试

步骤	开关位置（C 值）	输出信号频率/Hz	f 理论计算值/Hz
(4)	0.01 μF		
(6)	0.025 μF		
步骤	开关位置（C 值）	输入信号幅度	放大电路放大倍数
(5)	0.01 μF		
(7)	0.025 μF		

5. 问题

(1) 根据表 6 - 3 中的测试数据，分析 RC 串并联选频网络的选频频率。

(2) 根据步骤(5)和(7)，分析正弦波振荡电路的放大倍数。

(3) 根据表 6 - 3、表 6 - 4 中的数据，分析正弦波振荡电路的起振和平衡条件。

6.2　非正弦信号发生器

在实用电路中，除了常见的正弦波外，还有矩形波、三角波、锯齿波、尖顶波和阶梯波等。

6.2.1　方波发生器

方波发生器电路如图 6 - 15(a)所示。它是在反相输入的迟滞电压比较器的基础上增加了一个 R_f、C 组成的积分电路构成的，其中，R_f、C 支路由输出引入到反相输入端，起到了控制输出波形周期的作用。其工作原理波形图如图 6 - 15(b)所示。

方波发生电路

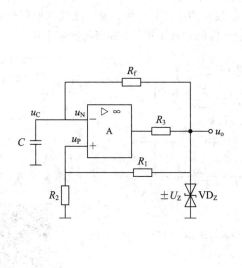

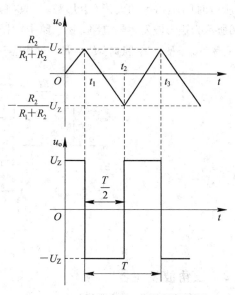

(a) 方波发生器　　　　　　　　　　　(b) 方波发生器工作原理波形图

图 6 - 15　方波发生器电路及其工作原理波形

1. 工作原理

由项目 5 可知迟滞比较器的输出电压 $u_o=\pm U_Z$，因此阈值电压为

$$U_T=\frac{R_1}{R_1+R_2}U_Z \tag{6-14}$$

在图 6-15(a)所示电路中，设在接通电源的瞬间，电容器两端电压 $u_C=0$，则输出电压可能为 $u_o=U_Z$ 或 $u_o=-U_Z$（随机）。现假设 $u_o=U_Z$，则同相输入端的电压 u_P 为上限阈值电压 U_T，此时，u_o 通过 R_f 向 C 充电，使反相输入端电压 u_N 由 0 逐渐上升。如图 6-15(b)所示，在 $u_N<U_T$ 以前，$u_o=U_Z$ 保持不变。假设在 $t=t_1$ 时刻，u_N 上升到 U_T 时，u_o 由高电平迅速翻转为低电平，即变为 $u_o=-U_Z$。

电路翻转后，同相输入端的电压为下限阈值电压 $-U_T$，此时，u_o 通过 R_f 使 C 放电（或反向充电），使反相输入端电压 u_N 由 U_T 逐渐下降。在 $u_N>-U_T$ 以前，$u_o=-U_Z$ 保持不变。假设在 $t=t_2$ 时刻，u_N 下降到 $-U_T$ 时，u_N 又由低电平翻转为高电平，即变为 $u_o=U_Z$，重新回到了原始状态。周而复始，形成周期性方波输出。

2. 参数计算

容易理解，积分电路的时间常数 R_fC 的大小决定了充放电速度的快慢，即决定了电路输出电平的转换速度，而输出电平转换速度或时长即为输出信号的频率 f 或周期 $T(1/f)$。

由一阶 RC 电路的三要素法可以计算出该电路的振荡周期为

$$T=t_3-t_1=2R_fC\ln\left(1+\frac{2R_2}{R_1}\right) \tag{6-15}$$

若适当选取 R_1、R_2 的值，使 $\frac{R_2}{R_1+R_2}=0.47$，则 $T=2R_fC$，振荡频率 $f_0=\frac{1}{T}=\frac{1}{2R_fC}$。

需要指出的是，方波发生器产生的是高、低电平所占时间相等的波形，而要得到高、低电平所占时间不相等的波形（矩形波），只要适当改变电容正、反向充电时间常数即可。图 6-16 所示为矩形波发生器电路，该电路中，由于二极管的单向导电性，电容充放电电阻分别为 R_5+R_4 和 R_6+R_4，只要选择 $R_5\neq R_6$，使电容充放电时间常数不相等，即可得到矩形波。

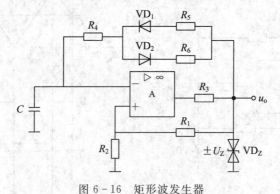

图 6-16 矩形波发生器

三角波发生
电路

6.2.2 三角波发生器

三角波发生电路如图 6-17(a)所示，该电路由同相迟滞电压比较器电路和反相积分器电路组成。工作原理波形图如图 6-17(b)所示。

1. 工作原理

同相迟滞电压比较器输出 u_{o1} 为方波，反相积分器将方波转换为三角波。

迟滞电压比较器的输出 $u_{o1} = \pm U_Z$，则 A_1 的同相输入端电压 u_{P1} 由叠加定理可求出，即

$$u_{P1} = u_{o1}\frac{R_1}{R_1+R_2} + u_o\frac{R_2}{R_1+R_2} = \pm U_Z\frac{R_1}{R_1+R_2} + u_o\frac{R_2}{R_1+R_2}$$

因为虚短 $u_{P1} = u_{N1} = 0$，则前级迟滞比较器的阈值电压为

$$U_T = \pm\frac{R_1}{R_2}U_Z$$

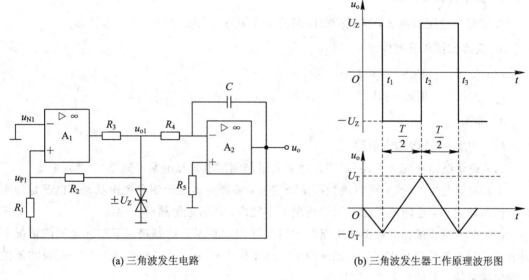

(a) 三角波发生电路　　　　　　　　　　(b) 三角波发生器工作原理波形图

图 6-17　三角波发生电路及其工作原理波形图

在图 6-17(a) 所示电路中，设 $t=0$ 时，A_1 输出电压 $u_{o1}(0) = U_Z$ 为高电平，电容两端电压 $u_C(0) = 0$，则积分电路的输出电压 $u_o(0) = -u_C(0) = 0$，此时电容被充电，因为 A_2 为反相积分电路，所以 u_o 由 0 开始线性下降，A_1 的 u_{P1} 也下降，如图 6-17(b) 所示。在 $t=t_1$ 时，u_o 下降至阈值电压 $-U_T$，此时 u_{P1} 低于零电位，则 u_{o1} 从 U_Z 突跳到 $-U_Z$。$t=t_1$ 后，由于 $u_{o1} = -U_Z$，故电容放电（或反相充电），于是 u_o 线性上升，u_P 也上升。假设在 $t=t_2$ 时，u_o 上升至阈值电压 $+U_T$，u_{o1} 又从 $-U_Z$ 突跳到 U_Z。显然，电路将周而复始，循环不停，从而形成周期性三角波的输出。

2. 参数计算

分析表明，该电路的振荡周期为

$$T = 2(t_2 - t_1) = 4\frac{R_1R_4C}{R_2} \tag{6-16}$$

调节电路中 R_1、R_2、R_4 的阻值和 C 的容值，可改变振荡频率。方波的幅度由稳压管限幅决定，三角波的正负向峰值为

$$\pm U_T = \frac{R_1}{R_2}U_Z \tag{6-17}$$

则改变 R_1、R_2 的阻值，可改变三角波的幅值。

【实训任务 13】　简易金属探测器的连接与测试

1. 目的

(1) 掌握金属探测器的工作原理。

(2) 熟练掌握常规仪器的基本测试方法，提高实际调整和测试能力。

(3) 掌握 LC 正弦波振荡电路、三极管放大电路和开关电路工作的原理和计算。

2. 实验内容及要求

按图完成电路的测试，掌握振荡电路的工作原理、三极管的三种工作状态。

3. 实验仪器和元器件

(1) 仪器：示波器、万用表各 1 台。

(2) 元器件：见表 6 - 1。

4. 步骤

(1) 按图 6 - 3 焊接完电路。

(2) 确认电路板安装无误后(用万用表电阻挡测试电源和地是否短路)，接入电源。

(3) 调节电位器 R_{P1}，可以改变振荡级增益，使振荡器处于临界振荡状态，也就是说刚好使振荡器起振，这时不靠近金属的情况下不发声，而靠近金属时发声。

(4) 将示波器接在高频振荡电路的输出端 TP1，即 VT_2 的基极，不靠近金属的情况下用示波器观察输出电压波形，并记录输出波形于图 6 - 18(a)中。观测波形，并记录波形的幅度和频率值，记录在表 6 - 5 中。

(5) 示波器测 $TP2$、$TP3$、$TP4$ 波形，将波形分别记录在图 6 - 18(b)、(c)、(d)中，并判别它们的工作状态，以及蜂鸣器是否发声，并记录在表 6 - 5 中。

表 6 - 5　金属探测器不同工作状态时工作情况记录

工作情况	VT_1 工作状态	VT_2 工作状态	VT_3 工作状态	VT_4 工作状态	VT_5 工作状态	蜂鸣器是否发声
无金属						
有金属						

(6) 金属探测器靠近金属时，重复步骤(4)和(5)，将波形图记录在图 6 - 18 的(e)至(h)中。

(7)本简易探测器能轻松、稳定可靠地探测距离线圈平面(线路板)2.5 cm 左右的金属硬币、钢板、铁板、铝板、电脑光碟等，这中间可以阻隔木板、书本、报纸、玻璃、地面砖、泥土、砂子、自来水、燃油、皮肤(手掌)、衣服、空气、灰尘等金属以外的物体。情况记录在表 6 - 6 中。

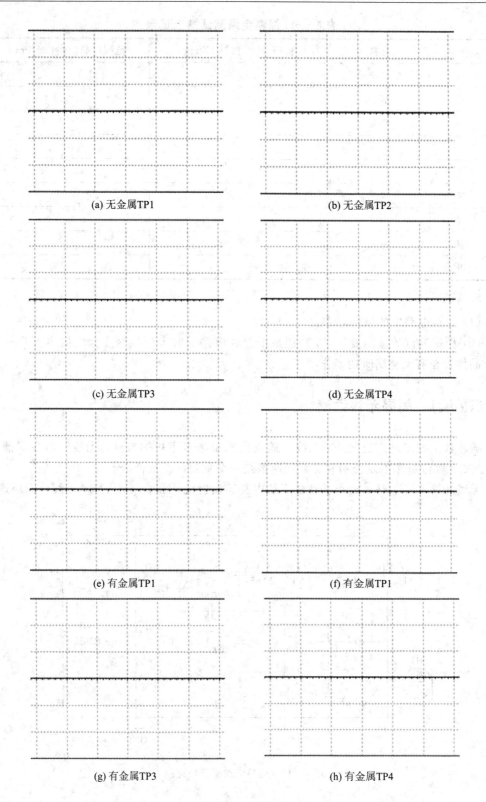

(a) 无金属TP1

(b) 无金属TP2

(c) 无金属TP3

(d) 无金属TP4

(e) 有金属TP1

(f) 有金属TP1

(g) 有金属TP3

(h) 有金属TP4

图 6-18 波形图

表 6 - 6　探测金属测试情况记录

序号	材料	范围（隔离材料 1）/cm	范围（隔离材料 2）/cm
1	金属硬币		
2	钢板		
3	贴板		
4			
5			
6			
7			
8			
9			

5. 问题

（1）计算电路中的振荡频率。

（2）根据测试的输出波形，VT_2 组成的放大电路的放大倍数为多大？描述 $VT_1 \sim VT_5$ 每个晶体管在有无金属时的工作状态。

【知识拓展】　简易无线话筒

随着数字技术的广泛使用，无线话筒成为越来越多用户的首选，无线话筒在广播、电影、戏剧、舞台制作以及公司和教育场所都是一个重要的组成部分。

无线话筒实际上是一台小功率的无线电高频发射机，图 6 - 19 为简易无线话筒原理图。

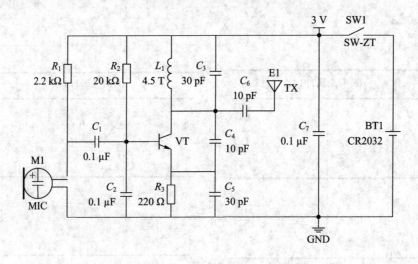

图 6 - 19　简易无线话筒原理图

（1）MIC 是驻极体话筒，有正负极之分，一般与外壳相通的是负极。其作用是感应空气中声波的微弱振动，并输出变化规律跟声音一样的电信号。

（2）R_1 是驻极体话筒 MIC 的偏置电阻，有了这个电阻，话筒才能输出音频信号，这是因为 MIC 话筒内部本身有一级场效应管放大电路，以匹配阻抗和提高输出能力等。话筒不需要灵敏度太高，否则容易出现声反馈，产生自激啸叫。

（3）C_1 是音频信号耦合电容，将话筒感应输出的声音电信号传递到下一级。

（4）C_2 是三极管 VT 的基极滤波电容，一方面滤除高频杂音，另一方面让 VT 的高频电位为 0。对 50 MHz 以上的高频电路来说，VT 是一个共基极放大电路，这是能形成振荡的基础，因为振荡电路的基础条件就是必须具备一定的增益，再就是具备合适的正反馈。

（5）R_2 是三极管 VT 的基极偏置电阻，给 VT 提供一个较小的基极电流，VT 将会有一个较大的发射极电流通过 R_3。由于 R_2、R_3 中的电流作用，会在各自电阻上产生压降并互相影响，结果会自动稳定在某一数值状态，这就是射极跟随器。

（6）R_3 是三极管 VT 的发射极电阻，起稳定直流工作点的作用，并和 C_5 起高频信号负载电阻作用，也是整个高频振荡回路的一部分。

（7）C_3 和 L_1 组成并联谐振回路，起到调节振荡频率的作用。改变 C_3 的容量，或线圈 L 的直径、间距、匝数以及漆包线的粗细，均可改变发射频率。

（8）C_6 是高频信号输出耦合电容，作用是让高频信号变成无线电波辐射到天空中。因此，天线最好竖直向上，长度最好等于无线电波频率波长或者其整数倍，四周应该开阔，不要有金属物阻挡。说明：波长等于频率的倒数，频率变化，波长也随之变化。天线的具体长度也与输出阻抗、天线粗细等有关。如果求远的发射距离，可以自行多做这方面的尝试，本套件经过技术人员实验，发射距离可轻松达到 50 m。

（9）C_4 是反馈电容，是电路起振的关键元件。分析本电路的高频状态时，三极管 VT 集电极是输出，发射极是输入，输出信号通过 C_4 加到输入端，产生强烈的正反馈，自然就产生振荡了，这就是电容三点式 LC 正弦波振荡电路。

（10）C_7 是电源滤波电容，给交流信号提供回路，减小电源的交流内阻。

感兴趣的同学可以尝试自制一个无线话筒。

习　题　6

6.1　选择题。

（1）信号产生电路的作用是在（　　　）条件下，产生一定频率和幅度的正弦或非正弦信号。

　A. 外加输入信号　　　　　　　　B. 没有输入信号

　C. 没有直流电源电压　　　　　　D. 没有反馈信号

（2）正弦波振荡电路的振幅起振条件是（　　　）。

　A. 外加输入信号　　　　　　　　B. 没有输入信号

　C. 没有直流电源电压　　　　　　D. 没有反馈信号

（3）正弦波振荡电路中振荡频率主要由（　　）决定。

A. 放大倍数 　　　　　　　　　　　　B. 反馈网络系数

C. 稳幅电路参数 　　　　　　　　　　D. 选频网络参数

（4）如图 6-20 所示的电路图，（　　）。

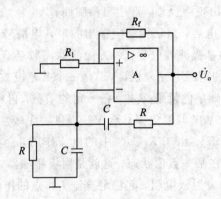

图 6-20　习题 6.1 图

A. 能否产生正弦波振荡取决于 R_1 和 R_f 的关系

B. 不能振荡

C. 满足振荡条件，能产生正弦波振荡

D. 不能产生正弦波振荡

6.2　如图 6-21 所示的 RC 桥式振荡电路中，已知 $f_0 = 1\ \text{kHz}$，$C = 0.047\ \mu\text{F}$，R_F 为负温度系数、20 kΩ 的热敏电阻，试求 R 及 R_1 的大小。

6.3　如图 6-22 所示的 RC 桥式振荡电路：（1）求振荡频率 f_0；（2）说明 R_1 应具有怎样的温度特性并计算其冷态电阻值。

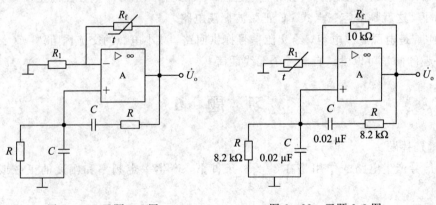

图 6-21　习题 6.2 图　　　　　　　　图 6-22　习题 6.3 图

6.4　分析图 6-23 所示电路，标明二次线圈的同名端，使之满足相位平衡条件，并求出振荡频率。

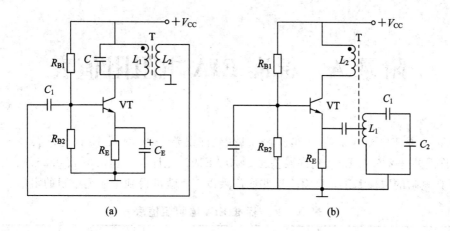

图 6-23 习题 6.4 图

6.5 电路如图 6-24 所示。

(1) 分别说明 A_1 和 A_2 各构成哪种基本电路。

(2) 作出描述 u_{o1} 与 u_o 关系的曲线。

(3) 写出 u_{o1} 与 u_o 的运算关系式。

(4) 定性画出 u_{o1} 与 u_o 的波形。

(5) 求出振荡频率。若要提高振荡频率，则可以改变哪些电路参数，如何改变？

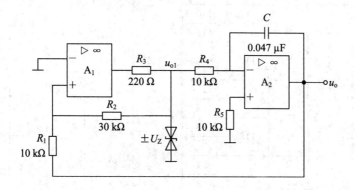

图 6-24 习题 6.5 图

附录 A　标准 EIA 电阻阻值表

表 A-1 是 E6（允许误差 ±20%）、E12（允许误差 ±10%）、E24（允许误差 ±5%）、E48（允许误差 ±2%）、E96（允许误差 ±1%）、E192（允许误差 ±0.5%、0.25%、0.1% 或更高）系列电阻的取值基准，只需将这些取值乘以 10^n 就可得到全系列电阻的阻值。

表 A-1　标准 EIA 电阻阻值表

E6	E12	E24	E48	E96	E192	E6	E12	E24	E48	E96	E192
100	100	100	100	100	100	100	120	130	140	140	142
					101					143	143
				102	102						145
					104	150	150	150	147	147	147
			105	105	105						149
					106					150	150
				107	107						152
					109				154	154	154
		110	110	110	110						156
					111					158	158
				113	113						160
					114			160	162	162	162
			115	115	115						164
					117					165	165
				118	118						167
					120				169	169	169
	120	120	121	121	121						172
					123					174	174
				124	124						176
					126		180	180	178	178	178
			127	127	127						180
					129					182	182
				130	130						184
					132				187	187	187
		130	133	133	133						189
					135					191	191
				137	137						193
					138			200	196	196	196
			140	140	140						198

续表（一）

E6	E12	E24	E48	E96	E192	E6	E12	E24	E48	E96	E192
150	180	200	196	200	200	330	330	330	316	316	316
					203						320
			205	205	205					324	324
					208						328
				210	210				332	332	332
					213						336
220	220	220	215	215	215					340	340
					218						344
				221	221			360	348	348	348
					223						352
			226	226	226					357	357
					229						361
				232	232				365	365	365
					234						370
		240	237	237	237					374	374
					240						379
				243	243		390	390	383	383	383
					246						388
			249	249	249					392	392
					252						397
				255	255				402	402	402
					258						407
		270	261	261	261					412	412
					264						417
				267	267			430	422	422	422
					271						427
			274	274	274					432	432
					277						437
				280	280				442	442	442
					284						448
	270	300	287	287	287					453	453
					291						459
				294	294	470	470	470	464	464	464
					298						470
			301	301	301					475	475
					305						481
				309	309				487	487	487
					312						493

续表（二）

E6	E12	E24	E48	E96	E192	E6	E12	E24	E48	E96	E192
470	470	470	487	499	499	680	680	680	715	715	715
					505						723
		510	511	511	511					732	732
					517						741
				523	523			750	750	750	750
					530						759
			536	536	536					768	768
					542						777
				549	549				787	787	787
					556						796
	560	560	562	562	562					806	806
					569						816
				576	576		820	820	825	825	825
					583						835
			590	590	590					845	845
					597						856
				604	604				866	866	866
					612						876
		620	619	619	619					887	887
					626						898
				634	634			910	909	909	909
					642						920
			649	649	649					931	931
					657						942
				665	665				953	953	953
					673						965
680	680	680	681	681	681					976	976
					690						988
				698	698						
					706						

附录 B　Multisim 10.0 软件的使用

Multisim 是美国国家仪器(NI)有限公司推出的以 Windows 为基础的仿真工具,适用于板级的模拟/数字电路板的设计工作。目前美国 NI 公司的 EWB 包含电路仿真设计的模块 Multisim、PCB 设计软件 Ultiboard、布线引擎 Ultiroute 及通信电路分析与设计模块 Commsim 四部分,能完成从电路的仿真设计到电路板图生成的全过程。Multisim、Ultiboard、Ultiroute 及 Commsim 四部分相互独立,可以分别使用。Multisim、Ultiboard、Ultiroute 及 Commsim 有增强专业版(Power Professional)、专业版(Professional)、个人版(Personal)、教育版(Education)、学生版(Student)和演示版(Demo)等多个版本,各版本的功能和价格有着明显的差异。

Multisim 10.0 的特点如下:

(1) 有着丰富的元器件库。

(2) 虚拟仪器仪表种类齐全。

(3) 具有强大的电路分析能力,有时域和频域分析、离散傅里叶分析、电路零极点分析、交直流灵敏度分析等电路分析方法。

(4) 提供丰富的 Help 功能。

一、Multisim 的主窗口

启动 Multisim 10.0 以后,出现如图 B.1 所示界面。

Multisim 10.0 的界面如图 B.2 所示,主要由菜单栏、工具栏、缩放栏、设计栏、仿真栏、工程栏、元件栏、仪器栏、电路图编辑窗口等部分组成。

图 B.1　Multisim 10.0 启动界面　　　　图 B.2　Multisim 10.0 的主窗口

二、Multisim 10.0 常用元器件库分类

Multisim 10.0 提供了丰富的元器件库,元器件库栏图标和名称如图 B.3 所示。用鼠标

左键单击元器件库栏的某一个图标即可打开该元件库。关于这些元器件的功能和使用方法可使用在线帮助功能了解。

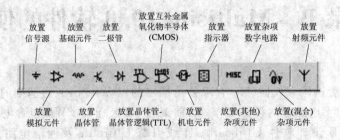

图 B.3　元器件库栏图标和名称

（1）点击"放置信号源"按钮，弹出的菜单及其对应的含义如下：

POWER_SOURCES	电源
SIGNAL_VOLTAG...	信号电压源
SIGNAL_CURREN...	信号电流源
CONTROL_FUNCT...	控制函数器件
CONTROLLED_VO...	电压控源
CONTROLLED_CU...	电流控源

（2）点击"放置模拟元件"按钮，弹出的菜单及其含义如下：

ANALOG_VIRTUAL	模拟虚拟元件
OPAMP	运算放大器
OPAMP_NORTON	诺顿运算放大器
COMPARATOR	比较器
WIDEBAND_AMPS	宽带运放
SPECIAL_FUNCTION	特殊功能运放

（3）点击"放置基础元件"按钮，弹出的菜单及其含义如下：

BASIC_VIRTUAL	基本虚拟元件
RATED_VIRTUAL	定额虚拟元件
3D_VIRTUAL	三维虚拟元件
RESISTOR	电阻器
RESISTOR_SMT	贴片电阻器
RPACK	电阻器组件
POTENTIOMETER	电位器
CAPACITOR	电容器
CAP_ELECTROLIT	电解电容器
CAPACITOR_SMT	贴片电容器
CAP_ELECTROLIT...	贴片电解电容器
VARIABLE_CAPAC...	可变电容器
INDUCTOR	电感器
INDUCTOR_SMT	贴片电感器
VARIABLE_INDUCTOR	可变电感器
SWITCH	开关
TRANSFORMER	变压器
NON_LINEAR_TRA...	非线性变压器
Z_LOAD	Z负载
RELAY	继电器
CONNECTORS	连接器
SOCKETS	插座、管座

（4）点击"放置晶体管"按钮，弹出的菜单及其含义如下：

TRANSISTORS_VIRTUAL	虚拟晶体管
BJT_NPN	双极结型NPN晶体管
BJT_PNP	双极结型PNP晶体管
DARLINGTON_NPN	NPN型达林顿管
DARLINGTON_PNP	PNP型达林顿管
DARLINGTON_ARRAY	达林顿管阵列
BJT_NRES	带阻NPN晶体管
BJT_PRES	带阻PNP晶体管
BJT_ARRAY	双极结型晶体管阵列
IGBT	MOS门控开关管
MOS_3TDN	N沟道耗尽型MOS管
MOS_3TEN	N沟道增强型MOS管
MOS_3TEP	P沟道增强型MOS管
JFET_N	N沟道耗尽型结型场效应管
JFET_P	P沟道耗尽型结型场效应管
POWER_MOS_N	N沟道MOS功率管
POWER_MOS_P	P沟道MOS功率管
POWER_MOS_COMP	MOS功率对管
UJT	UHT管
THERMAL_MODELS	温度模型NMOSFET管

（5）点击"放置二极管"按钮，弹出的菜单及其含义如下：

DIODES_VIRTUAL	虚拟二极管
DIODE	二极管
ZENER	齐纳二极管
LED	发光二极管
FWB	二极管整流桥
SCHOTTKY_DIODE	肖特基二极管
SCR	单向晶体闸流管
DIAC	双向二极管开关
TRIAC	双向晶体闸流管
VARACTOR	变容二极管
PIN_DIODE	PIN结二极管

（6）点击"放置晶体管–晶体管逻辑（TTL）"按钮，弹出的菜单及其含义如下：

74STD	74STD系列
74S	74S系列
74LS	74LS系列
74F	74F系列
74ALS	74ALS系列
74AS	74AS系列

（7）点击"放置互补金属氧化物半导体(CMOS)"按钮，弹出的菜单及其含义如下：

CMOS_5V	CMOS_5V系列
74HC_2V	74HC_2V系列
CMOS_10V	CMOS_10V系列
74HC_4V	74HC_4V系列
CMOS_15V	CMOS_15V系列
74HC_6V	74HC_6V系列
TinyLogic_2V	TinyLogic_2V系列
TinyLogic_3V	TinyLogic_3V系列
TinyLogic_4V	TinyLogic_4V系列
TinyLogic_5V	TinyLogic_5V系列
TinyLogic_6V	TinyLogic_6V系列

（8）点击"放置机电元件"按钮，弹出的菜单及其含义如下：

SENSING_SWITCHES	检测开关
MOMENTARY_SWI...	瞬时开关
SUPPLEMENTARY...	接触器
TIMED_CONTACTS	定时接触器
COILS_RELAYS	线圈和继电器
LINE_TRANSFORMER	线性变压器
PROTECTION_DE...	保护装置
OUTPUT_DEVICES	输出设备

（9）点击"放置指示器"按钮，弹出的菜单及其含义如下：

VOLTMETER	电压表
AMMETER	电流表
PROBE	探测器
BUZZER	蜂鸣器
LAMP	灯泡
VIRTUAL_LAMP	虚拟灯泡
HEX_DISPLAY	十六进制显示器
BARGRAPH	条形光柱

（10）点击"放置(其他)杂项元件"按钮，弹出的菜单及其含义如下：

MISC_VIRTUAL	其他虚拟元件
TRANSDUCERS	传感器
OPTOCOUPLER	光电三极管型光耦合器
CRYSTAL	晶振
VACUUM_TUBE	真空电子管
FUSE	熔丝管
VOLTAGE_REGULATOR	三端稳压器
VOLTAGE_REFERENCE	基准电压器件
VOLTAGE_SUPPRESSOR	电压干扰抑制器
BUCK_CONVERTER	降压变换器
BOOST_CONVERTER	升压变换器
BUCK_BOOST_CONVERTER	降压/升压变换器
LOSSY_TRANSMISSION_LINE	有损耗传输线
LOSSLESS_LINE_TYPE1	无损耗传输线1
LOSSLESS_LINE_TYPE2	无损耗传输线2
FILTERS	滤波器
MOSFET_DRIVER	场效应管驱动器
POWER_SUPPLY_CONTROLLER	电源功率控制器
MISCPOWER	混合电源功率控制器
PWM_CONTROLLER	脉宽调制控制器
NET	网络
MISC	其他元件

（11）点击"放置杂项数字电路"按钮，弹出的菜单及其含义如下：

TIL	TIL系列器件
DSP	数字信号处理器件
FPGA	现场可编程器件
PLD	可编程逻辑电路
CPLD	复杂可编程逻辑电路
MICROCONTROLLERS	微处理控制器
MICROPROCESSORS	微处理器
VHDL	用VHDL语言编程器件
VERILOG_HDL	用Verilog HDL语言编程器件
MEMORY	存储器
LINE_DRIVER	线路驱动器件
LINE_RECEIVER	线路接收器件
LINE_TRANSCEIVER	无线电收发器件

（12）点击"放置（混合）杂项元件"按钮，弹出的菜单及其含义如下：

MIXED_VIRTUAL	混合虚拟器件
TIMER	555定时器
ADC_DAC	AD/DA转换器
ANALOG_SWITCH	模拟开关
MULTIVIBRATORS	多频振荡器

（13）点击"放置射频元件"按钮，弹出的菜单及其含义如下：

RF_CAPACITOR	射频电容器
RF_INDUCTOR	射频电感器
RF_BJT_NPN	射频双极结型NPN管
RF_BJT_PNP	射频双极结型PNP管
RF_MOS_3TDN	射频N沟道耗尽型MOS管
TUNNEL_DIODE	射频隧道二极管
STRIP_LINE	射频传输线

关于 Multisim 10.0 的元器件库及元器件的几点说明：

（1）关于虚拟元件，这里指的是现实中不存在的元件，也可以理解为参数可以任意修改和设置的元件。比如要一个 $1.034\ \Omega$ 的电阻、$2.3\ \mu F$ 的电容等不规范的特殊元件，就可以选择虚拟元件通过设置参数达到；但仿真电路中的虚拟元件不能链接到制版软件 Ultiboard 10.0 的 PCB 文件中进行制版，这一点不同于其他元件。

（2）与虚拟元件相对应，把现实中可以找到的元件称为真实元件或称现实元件。比如电阻的"元件"栏中就列出了从 $1.0\ \Omega$ 到 $22\ M\Omega$ 的全系列现实中可以找到的电阻。现实电阻只能调用，但不能修改它们的参数（极个别可以修改，比如晶体管的 β 值）。凡仿真电路中的真实元件都可以自动链接到 Ultiboard 10.0 中进行制版。

（3）电源虽列在现实元件栏中，但它属于虚拟元件，可以任意修改和设置它的参数；电源和地线也都不会进入 Ultiboard 10.0 的 PCB 界面进行制版。

（4）关于额定元件，允许通过的电流、电压、功率等的最大值都是有限制的元件称额定元件，超过其额定值，该元件将击穿和烧毁。其他元件都是理想元件，没有定额限制。

三、Multisim10.0 界面菜单栏介绍

该软件以图形界面为主，采用菜单、工具栏和热键相结合的方式，具有一般 Windows 应用软件的界面风格，用户可以根据自己的习惯使用。其菜单栏如图 B.4 所示。

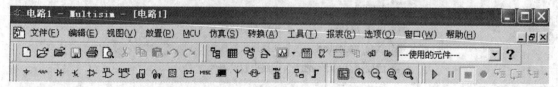

图 B.4　Multisim 界面菜单栏

菜单栏位于界面的上方,通过菜单栏可以对 Multisim 10.0 的所有功能进行操作。

不难看出,菜单栏中有一些与大多数 Windows 平台上的应用软件一致的功能选项,如文件、编辑、视图、窗口、帮助。此外,还有一些 Multisim 软件专用的选项,如放置、仿真、MCU、工具以及报表等。在此不再一一介绍。

四、文件的创建

(1) 打开 Multisim 10.0 设计环境。选择"文件"→"新建"→"原理图",即弹出一个新的电路图编辑窗口,工程栏同时出现一个新的名称,单击"保存",将该文件命名,保存到指定文件夹下。

需要说明的是:

① 文件的名字要能体现电路的功能。

② 在电路图的编辑和仿真过程中,要养成随时保存文件的习惯,以免没有及时保存而导致文件的丢失或损坏。

③ 文件的保存位置:最好用一个专门的文件夹来保存,这样便于管理。

(2) 在绘制电路图之前,需要先熟悉一下元件栏和仪器栏的内容,当把鼠标放到元件栏和仪器栏相应的位置时,系统会自动弹出元件或仪表的类型。

(3) 首先放置电源。点击元件栏的"放置信号源"选项,出现如图 B.5 所示的对话框。

① "数据库"选项里选择"主数据库"。

② "组"选项里选择"sources"。

③ "系列"选项里选择"POWER_SOURCES"。

④ "元件"选项里选择"DC_POWER"。

⑤ 右边的"符号""功能"等对话框里会根据所选项目,列出相应的说明。

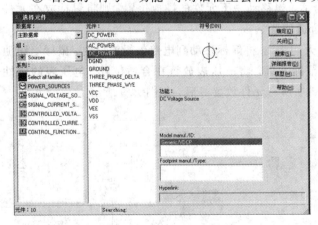
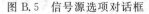
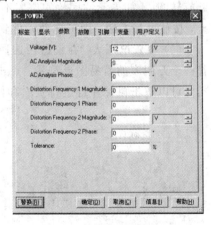

图 B.5 信号源选项对话框   图 B.6 电源参数选项对话框

(4) 选择好电源符号后,点击"确定",移动鼠标到电路编辑窗口,选择放置位置后,点击鼠标左键即可将电源符号放置于电路编辑窗口中,放置完成后,还会弹出元件选择对话框,可以继续放置,点击"关闭"按钮可以取消放置。

(5) 我们看到,放置的电源符号显示的是 12 V,但我们的需要可能不是 12 V,那怎么来修改呢？双击该电源符号，出现如图 B.6 所示的对话框，在该对话框里，可以更改该元件的属性。在这里将电压改为 3 V。当然也可以更改元件的序号、引脚等属性。大家可以点击各个参数项来体验一下。

（6）接下来放置电阻。点击"放置元件"，弹出如图 B.7 所示对话框，

① "数据库"选项里选择"主数据库"。

② "组"选项里选择"Basic"。

③ "系列"选项里选择"RESISTOR"。

④ "元件"选项里选择"20 k"。

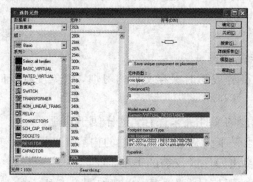
图 B.7　电阻选项对话框

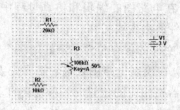
图 B.8　放置部分元件后的界面

（7）按上述方法，再放置一个 10 kΩ 的电阻和一个 100 kΩ 的可调电阻。放置完毕后，如图 B.8 所示。

（8）放置后的元件都按照默认的摆放情况被放置在编辑窗口中。将鼠标放在电阻 R1 上，然后点击右键，这时会弹出一个对话框，在对话框中可以选择让元件顺时针或者逆时针旋转 90°。如果元件摆放的位置不合适，想移动一下元件的摆放位置，则将鼠标放在元件上，按住鼠标左键，即可拖动元件到合适位置。

（9）放置电压表。在仪器栏选择"万用表"，将鼠标移动到电路编辑窗口内，鼠标上跟随着一个万用表的简易图形符号。点击鼠标左键，将电压表放置在合适位置。电压表的属性同样可以双击鼠标左键进行查看和修改。所有元件放置好后，如图 B.9 所示。

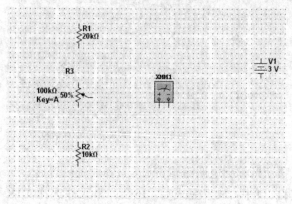
图 B.9　放置好元件后的界面

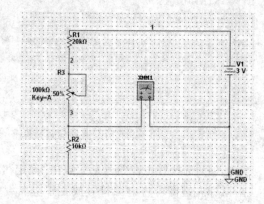
图 B.10　绘制好连线后的电路图

(10) 下面进入连线步骤。将鼠标移动到电源的正极,当鼠标指针变成 ✦ 时,表示导线已经和正极连接起来了,单击鼠标将该连接点固定,然后移动鼠标到电阻 R1 的一端,出现小红点后,表示正确连接到 R1 了,单击鼠标左键固定,这样一根导线就连接好了。如图 B.10 所示。如果想要删除这根导线,将鼠标移动到该导线的任意位置,点击鼠标右键,选择"删除"即可将该导线删除。或者选中导线,直接按"delete"键删除。

(11) 按照前面第(3)步的方法,放置一个公共地线,然后如图 B.10 所示,将各连线连接好。

注意:在电路图的绘制中,公共地线是必须的。

(12) 电路连接完毕,检查无误后,就可以进行仿真了。点击"仿真"栏中的绿色开始按钮 ▷,电路进入仿真状态。双击图中的万用表符号,即可弹出如图 B.11 所示的对话框,在这里显示了电阻 R2 上的电压。对于显示的电压值是否正确,可以验算一下:根据电路图可知,R2 上的电压值应等于(电源电压 × R2 的阻值)/(R1＋R2＋R3)。则计算如下:(3.0 × 10 × 1000)/[(10＋20＋50) × 1000]＝0.375 V,经验证电压表显示的电压正确。R3 的阻值是如何得来的呢? 从图 B.11 中可以看出,R3 是一个 100 kΩ 的可调电阻,其调节百分比为 50%,则在这个电路中,R3 的阻值为 50 kΩ。

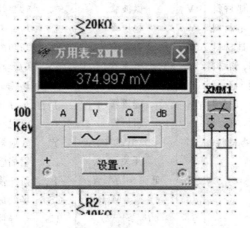

图 B.11 仿真运行界面

(13) 关闭仿真,改变 R2 的阻值,再次观察 R2 上的电压值,会发现随着 R2 阻值的变化,其上的电压值也随之变化。注意:一定要及时保存文件。

大致熟悉了如何利用 Multisim 10.0 来进行电路仿真,以后就可以利用电路仿真来学习模拟电路和数字电路了。

附录 C　　半导体器件型号命名方法

表 C.1　中国半导体器件型号组成部分的符号及其意义

第一部分		第二部分		第三部分				第四部分	第五部分
用数字表示器件的电极数目		用汉语拼音字母表示器件的材料和极性		用汉语拼音字母表示器件的类型				用数字表示序号	用汉语拼音字母表示规格号
符号	意义	符号	意义	符号	意义	符号	意义		
2	二极管	A	N 型，锗材料	P	普通管	D	低频大功率管 ($f_a<3\ \text{MHz}$, $P_C\geqslant1\ \text{W}$)		
		B	P 型，锗材料	V	微波管				
		C	N 型，硅材料	W	稳压管				
		D	P 型，硅材料	C	参量管	A	高频大功率管 ($f_a>3\ \text{MHz}$, $P_C\geqslant1\ \text{W}$)		
3	三极管	A	PNP 型，锗材料	Z	整流管				
		B	NPN 型，锗材料	L	整流堆				
		C	PNP 型，硅材料	S	隧道管	T	半导体闸流管 (可控整流管)		
		D	NPN 型，硅材料	N	阻尼管				
		E	化合物材料	U	光电器件	Y	效应器件		
				K	开关管	B	雪崩管		
				X	低频小功率管 ($f_a<3\ \text{MHz}$, $P_C\geqslant1\ \text{W}$)	J	阶跃恢复管		
						CS	场效应器件		
				G	高频小功率管 ($f_a>3\ \text{MHz}$, $P_C\geqslant1\ \text{W}$)	BT	半导体特殊器件		
						FH	复合管		
						PIN	PIN 型管		
						JG	激光器件		

【示例 C.1】

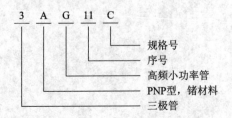

3　A　G　11　C

规格号
序号
高频小功率管
PNP型，锗材料
三极管

【示例 C.2】

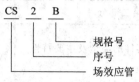

CS 2 B
├─ 规格号
├─ 序号
└─ 场效应管

表 C.2   日本半导体器件型号组成部分的符号及其意义

第一部分		第二部分		第三部分		第四部分		第五部分	
用数字表示器件有效电极数目或类型		日本电子工业协会(JEIA)注册登记的半导体器件		用字母表示器件使用材料和类型		器件在日本电子工业协会(JEIA)登记号		同一型号的改进型产品标志	
符号	意　义	符号	意　义	符号	意　义	符号	意　义	符号	意　义
0	光电二极管或三极管及包括上述器件的组合管	S	已在日本电子工业协会(JEIA)注册登记的半导体器件	A	PNP 高频晶体管	多位数字	这一器件在日本电子工业协会(JEIA)的注册登记号。性能相同、不同厂家生产的器件可以使用同一个登记号	B C D ：	表示这一器件是原型号产品的改进产品
1	二极管			B	PNP 低频晶体管				
2	三极管或具有 3 个电极的其他器件			C	NPN 高频晶体管				
				D	NPN 低频晶体管				
				F	P 控制极可控硅				
3 ：	具有 4 个有效电极的器件			G	N 控制极可控硅				
				H	N 基极单结晶体管				
				J	P 沟道场效应管				
				K	N 沟道场效应管				
				M	双向可控硅				

【示例 C.3】

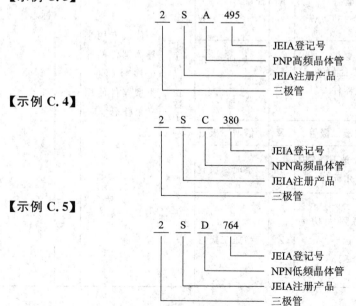

2 S A 495
├─ JEIA登记号
├─ PNP高频晶体管
├─ JEIA注册产品
└─ 三极管

【示例 C.4】

2 S C 380
├─ JEIA登记号
├─ NPN高频晶体管
├─ JEIA注册产品
└─ 三极管

【示例 C.5】

2 S D 764
├─ JEIA登记号
├─ NPN低频晶体管
├─ JEIA注册产品
└─ 三极管

表 C.3　欧洲半导体器件型号组成部分的符号及其意义

第一部分		第二部分				第三部分		第四部分	
用字母表示器件使用的材料		用字母表示器件的类型及主要特性				用数字或字母加数字表示登记号		用字母对同一型号器件进行分挡	
符号	意　义	符号	意　义	符号	意　义	符号	意　义	符号	意　义
A	器件使用禁带为 0.6~1.0 eV（注）的半导体材料，如锗	A	检波二极管 开关二极管 混频二极管	M	封闭磁路中的霍尔元件	三位数字	代表通用半导体器件的登记序号（同一类型器件使用一个登记号）	A B C D E ⋮	表示同一型号的半导体器件按某一个参数进行分挡的标志
		B	变容二极管	P	光敏器件				
B	器件使用禁带为 1.0~1.3 eV 的半导体材料如硅	C	低频小功率三极管 $R_{Tj}>15℃/W$	Q	发光器件				
		D	低频大功率三极管 $R_{Tj}\leqslant15℃/W$	R	小功率可控硅 $R_{Tj}>15℃/W$				
C	器件使用禁带大于 1.3 eV 的半导体材料，如砷化镓	E	隧道二极管	S	小功率开关管 $R_{Tj}>15℃/W$				
		F	高频小功率三极管 $R_{Tj}>15℃/W$	T	大功率可控硅 $R_{Tj}\leqslant15℃/W$	一个字母两位数字	代表专用半导体器件的登记序号（同一类型器件使用一个登记号）		
D	器件使用禁带小于 0.6 eV 的半导体材料，如锑化铟	G	复合器件及其他器件	U	大功率开关管 $R_{Tj}\leqslant15℃/W$				
		H	磁敏二极管	X	倍增二极管				
R	器件使用复合材料，如霍尔元件和光电池使用的材料	K	开放磁路中的霍尔元件	Y	整流二极管				
		L	高频大功率三极管 $R_{Tj}\leqslant15℃/W$	Z	稳压二极管				

【示例 C. 6】

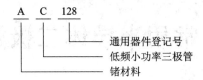

通用器件登记号
低频小功率三极管
锗材料

【示例 C. 7】

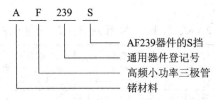

AF239器件的S挡
通用器件登记号
高频小功率三极管
锗材料

表 C. 4　美国半导体器件型号组成部分的符号及其意义

第一部分		第二部分		第三部分		第四部分		第五部分	
用符号表示器件类别		用数字表示PN结数目		美国电子工业协会（EIA）注册标志		美国电子工业协会（EIA）登记号		用字母表示器件分挡	
符号	意义	符号	意义	符号	意义	符号	意义	符号	意义
JAN或J	军用品	1	二极管	N	该器件已在美国电子工业协会（EIA）注册登记	多位数字	该器件在美国电子工业协会（EIA）的登记号	A B C D ⋮	同一型号器件的不同挡别
		2	三极管						
无	非军用品	3	三个PN结器件						
		N	N个PN结器件						

【示例 C. 8】

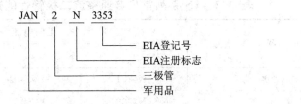

EIA登记号
EIA注册标志
三极管
军用品

【示例 C. 9】

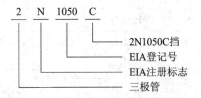

2N1050C挡
EIA登记号
EIA注册标志
三极管

附录 D　常用半导体二极管参数表

表 D.1　2AK、2CK、1N 系列开关二极管的主要参数

型号	反向峰值工作电压 U_{RM}/V	正向重复峰值电流 I_{FRM}/mA	正向压降 U_F/V	额定功率 P/mW	反向恢复时间 t_{rr}/ns
1N4148 1N4149	60	450	≤1	500	4
2AK1	10		≤1		≤200
2AK2	20				
2AK3	30	150			
2AK5	40		≤0.9		≤150
2AK6	50				
2CK74(A～E)	A≥30	100		100	≤5
2CK75(A～E)	B≥45			150	
2CK76(A～E)	C≥60	150	≤1	200	≤10
2CK77(A～E)	D≥75 E≥90	200 250		250	

表 D.2　1N 系列常见普通整流二极管性能速查表

反向耐压/V	正向电流/A		
	1	3	6
50	1N4001	1N5401	6A01
100	1N4002	1N5402	6A02
200	1N4003	1N5403	6A03
400	1N4004	1N5404	6A04
600	1N4005	1N5405	6A05
800	1N4006	1N5406	6A06
1000	1N4007	1N5407	6A07

表 D.3　国内外常用整流二极管的主要参数

额定电流/A	反向电压/V										
	50	100	200	300	400	500	600	800	1000	1200	1400
0.1	2CP11	2CP12	2CP14	2CP17	2CP18	2CP19	2CP20	2CP20A			
0.3			2CZ21A		2CZ21B		2CZ21C	2CZ21	2CZ21E	2CZ21F	
			2DP3A		2DP3B		2DP3C	2DP3D	2DP3E	2DP3F	2DP3G
0.5	2CP1A	2CP1	2CP2	2CP3	2CP4	2CP5	2CP1E	2CP1G			
			2DP4A		2DP4B		2DP4C	2DP4D	2DP4E	2DP4F	2DP4G
1	2CZ11K	2CZ11A	2CZ11B	2CZ11C	2CZ11D	2CZ11E	2CZ11F	2CZ11H			
			2CZ20A		2CZ20B		2CZ20C	2CZ20D	2CZ20E	2CZ20F	
			2DP5A		2DP5B		2DP5C	2DP5D	2DP5E	2DP5F	2DP5G
	1N4001	1N402	1N4003		1N4004		1N4005	1N4006	1N4007		
1.5	1N5391	1N5392	1N5393	1N5394	1N5395	1N5396	1N5397	1N5398	1N5399		
2	PS200	PS201	PS202		PS204		PS206	PS208	PS209		
3	2CZ12	2CZ12A	2CZ12B	2CZ12C	2CZ12D	2CZ12E	2CZ12F	2CZ12H			
	1N5400	1N5401	1N5402	1N5404	1N5405	1N5406	1N5407	1N5408	1N5409		
5	2CZ13	2CZ13A	2CZ13B	2CZ13C	2CZ13D	2CZ13E	2CZ13F	2CZ13H			

表 D.4　部分 2AP 型检波二极管的主要参数

型　号	击穿电压	反向漏电流	最高反向工作电压	额定正向电流	检波损耗	截止频率	势垒电容
	U_{BR}/V	$I_R/\mu A$	U_{RM}/V	I_F/mA	L_{rd}/dB	f/Hz	C_B/PF
2AP9	20	≤200	15	≥8	≥20	100	≤0.5
2AP10	40	≤200	30				

表 D.5　部分 2EF 系列发光二极管的主要参数

型　　号	工作电流	正向电压	发光强度	最大工作电流	反向耐压	发光颜色
	I_F/mA	U_F/V	I/mcd	I_{FM}/mA	U_{RM}/V	
2EF401 2EF402	10	1.7	0.6	50	≥7	红
2EF411	10	1.7	0.5	30	≥7	红
2EF412			0.8			
2EF441	10	1.7	0.2	40	≥7	红
2EF501 2EF502	10	1.7	0.2	40	≥7	红
2EF551	10	2	1.0	50	≥7	黄绿
2EF601 2EF602	10	2	0.2	40	≥7	黄绿
2EF641	10		1.5	50	≥7	红
2EF811 2EF812	10	2	0.4	40	≥7	红
2EF841	10	2	0.8	30	≥7	黄

表 D.6　部分 2CU 型硅光敏二极管的主要参数

型　　号	最高反向工作电压	暗电流	光电流	峰值波长	响应时间
	U_{RM}/V	I_D/μA	I_L/μA	λ_P/A	t_r/ns
2CU1A	10				
2CU1B	20				
2CU1C	30	≤0.2	≥80		
2CU1D	40				
2CU1E	50			8800	≤5
2CU2A	10				
2CU2B	20				
2CU2C	30	≤0.1	≥30		
2CU2D	40				
2CU2E	50				
测试条件	$I_R = I_D$	无光照 $U = U_{RM}$	光照度 $E = 1000$ lx $U = U_{RM}$		$R_L = 50$ Ω $U = 10$ V $f = 300$ Hz

表 D.7 部分稳压二极管的主要参数

型　号	稳定电压	动态电阻	温度系数	工作电流	最大电流	额定功耗
	U_Z/V	R_Z/Ω	$C_{TV}/(10^{-4}/℃)$	I_Z/mA	I_{ZM}/mA	P_Z/W
1N748	3.8～4.0	100				
1N752	5.2～5.7	35				
1N753	5.88～6.12	8		20		
1N754	6.3～7.3	15				
1N755	7.07～7.25	6				0.5
1N757	8.9～9.3	20				
1N962	9.5～11.9	25				
1N963	11.9～12.4	35		10		
1N964	13.5～14.0	35				
1N969	20.8～23.3	35		5.5		
2CW50	1.0～2.8	50	≥-9		83	
2CW51	2.5～3.5	60	≥-9		71	
2CW52	3.2～4.5	70	≥-8	10	55	
2CW53	4.0～5.8	50	-6～4		41	0.25
2CW54	5.5～6.5	30	-3～5		38	
2CW55	6.2～7.5	15	≤6		33	
2CW56	7.0～8.8	15	≤7		27	
2CW57	8.5～9.5	20	≤8		26	
2CW58	9.2～10.5	25	≤8	5	23	0.25
2CW59	10～11.8	30	≤9		20	
2CW60	11.5～12.5	40	≤9		19	
2CW61	12.4～14	50	≤95		16	
2CW62	13.5～17	60	≤9.5		14	
2CW63	16～19	70	≤9.5		13	
2CW64	18～21	75	≤10		11	
2CW65	20～24	80	≤10		10	
2CW66	23～26	85	≤10	3	9	
2CW67	25～28	90	≤10		9	0.25
2CW68	27～30	95	≤10		8	
2CW69	29～33	95	≤10		7	
2CW70	32～36	100	≤10		7	
2CW71	35～40	100	≤10		6	
2DW230 (2DW7A)	5.8～6.6	≤25	≤|0.05|			
2DW231 (2DW7B)		≤15		10	30	0.2
2DW232 (2DW7C)	6.0～6.5	≤10	≤|0.05|			

附录 E　常用半导体三极管参数表

表 E.1　部分常用中、小功率晶体三极管的技术参数

型　号	$U_{BR, CBO}/V$	$U_{BR, CEO}/V$	I_{CM}/A	P_{CM}/W	h_{FE}	f_T/MHz
9011(NPN)	50	30	0.03	0.4	28~200	370
9012(PNP)	40	20	0.5	0.625	64~200	300
9013(NPN)	40	20	0.5	0.625	64~200	300
9014(NPN)	50	45	0.1	0.625	60~1800	270
9015(PNP)	50	45	0.1	0.45	60~600	190
9016(NPN)	30	20	0.025	0.4	28~200	620
9018(NPN)	30	15	0.05	0.4	28~200	1100
8050(NPN)	40	25	1.5	1.0	85~300	110
8550(PNP)	40	25	1.5	1.0	60~300	200
2N5401		150	0.6	1.0	60	100
2N5550		140	0.6	1.0	60	100
2N5551		160	0.6	1.0	80	100
2SC945		50	0.1	0.25	90~600	200
2SC1815		50	0.15	0.4	70~700	80
2SC965		20	5	0.75	180~600	150
2N5400		120	0.6	1.0	40	100

表 E.2　部分开关晶体管的主要参数

型　号	P_{CM}	f_T /MHz	I_{CM} /mA	$U_{BR,CEO}$ /V	I_{CBO} /mA	t_{on} /μs	t_{off} /μs	$U_{CE,sat}$ /V	h_{FE}
3DK4	700 mW	100	600	30~45	1	0.05	—	0.5	30
3DK7	300 mW	150	50	15	1	0.045	—	0.3	30
3DK9	700 mW	120	800	20~80	0.5~1	0.1	—	0.5	30
3DK101	100 W	3	10 A	50~250	0.1	1.0	0.8	1.5	7~120
3DK200	200 W	2	12.5 A	300~800	0.1	1.5	1.2	1.5	7~120
3DK201	200 W	3	20 A	50~250	0.1	1.2	1.0	1.5	7~120
DK55	40 W	5	3S	400	0.2	—	—	1	>10
DK56	40 W	5	5 A	500	0.2	—	—	1	>10

表 E.3 部分功率晶体三极管的主要参数

型　号	$U_{BR, CBO}/V$	$U_{BR, CEO}/V$	I_{CM}/A	P_{CM}/W
BU207	1500	600	7.5	12
BU208	1500	700	7.5	12
BU208A	1500	700	5.0	12
BU205	1500	700	2.5	10
BU204	1300	600	2.5	10
BU326	500	375	6	60
BU406	400	260	10	60
BU407	330	200	10	60
BU408	400		7	60
BU508	1500	700	8	125
BU508A	1500	700	8	125
BU806	400	200	8	60
BUX48A	1000	450	15	175
BUX98C	1200	700	30	250
BUY71	2200	800	2	40
2SD785	1900		5	50
2SD850	1500		3	65
2SD820	1500	600	5	50
2SD1550	1500		10	50
2SD869	1500	600	3.5	50
2SD1543	150		2.5	40
2SD870	1500	600	5	50
2SD1186	1500		5	50
2SD898	1500		3	50
2SD903	1500		7	50
2SD951	1500	700	4.5	65
2SD957	1500	6	/	
2SD1403	1500	800	6	120
2SD995	2500		3	10
2SD1431	1500	600	5	80
2SD1426	1500	600	3.5	80

型　号	$U_{\mathrm{BR,CBO}}/V$	$U_{\mathrm{BR,CEO}}/V$	I_{CM}/A	P_{CM}/W
2SD1173	1500		5	70
2SD1427	1500	600	5	80
2SD1340	1500		3.5	50
2SD1398	1500	800	5	50
2SD1440	1500		3	50
2SD401A	200	150	2	20
2SD1453	1500		4	50
2SD871	1500	600	6	50
2SD1496	1500		5	50
2SD953	1500	700	5	80
2SC1942	1500	800	3	50
2SC1034	1100		1	25
2SC2233	200	60	4	40
2SD1100	1100		4.5	50
2SC2073	150	150	1.5	20
2SC1154	1200		3.5	50
2SC2068	300	300	0.5	1.5
2SC1922	1500		2.5	50
2SC2027	1500	800	5	50
2SC2124	2200		2	10
2SC2761	450	400	30	200
2SC2358	1000		10	150
2SC3153	900	800	6	100
2SC3026	1700		5	50
2SC3505	900	700	6	80
2SC3060	1200		5	100
2N3055	100	60	15	117
2SC3215	1200		10	125
MTM2955	100	60	15	117
2SC3388	1200		5	50
2SC3459	1100		4.5	90
2SB566	70	50	4	40
2SC3466	1200		8	120

续表(二)

型　号	$U_{BR,CBO}/V$	$U_{BR,CEO}/V$	I_{CM}/A	P_{CM}/W
3DD15A	80	60	5	50
3DD15B	150	100	5	50
3DD15C	200	150		
3DD15D	300	200	5	50
3DD15E	400	300	5	50
3DD15F	500	350	5	50
MJE3055	100	60	10	90
MJE2955	100	60	10	90
2SC3480	1500		3.5	80
2SC3482	1500		6	20
2SC3491	1000		4	60
2SC3507	1000		5	80
2SC3517	1200		50	300
2SC3532	1000		3	60
2SC3594	1400		8	50
2SD246	1500		4.5	16
2SD350	1500		5	35
2SD517	1500		3	16
2SD627	1500		3	50

表 E.4　部分达林顿管的主要参数

型　号	P_{CM}/W	f_T/MHz	I_{CM}/A	$U_{BR,CBO}$ /V	$U_{BR,CEO}$ /V	I_{CEO} /mA	h_{FE} min	h_{FE} max	$U_{CE,sat}/V$
3DD30LA-E	30	1	0	100~600	5	2	50	10000	2
3DD50LA-E	50	1	10	100~600	5	2	500	10000	2.5
3DD75LA-E	75	1	12.5	100~600	5	2	500	10000	3
3DD100LA-E	100	1	15	100~600	5	2	500	10000	3
3DD200LA-E	200	1	20	100~600	5	2	500	10000	3.5
3DD300LA-E	300	1	30	100~600	5	2	500	10000	3.5

附录 F　常用半导体场效应管参数表

表 F.1　3DJ、3DO、3CO 系列场效应晶体管的主要参数

型号	类型	饱和漏源电流 I_{DSS}/mA	夹断电压 $U_{GS,off}$/V	开启电压 $U_{GS,th}$/V	共源低频跨导 g_m/μS	栅源绝缘电阻 R_{GS}/Ω	最大漏源电压 $U_{BR,DS}$/V
3DJ6D E F G H	结型场效应管	<0.35 0.3~1.2 1~3.5 3~6.5 6~10	<|−9|		300 500 1000	≥10^8	>20
3DO1D E F G H	MOS 场效应管（N 沟道耗尽型）	<0.35 0.3~1.2 1~3.5 3~6.5 6~10	<|−4| 　 　 　 <|−9|		>1000	≥10^9	>20
3DO6A B	MOS 场效应管（N 沟道增强型）	≤10		2.5~5 　 <3	>2000	≥10^9	>20
3CO1	MOS 场效应管（P 沟道增强型）	≤10		|−2|~|−6|	>500	10^8~10^{11}	>15

表 F.2　MT 系列功率 VMOS 场效应晶体管的主要参数

型　号	类型	最大漏源电压 $U_{\mathrm{BR,DS}}/\mathrm{V}$	漏源极导通电阻最大值 $R_{\mathrm{DS(on)max}}/\Omega$	漏极电流 $I_{\mathrm{D}}/\mathrm{A}$	漏极电流最大值（连续工作时） $I_{\mathrm{Dmax}}/\mathrm{A}$	漏极耗散功率 $P_{\mathrm{D}}(25℃)/\mathrm{W}$
MTM10N05	N沟道	50	0.28	5.0	10	75
MTM25N05			0.055	17.5	25	150
MTM10N10		100	0.33	5.0	10	40
MTM25N10			0.055	12.5	25	150
MTM5N20		200	1.0	2.5	5.0	75
MTM40N20			0.08	20	40	250
MTM3N40		400	3.3	1.0	3.0	75
MTM15N40			0.30	7.5	15	150
MTM1N100		1000	10	0.5	1.0	75
MTP10N05		50	0.28	5.0	10	75
MTP5N40		400	1.5	2.0	5.0	75
MTP1N100		1000	10	0.5	1.0	75
MTP8P10	P沟道	100	0.4	4.0	8.0	75
MTP2P50		500	6.0	1.0	2.0	75
VN05M60	N沟道	50	0.028		60	200
VN06M60		60	0.028		60	200

附录 G　部分集成运放主要参数表

表 G.1　集成运算放大器的分类

分　类		国内型号举例	相当国外型号
通用型	Ⅲ型单运放	CF741	LM741、μA741、AD741
	双运放　单电源	CF158/258/358	LM158/258/358
	双运放　双电源	CF1558/1458	LM1558/1458、MC1558/1458
	四运放　单电源	CF124/224/324	LM124/224/324
	四运放　双电源	CF148/248/348	LM148/248/348
专用型	低功耗	CF253	μPC253
		CF7611/7621/7631/7641	ICL7611/7621/ 7631/7641
	高精度	CF725	LM725、μA725、μPC725
		CF7600/7601	ICL7600/7601
	高阻抗	CF3140	CA3140
		CF351/353/354/347	LF351/353/354/347
	高　速	CF2500/2505	HA2500/2505
		CF715	μA715
	宽　带	CF1520/1420	MC1520/1420
	高电压	CF1536/1436	MC1536/1436
	其他　跨导型	CF3080	LM3080、CA3080
	其他　电流型	CF2900/3900	LM2900/3900
	其他　程控型	CF4250、CF13080	LM4250、LM13080
	其他　电压跟随器	CF110/210/310	LM110/210/310

国外型号：AD—美国模拟器件公司；CA—美国无线电公司；HA—日本日立公司

　　ICL—美国英特锡尔公司；LM、LF—美国国家半导体公司；

　　MC—美国摩托罗拉公司；μA—美国仙童公司；μPC—日本电气公司

表 G.2 常用集成运算放大器的主要参数

型号	输入失调电压	输入失调电流	输入偏置电流	开环电压增益	输出峰-峰电压	共模输入电压范围	共模抑制比	电源电压抑制比	单位增益带宽	电源电流
	U_{IO} /mV	I_{IO} /nA	I_{IB} /nA	A_{VD} /(V/mV)	U_{OPP} /V	U_{ICR} /V	K_{CMR} /dB	K_{SVR} /(μV/V)	BW_G /MHz	I_S /mA
CF741	1.0	20	80	200	±14	±12	70	30		1.7
CF124 /224/324	±2.0	±3.0	45	100	26	$U_+ - 1.5$	85	100 dB		1.0
CF148 /248/348	1.0	4.0	30	160	±12	±12	90	96 dB	1.0	2.4
CF1458 /1558	1.0	2.0	80	200	±14	±13	90	30		2.3
CF253	5.0	50	100	110	±13.5		100	10		40
CF7621B	5.0	0.5 pA	1.0 pA	102	±4.9	±4.2	91	86 dB	0.48	
CF353	5.0	25 pA	50 pA	100	±13.5	+15 −12	100	100 dB	4.0	3.6
CF715M	2.0	70	0.4 μA	30	±13	±12	92	45 dB		5.5
CF2500M	2.0	10	100	30	±12.0	±10.0	90	90 dB		4.0
CF725M	0.5	2.0	42 mA	3000	±13.5	±14	120	2.0		
CF7600	±2			105 dB		±4.0	88	110		
CF1536M	14	5.0	15 μA	500	±22	±25	110	35	1.0	
CF1520M	5.0	30	0.8 μA	64 dB	±4.0	±4.0	±3.0	90	10	
CF3900			30 μA	2.8				70 dB	2.5	6.2
CF3080	0.4	0.12 μA	2.0 μA			±14	110		2.0	1.0
CF4250	6.0	20	75	60	±12	±13.5	70	74 dB		100 μA
CF13080	±3.0	±30	100	10			85			3.0
CF110	2.5		2.0	0.9999	±10			80 dB		3.9
CF4558	1.0	20	80	200	±12	±13	90	30	2.8	4.5

附录 H　常用集成稳压器的主要参数表

表 H.1　集成稳压器的分类

分　类	产品型号	国外对应型号	封装形式
三端固定 正输出	CW78×× CW78M×× CW78L×	μA78××、LM78×× μA78M××、LM78M×× μA78L××、LM78L××	K02、S1、S6 (S7)、T03
三端固定 负输出	CW79×× CW79M×× CW79L××	μA79××、LM79×× μA79X××、LM79M×× μA79L××、LM79L××	K02、S1、S6 (S7)、T03
三端可调 正输出	CW117/217/317 CW117M/217M/317M CW117L/217L/317L	LM117/217/317 LM117M/217M/317M LM117L/217L/317L	K02、S1、S6 (S7)、T03
三端可调 负输出	CW137/237/337 CW137M/237M/337M CW137L/237L/337L	LM137/237/337 LM137M/237M/337M LM137L/237L/337L	K02、S1、S6 (S7)、T03
多端可调 正输出	CW723/723C	μA723、LM723	T10、D14、J14、P14
	CW3085	CA3085	T08、J08
	CW105/205/305	LM105/205/305、μPCI41	T08、J08
	CW1569/1469	MC1569/1469	T10
多端可调 负输出	CW104/204/304	LM104/204/304、μPCI42	T10
	CW1511	SG1511	T10
	CW1463/1563	MC1463/1563	T10、D14、J14、P14
正、负 对称输出	CW1468/1568	MC1468/1568	D14、J14、P14

国外型号：AD—美国模拟器件公司；CA—美国无线电公司；SG—美国硅通用公司；
　　　　　ICL—美国英特锡尔公司；LM、LF—美国国家半导体公司；
　　　　　MC—美国摩托罗拉公司；μA—美国仙童公司；μPC—日本电气公司

表 H.2 CW78××、CW79××系列封装形式及引线功能

封装形式	产品名称	引线功能
封装号：S_1	CW78L××	$1—U_o$，$2—GND$，$3—U_i$
	CW79L××	$1—GND$，$2—U_i$，$3—U_o$
封装号：S_6、S_7	CW78M××、CW78××	$1—U_i$，$2—GND$，$3—U_o$
	CW79M××、CW79××	$1—GND$，$2—U_i$，$3—U_o$
封装号：K_{02}	CW78××	$1—U_i$，$2—U_o$，外壳—GND
	CW79××、CW79M××	$1—GND$，$2—U_o$，外壳—U_i
封装号：T_{03}	CW78L××、CW78M××	$1—U_i$，$2—U_o$，$3—GND$
	CW79L××、CW79M××	$1—GND$，$2—U_o$，$3—U_i$

表 H.3 CW78××系列部分电参数规范(全结温，$T_A=25\ ℃$)

参数名称	符号	单位	CW7805C			CW7812C			CW7815C		
			最小	典型	最大	最小	典型	最大	最小	典型	最大
输入电压	U_i	V	10			19			23		
输出电压	U_o	V	4.75	5.0	5.25	11.4	12.0	12.5	14.4	15.0	15.6
电压调整率	S_V	mV		3.0	100		18	240		11	300
电流调整率	S_I	mV		15	100		12	240		12	300
静态工作电流	I_D	mA		4.2	8.0		4.3	8.0		4.4	8.0
纹波抑制比	S_{RIP}	dB	62	78		55	71		54	70	
最小输入-输出压差	U_i-U_o	V		2.0	2.5		2.0	2.5		2.0	2.5
最大输出电流	I_{omax}	A		2.2			2.2			2.2	

参 考 文 献

[1] 康华光，陈大钦，张林.电子技术基础（模拟部分）[M].5版.北京：高等教育出版社，2005.

[2] 华永平，张智玮，徐瑞亚.放大电路测试与设计[M].北京：机械工业出版社，2010.

[3] 聂典.Multisim9计算机仿真在电子电路设计中的应用[M].北京：电子工业出版社，2007.

[4] 李哲英，骆丽，李金平.模拟电子线路分析与Multisim仿真[M].北京：机械工业出版社，2008.

[5] 童诗白，华成英.模拟电子技术基础[M].4版.北京：高等教育出版社，1987.

[6] 远坂俊昭.测量电子电路设计：滤波器篇[M].彭军，译.北京：科学出版社，2006.

[7] 三宅和司.电子元器件的选择与应用[M].张秀琴，译.北京：科学出版社，2005.

[8] 刘恩华.模拟电子技术与应用[M].北京：北京交通大学出版社，2010.

[9] Darren Ashby.电子电气工程师必知必会[M].尹华杰，译.北京：人民邮电出版社，2013.

[10] 王继辉.模拟电子技术与应用项目教程[M].北京：机械工业出版社，2014.

[11] 谢兰清.电子应用技术项目教程[M].北京：电子工业出版社，2013.

[12] 张惠荣，王国贞.模拟电子技术项目式教程[M].北京：机械工业出版社，2012.

[13] 罗厚军.模拟电子技术与实训[M].北京：机械工业出版社，2012.

[14] 远坂俊昭.测量电子电路设计：模拟篇[M].彭军，译.北京：科学出版社，2006.

[15] 松井邦彦.OP放大器应用技巧100例[M].邓学，译.北京：科学出版社，2005.

[16] 松井邦彦.传感器应用技巧141例[M].梁瑞林，译.北京：科学出版社，2006.

[17] 杨欣，莱·诺克斯，王玉凤，等.电子设计从零开始[M].2版.北京：清华大学出版社，2018.

[18] 胡宴如，耿苏燕.模拟电子技术[M].5版.北京：高等教育出版社，2020.

[19] 冈村迪夫.OP放大电路设计[M].王玲，徐雅珍，李武平，译.北京：科学出版社，2006.

[20] 德州仪器高性能模拟器件高校应用指南：信号链与电源[M].北京：高等教育出版社，2013.

[21] 郭业才，黄友锐.模拟电子技术[M].北京：清华大学出版社，2018.

[22] 梁长垠.传感器应用技术[M].北京：高等教育出版社，2018.